빛의 공학

석현정

최철희

박용근

# 빛의 공학

## 색채 공학으로 밝히는 빛의 비밀

"Dixitque Deus fiat lux et facta est lux."

태초에 하나님이 "빛이 있으라." 말씀하시니 빛이 있었다. —「창세기」 1장 3절

# 들어가며

디자이너, 신경과 전문의, 그리고 기계 공학자 세 사람이 모여 앉았습니다. 길거리에서 마주칠지언정 학술 대회나 도서관에서는 절대 만날 수 없는 세 사람이었습니다. 물론 한 울타리에서 근무한다는 공통점이 있긴 합니다만, 상대방이 어떤 연구를 하고 어떤 학문적 가치관을 가지고 있는지 궁금해하기에는 각자 너무 바쁜 생활의 연속이었습니다.

그런데, 이런 세 사람이 우연한 기회에 빛을 화두로 자리를 함께하게 되었습니다. 빛의 어떤 측면을 주로 다루는가는 서로 달랐습니다. 빛을 매개로 하되 궁극적으로 추구하는 학문적 목표도 달랐고, 서로 설명을 한다손 치더라도 상대방에게는 매우 생소하게 들렸습니다. 이를테면, 디자이너에게 빛은 색채이며 인간의 감성을 자극하는 시각물입니다. 신경과 전문의에게 빛은 세포와 생명체를 자극하는 상호 작용 물질입니다. 기계 공학자에게 빛은 물리 현상을 일으키는 전자기파입니다. 그러나 어쨌든 셋의 공통 화두는 빛이었고 상대방의 학문적 관점과 각 학문에서 최근 진행되는 잠재력 있는 연구들은 듣고 있기만 해도 흥미진진했습니다.

우연하게도 빛 이외에 이 세 사람의 공통점은 하나 더 있었습니다. 디자이너는 심리학을 공부했고, 신경과 전문의는 세포 생물학을 연구했습니다. 기계 공학자는 의학 물리 학위를 갖고 있었지요. 이미 다른 학문으로 손발을 뻗어 본 전력이 있었기에 소위 융합 연구에 대해 소속 학과나 학문 간의 장벽을 불편해하지 않았습니다.

그럼에도 불구하고 3명이 함께 집필한 이 책은 3개의 부로 구분되어 있습니다. 완벽한 융합을 하고자 하였으나, 아직은 3명이 자신의 분야를 중심으로 십필을 나누어 참여했음을 시인하고자 합니다. 어쩌면 셋이서 시작한 빛에 대한 공부의 진정한 융합은 이 책을 읽는 독자들의 몫일 수도 있습니다. 이 책을 집필하면서 빛에 대해 관심 있는 누구나 읽고 이해할 수 있는 수준을 지키고자 노력하였습니다.

빛에 대한 관점은 이 책에서 다루는 내용보다 훨씬 더 다양하고 광범위하리라 생각합니다. 이 책은 단지 그 첫 발걸음입니다. 새로운 시도로서 빛을 매개로 한 융합 연구의 잠재력을 꿈꾸어 봅니다.

# 차례

# 3부 빛의 색채학

<sup>1부</sup>

# 빛의 물리학

# 1장

# 빛이란 무엇인가?

빛은 현대 과학 기술의 거의 모든 분야에서 핵심적으로 사용되고 있으며 우리 일상생활에서도 매우 중요한 역할을 한다. 지금 여러분들이 이 책을 읽기 위해서도 빛은 꼭 필요하다.

그런데 책을 읽고 있는 이 과정을 자세히 들여다보면 빛의 여러 가지 성질들이 관련되어 있다. 야외의 태양광이든 실내의 형광등이든 일단 광원이 책 표면에 도달하여 종이와 잉크에 의해 산란이 된다. 산란된 빛은 구면파의 형태로 사방팔방 전파된다. 그중 극히 일부가 여러분 눈의 조리개를 지나고 수정체를 통해 빛의 굴절 현상으로 모여서 망막에 도달하게 된다.

**사진 1.1  레이저를 이용한 최첨단 물리 연구**
레이저는 현대 과학의 거의 전 분야에 널리 이용되고 있다.(사진: KAIST 물리학과 내 양자 광학을 연구하는 실험실 장비)

종이와 잉크의 반사율 <sup>Reflectance</sup>은 서로 다르기 때문에 망막 <sup>Retina</sup>의 시신경들은 책의 각 지점에서 다른 빛의 세기 <sup>Intensity</sup>로 광 초점들을 형성한다. 이 광 초점들이 망막 세포막의 단백질에서 전기 신호로 바뀐 후 뇌로 전달되어 정보로서 인지하게 되는 것이다. 만약 여러분이 이 책을 전자책 <sup>E-book</sup>의 형태로 스마트폰의 액정 화면 <sup>Liquid crystal display, LCD</sup>을 통해 읽고 있다면, 화면에 구현된 고해상도의 영상을 볼 수 있는 것은 빛의 편광 <sup>Polarization</sup>을 이용한 것이다.

좋은 음질의 국제 전화가 가능한 것은 음성 신호가 빛으로 변환되어 태평양 해저의 광케이블을 통해 빛의 속도로 전달될 수 있기 때문이다. 이렇듯 빛의 다양한 역할들을 이해하고 활용하기 위해서는 먼저 빛의 물리적 원리를 이해해야 한다. 빛이 전자기파 <sup>Electromagnetic wave</sup>로서 어떠한 다양한 물리적 현상을 갖고 있는가에 대하여 살펴보도록 하자.


## 빛: 눈에 보이는 전자기파

**빛이란 무엇인가?** 라는 질문에 대한 가장 물리적인 답은 **가시광선 영역대의 전자기 파동**이다. 일반적으로 파동 <sup>Wave</sup>이란 시간과 공간에서 모두 주기적인 운동을 보이는 현상을 뜻한다. 즉 빛, 파도, 지진파, 음파 모두 파동에 속한다. 반면 제한된 공간에서 시간적으로만 주기적인 반복 운동을 보이는 현상을 진동 <sup>Oscillation</sup>이라 한다. 진동의 대표적인 예로, 질량을 가진 물체가 스프링에 매달려 위아래로 반복 운동하는 현상을 들 수 있다. 스프링에 매달린 물체의 운동을 시간적으로 보면 매우 주기적인 반복 운동을 보인다. 이에 반해 파동은 시간과 공간에서 모두 주기적인 운동을 보임을 알 수 있다.

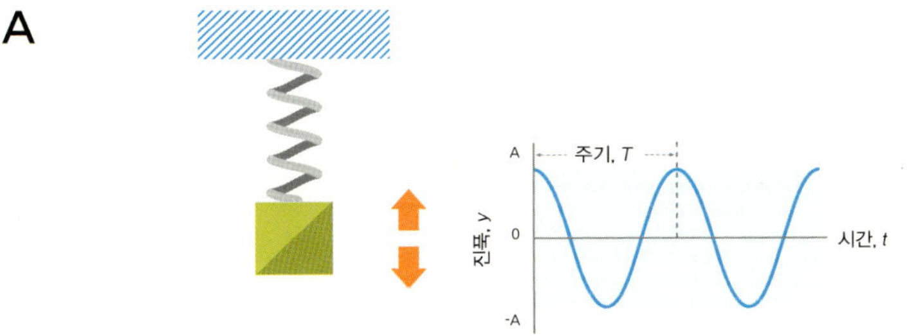

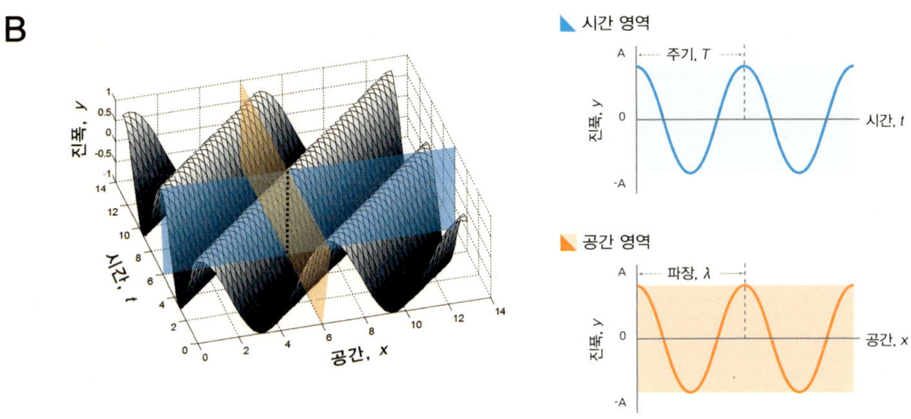

**그림 1.2  질량과 파동**

A: 질량-스프링 진동. 스프링의 위치(진폭)가 시간적으로 반복된다. B: 일반적인 파동의 기술. 진폭이 시간과 공간 영역에서 모두 반복된다. 파도가 대표적인 예이다.

파도를 생각해 보자. 시간이 멈추었다고 가정한 상태에서 파도면을 공간적으로 표현해도 주기적인 운동을 볼 수 있고, 한 지점에 관측자가 서 있는 상태에서 파도면을 측정해도 주기적인 운동을 보임을 쉽게 알 수 있다. 그래서 파도는 파동 현상이다.

다시 **빛이란 무엇인가?** 란 질문으로 돌아가 보자. 전자기파로서 빛이란 전기장 Electric field과 자기장 Magnetic field이 시공간에서 주기적인 운동을 하면서 전파되는 것을 뜻한다. 파도에서는 바닷물을 이루는 물 분자들이 실제로 움직이면서 파동을 만든다. 물 분자들이 움직이면 바로 옆에 있는 다른 물 분자들이 따라 움직이면서 전파돼 나간다. 지진파에서는 지면을 구성하는 암반 물질이 움직이면서, 그리고 음파에서는 공기 분자들이 움직이면서 파동이 전파된다. 파도에서 물 분자, 음파에서의 공기 분자와 같이 파동을 전달해 주는 중간 매개 물질을 매질Medium이라고 한다. 하지만 이런 일반적인 파동과는 달리 빛에서는 실제로 움직이는 물질이 없다. 전기장과 자기장의 세기가 반복적으로 변할 뿐이다. 실제로 움직이는 물질이 없기 때문에 매질이 꼭 없더라도 빛은 전파될 수 있다. 사실 빛은 어떤 매질도 없는 진공 상태에서 가장 빠르게 전파된다.

## 파장: 빛의 색

17세기까지 사람들은 빛의 색은 없다고 믿었다. 프랑스 물리학자 르네 데카르트Rene Descartes 역시 빛은 특정한 색상Hue이 없는 백색이고 프리즘을 통과하면서 나오는 무지개 색은 프리즘 재질의 고유한 성질 때문에 일어나는 현상이라 믿었다.

**사진 1.3 프리즘을 통과한 빛**
백색광이 프리즘을 통과하면 무지개 색이 구분된다.

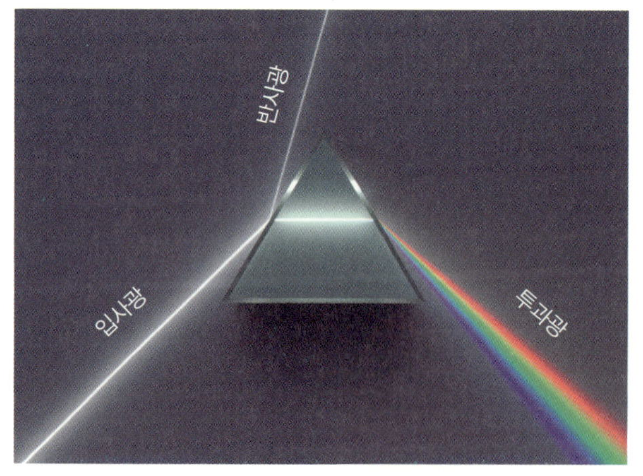

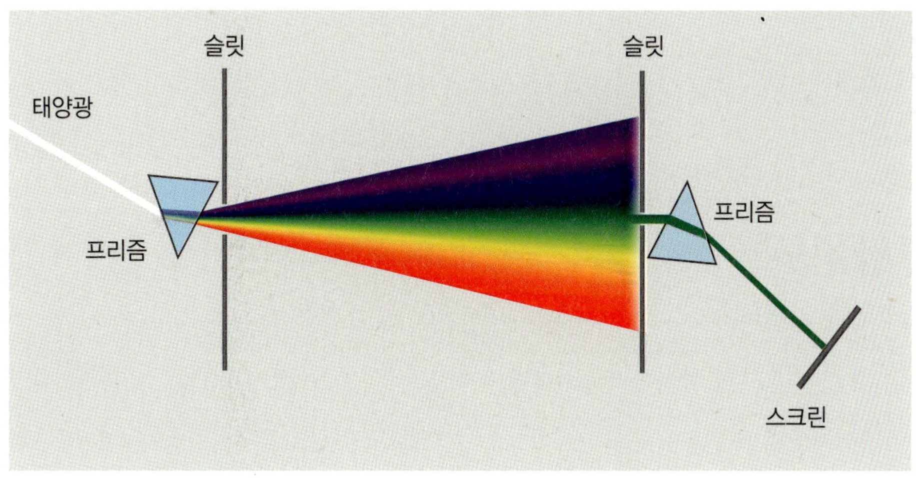


**그림 1.4 뉴턴의 프리즘 실험 도안**
한 번 프리즘으로 구분된 빛은 다시 프리즘을 지났을 때 색이 변하지 않는다.

아이작 뉴턴Isaac Newton은 이러한 통념에 의문을 갖고 프리즘 2개를 가지고 재미있는 실험을 고안하였다. 우선 첫 번째 프리즘으로 백색광white light(그 당시는 태양빛)을 여러 가지 색으로 구분한 후, 작은 구멍Slit을 이용하여 구분된 여러 색 중 한 색의 빛만을 선택하였다. 이렇게 선택된 빛이 다시 프리즘을 지나가게 했더니, 빛의 색이 변하지 않았다! 만약 무지갯빛이 프리즘을 구성하는 물질에서 발생하는 것이었다면, 두 번째 프리즘을 지난 후 다시 여러 가지 색으로 갈라졌을 것이다. 하지만 한 번 프리즘으로 갈라진 빛은 두 번째 프리즘을 지나도 갈라지지 않았다. 이 실험 결과는 백색광이 수많은 색의 빛으로 구성되어 있음을 주장할 수 있는 뒷받침이 되었다. 그 후에 많은 연구를 통해 빛의 색이란 전자기파의 파장을 사람의 시각이 느끼는 현상이라는 것을 알게 되었다.

단색광Monochromatic light이란 한 가지 파장만 가지고 있는 빛이고, 다색광Polychromatic light이란 여러 가지 파장을 가지고 있는 빛이다. 백색광은 태양 빛처럼 가시광선 영역대를 모두 포함하고 있을 때를 지칭한다. 태양 빛 이외에 주변에서 쉽게 볼 수 있는 광원들의 파장 구성을 살펴보자.

레이저Light amplification by stimulated emission of radiation, LASER는 이름에서 알 수 있듯이 유도 방출Stimulated emission of radiation에 의한 빛의 증폭 현상이다. 일반적인 레이저는 단일 파장의 빛을 증폭시키는 구조를 가지고 있기 때문에, 레이저에서 나오는 빛은 한 가지 색만 가지게 된다. 하지만 모든 레이저가 단일 파장만 내는 것은 아니다. 최근 개발된 레이저 중에는 나오는 빛의 파장이 바뀌는 레이저Swept source laser와 태양 빛과 같은 백색광을 내는 레이저Supercontinuum laser도 있다. 에너지를 모아 두었다가 한 번에 강력한 펄스로 빛을 내는 레이저Pulsed laser 역시 여러 가지 파장을 포함한 빛을 내보낸다. 디스플레이의 백 라이트 유닛Back light unit, BLU이나 다양한 조명 기기에 널리 이용되는 발광 다이오드Light emitting diode, LED는 중심 파장 주위로 10~30나노미터Nanometer, nm 범위의 빛들이 모여 있다. 반면 태양 빛은 가시광선을 포함한 매우 넓은 파장의 전자기파로 구성되어 있다. 태양 빛의 가시광선 영역대 파장 분포를 살펴보면 대기권 밖에서는 태양의 표면 온도인 5,900켈빈Kelvin, K에 해당하는 흑체 복사Blackbody radiation의 파장 분포와 매우 흡사하지만, 지표면에서 측정된 태양 빛의 파장 분포는 약간 다르다. 이는 대기 중에 있는 공기, 수증기의 성분들이 특정 파장의 빛만 선택적으로 흡수Absorption하기 때문이다. 또한 전자기파는 파장에 따라 전혀 다른 성질을 가진다. 파장이 약 400~700nm 영역이면 가시광선에 해당한다. 이 영역의 전자기파만이 망막 내 시각 세포에 의해 지각될 수 있다. 400nm보다 파장이 짧은 영역에는 자외선Ultraviolet ray, 엑스선X-ray 등이 있으며, 700nm보다 긴 파장의 전자기파에는 적외선Infrared ray, 마이크로파 등이 있다. 바이러스의 크기가 수~수십 nm이고 박테리아는 수백~수천 nm 정도, 그리고 세포는 수십 마이크로미터Micrometer, μm 정도인 것으로 알려져 있다. 즉 빛의 파장은 대략적으로 박테리아와 비슷한 크기인 셈이다.

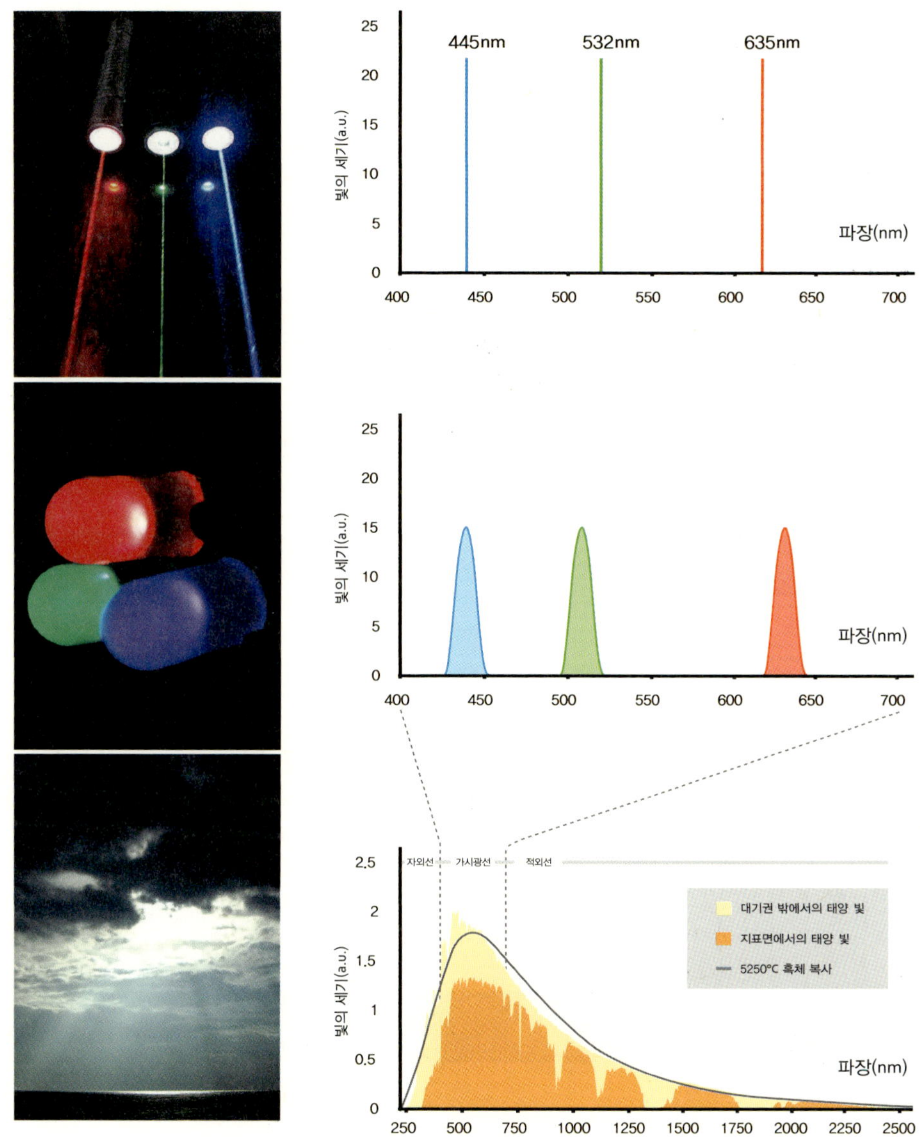

## 그림 1.5  각 광원들의 파장 구성

(위) 반도체 레이저는 한 가지 파장으로만 구성되어 있다. (중간) LED는 중심 파장 주위로 10~30nm 범위
의 빛들이 모여 있다. (아래) 태양 빛은 가시광선을 포함한 다양한 파장을 가지는 전자기파로 구성되어 있다.

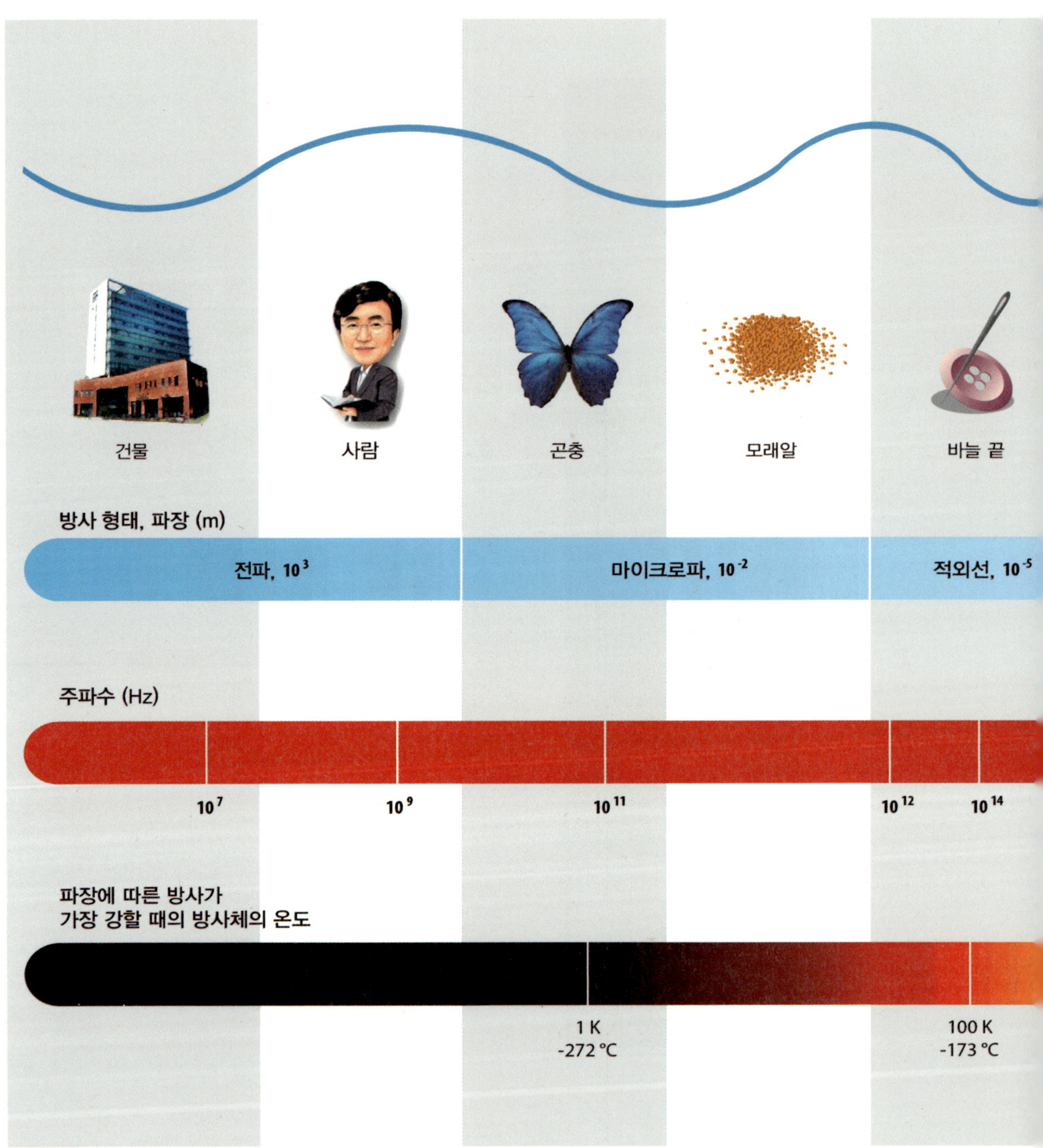
건물
사람
곤충
모래알
바늘 끝
방사 형태, 파장 (m)
전파, 10³
마이크로파, 10⁻²
적외선, 10⁻⁵
주파수 (Hz)
10⁷
10⁹
10¹¹
10¹²
10¹⁴
파장에 따른 방사가
가장 강할 때의 방사체의 온도
1 K
-272 ℃
100 K
-173 ℃

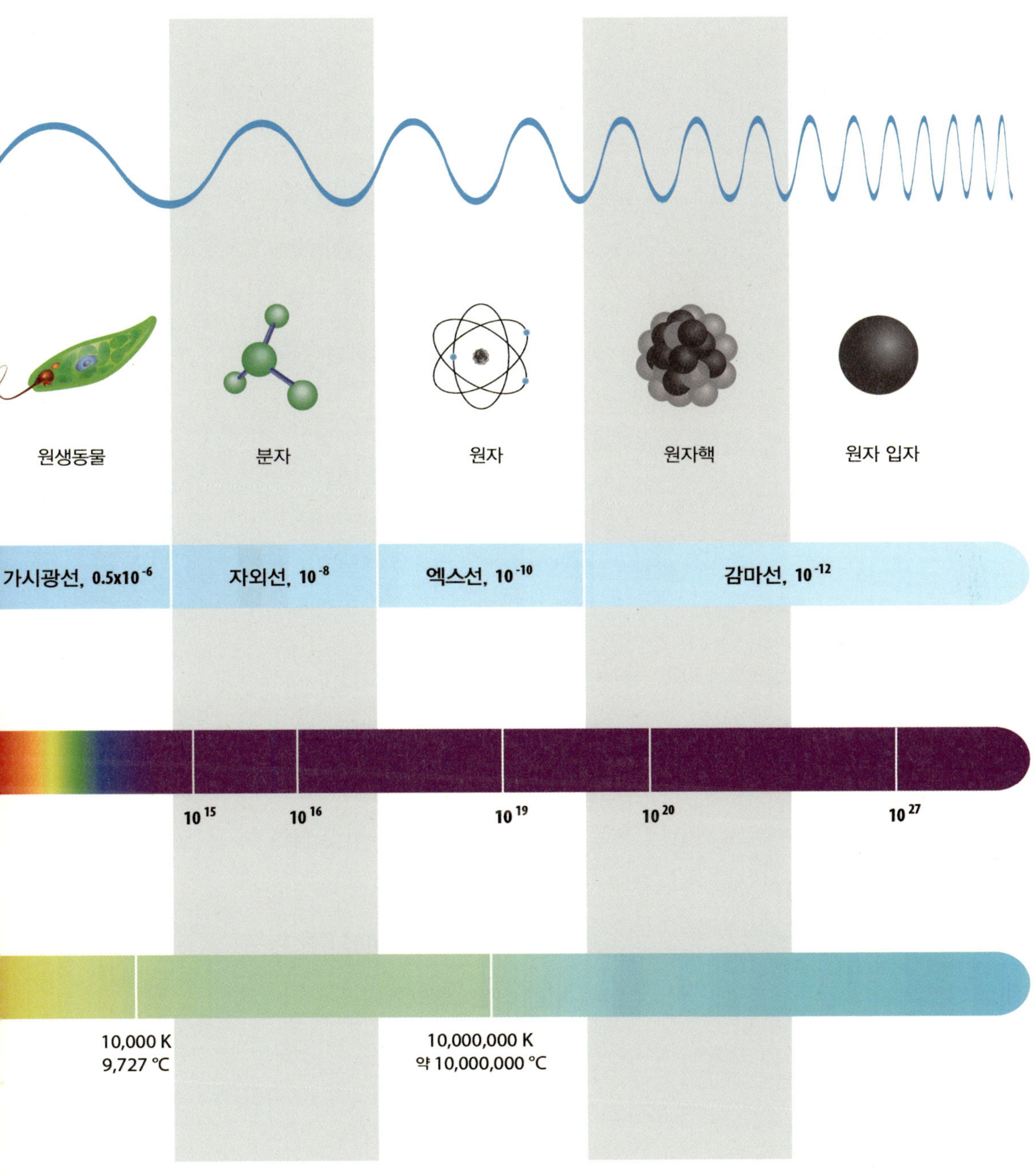


그림 1.6  파장에 따른 전자기파
빛의 파장은 바이러스보다는 크고 세포보다는 작은 크기로 박테리아의 크기와 비슷하다.

# 빛의 속도

태양에서 출발한 빛은 약 8분 후면 지구 상에 도달하며, 진공에서 빛의 속도는 초속 299,792,458미터(m/s)이다. 몹시 빠른 속도임에는 틀림없으나, 그 빠르기가 쉽게 느껴지지는 않는다. 총알의 속도는 1,000m/s 정도이니, 일단 빛은 총알보다 훨씬 빠르다.

빛의 속도는 매우 중요한 물리량 중 하나이다. 상대성 이론에 의하면 진공 중에서 빛의 속도는 변하지 않는 물리량이고, 빛보다 빠른 물질은 존재하지 않는다. 2011년 10월 유럽 입자 물리 연구소 Conseil européen pour la recherche nucléaire, CERN에서는 뉴트리노 Neutrino라는 입자의 속도가 빛보다 빠르게 측정되었다고 발표하였다. 이는 알베르트 아인슈타인 Albert Einstein의 상대성 이론이 깨지는 것을 의미하였기 때문에 국제적으로 큰 관심을 모았다. 하지만 발표 이후 이루어진 정밀 검증에서, 이 결과에 측정 당시의 실수(광케이블 접속 불량으로 GPS 신호 전달에 오류가 있었음)가 있었다는 사실이 밝혀졌다. 따라서 아직까지 빛의 속도보다 빠른 입자는 발견된 바 없다.

빛의 속도를 자세히 들여다보자. 일반적으로 물체의 속도는 **단위 시간 동안 이동한 거리**로 정의된다. 여기서 빛의 속도를 표현하기 위해 단위 시간을 전자기파가 한 번 진동하는 시간으로 정하자. 그러면 단위 시간은 **전자기파가 한 번 진동하는 데 걸리는 시간**, 즉 주기 $T$ 이고, **단위 시간 동안 이동한 거리**는 전자기파의 파장 $\lambda$가 된다. 따라서, 빛의 속도를 파장과 주기(진동수 $f$ 의 역수)로 표현할 수 있다.

(식 1.1)

$$c = \lambda/T = \lambda f$$

레이저 포인터에서 나오는 빛의 진동수를 계산해 보자. 녹색 반도체 레이저의 파장은 532nm이고, 빛의 속도는 약 $3.0 \times 10^8$m/s이다. 따라서 진동수는 $f=c/\lambda$늑 $(3.0 \times 10^8 \text{m/s})/(532 \times 10^{-9}\text{m})=0.56 \times 10^{15}$Hz=560THz이다. 인텔Intel 사의 코어 i7 중앙 처리 장치 속도가 3GHz 정도이니, 중앙 처리 장치가 1회 연산할 동안 레이저 포인터는 약 2만 번 진동할 수 있다. 정말 빠르지 않은가?

## 굴절률: 빛의 속도는 물질에 따라 느려진다

어떠한 물체도 빛보다 빨리 이동할 수 없다. 진공에서의 빛의 속도는 변하지 않는, 물리적으로 매우 중요한 상수이다. 상대성 이론의 근간인 **광속 불변의 원리**란 어떤 관측자가 보아도(관측자가 빛의 속도에 가까운 우주선을 타고 있는 경우라도) 진공 중 빛의 속도 $c$는 변하지 않고 일정하다는 것이다. 지구 위에 있는 사람이 **진공 중 빛의 속도**를 측정한 값과 광속에 가까운 우주선을 타고 가는 사람이 진공 중 빛의 속도를 측정한 값이 똑같다는 것이 바로 **광속 불변의 원리**이다. 빛은 물질을 지날 때 진공에서의 속도보다 항상 느려진다. 빛이 어떤 매질을 투과하며 지나갈 때 그 속도는 진공 중 속도보다 항상 느려지게 되는데, 이때 빛의 속도가 얼마나 느려지는가를 통해 물질의 **굴절률**이 정의된다. 물질의 굴절률은 굴절Refraction, 회절Diffraction, 산란Scattering 등 다양한 광학적인 현상을 기술하는 매우 중요한 물성치Material property이다. 진공 중에서 빛의 속도를 $c$라 하고, $n$이라는 굴절률을 가지는 매질을 지나는 빛의 속도 $v$는 다음과 같이 기술된다.

(식 1.2)
$$n = c/v$$

예를 들어, 유리의 굴절률은 1.5 정도이다. 따라서 유리 속을 전파하는 빛의 속도는 $3.0 \times 10^8 (\text{m/s})/1.5 = 2.0 \times 10^8 (\text{m/s})$으로 느려진다. 물질에 따른 굴절률과 각 물질을 통과하는 빛의 속도를 산출해 보면 다음과 같다.

**표 1.1  물질에 따른 굴절률과 각 물질 내 빛의 속도**

| 물질 | 굴절률 $n$ | 물질 내 빛의 속도($\times 10^8$m/s) |
| --- | --- | --- |
| 진공 | 1.00 | 3.00 |
| 물 | 1.33 | 2.25 |
| 생리 식염수 | 1.337 | 2.24 |
| 에탄올 | 1.36 | 2.20 |
| 석영 유리 | 1.46 | 2.05 |
| 수정 | 1.54 | 1.94 |
| 생물 세포 | 1.34 ~ 1.60 | 1.87 ~ 2.23 |
| 사파이어 | 1.77 | 1.70 |
| 다이아몬드 | 2.42 | 1.24 |

물질의 굴절률은 또한 물질의 밀도와 주변의 온도, 압력 등에 의해서도 달라질 수 있다. 여름철 도로 위에서는 아지랑이가 피어오른다. 뜨거워진 아스팔트 위에 있던 공기가 데워지고 밀도가 낮아진 더운 공기는 밀도 차이로 인하여 위로 올라간다. 이는 복잡한 대류 현상으로 이어지고 복잡한 굴절률의 분포가 생기게 된다.(공기의 굴절률은 밀도가 낮을수록 작아진다.) 이러한 공기를 투과하는 빛은 직진하지 못하고 휘어지는데, 이로 인하여 아지랑이가 발생하게 된다. 한편 물질의 굴절률은 일반적으로 빛의 파장에 따라 달라질 수 있는데, 이러한 현상을 분산<sup>Dispersion</sup>이라고 한다. 분산으로 인해 발생하는 대표적인 현상으로는 무지개가 있다. 무지개나 아지랑이와 같은 현상들 속에 있는 광학적 원리는 2장에서 자세히 살펴보도록 하자.

# 빛을 이용한 질량 측정

고체의 굴절률은 거의 일정한 값을 가지지만, 기체나 액체의 경우에는 굴절률 값이 농도에 따라 변한다. 액체 용액의 굴절률은 용질의 농도에 비례해서 증가하는데, 이를 잘 이용하면 빛으로 용액 내 물질의 농도를 정확하게 측정할 수 있다. 대표적인 예로서 과일의 당도 측정기가 있다. 오렌지 즙을 한 방울 짜서 당도 측정기에 주입하면, 빛의 굴절 성질을 이용하여 굴절률을 측정하고 이로부터 과즙 안의 설탕 농도를 정확하게 측정 가능하다.

이와 비슷한 개념으로 세포의 질량을 빛으로 측정하는 기술이 있다. 단일 세포의 질량은 수십 피코그램<sup>Picogram, pg</sup>(1조 분의 1그램) 정도로 매우 작아서, 저울로 달기 매우 어렵다. 세포의 질량을 정확하게 측정하면 세포 분열이나 암 같은 이상 증식에 관련된 다양한 현상을 밝혀낼 수 있다. 실제로 세포의 질량을 측정하는 것은 매우 중요한 생물학적 문제이기도 하다.

그래서 과학자들은 세포의 질량을 측정하는 한 가지 방식으로 굴절률에 주목하였다. 1950년대 영국의 로버트 바러<sup>Robert Barer</sup> 교수는 굴절률을 토대로 세포의 질량을 측정하는 방식을 제시하였다. 세포질을 수많은 생체 물질(단백질, 탄수화물, 핵산, 지질)로 구성된 용액이라고 보았는데, 세포질의 굴절률을 측정함으로써 세포 내 생체 물질의 농도를 측정할 수 있었다. 그리고 농도와 부피를 알면 세포의 질량을 알 수 있었던 것이다[1]. 2000년대 들어서 홀로그래피<sup>Holography</sup> 기술이 발달하면서 세포의 굴절률을 매우 정확하게 측정할 수 있게 되었다. 이 기술

---

[1]    Barer, R., Determination of dry mass, thickness, solid and water concentration in living cells, *Nature* 172 (1953), pp. 1097~1098.

을 이용하여 단일 세포의 질량 측정[2], 세포 분열 과정과 질량의 관계[3], 말라리아에 감염된 적혈구의 질량 변화[4] 연구 등이 발전되어 왔다.

## 빛의 흡수

빛의 흡수율과 굴절률을 사용하면 빛이 물질과 상호 작용하는 현상을 간단하면서도 효과적으로 기술할 수 있다. 일반적으로 빛이 매질을 통과하면 빛의 속도는 느려지고(빛의 위상 지연) 빛의 세기는 약해진다.(빛의 흡수)

빛의 속도가 느려지는 바를 의미하는 물질의 굴절률 $n$은 (식 1.2)에서 살펴보았다. 빛의 세기가 약해지는 현상을 정량적으로 기술하기 위해서는 흡수율<sup>Absorption coefficient, Attenuation coefficient</sup>, $\alpha$를 사용하고 단위는 (1/m)을 사용한다. 굴절률과 마찬가지로 물질은 각자 고유한 빛 흡수율을 가지고 있고 빛의 파장에 따라 달라지게 된다. 처음 입사된 세기가 $I_0$인 빛이 흡수율 $\alpha$인 물체를 두께 $x$만큼 투과하고 난 후의 빛의 세기 $I$는 다음과 같이 표현된다. 이를 비어람버트 법칙<sup>Beer-Lambert law</sup>이라고 지칭한다.

(식 1.3)
$$I = I_0\, e^{-\alpha x}$$


2      Popescu, G., Park, Y., Lue, N., Best-Popescu, C., Deflores, L., Dasari, R. R., Feld, M. S., and Badizadegan, K., Optical imaging of cell mass and growth dynamics, *American Journal of Physiology–Cell Physiology* 295(2) (2008), C538~C544. doi: DOI 10.1152/ajpcell.00121.2008.

3      Mir, M., Wang, Z., Shen, Z., Bednarz, M., Bashir, R., Golding, I., Prasanth, S. G., and Popescu, G., Optical measurement of cycle-dependent cell growth. *Proceedings of the National Academy of Sciences* 108(32) (2011), pp. 13124~13129.

4      Park, Y.-K., Diez-Silva, M., Popescu, G., Lykotrafitis, G., Choi, W., Feld, M. S., and Suresh, S., Refractive index maps and membrane dynamics of human red blood cells parasitized by Plasmodium falciparum. *Proc. Natl. Acad. Sci. U.S.A.* 105(37) (2008), pp. 13730~13735.

예를 들어, 유리의 빛 흡수율은 약 1/44≒0.0228(1/km)이다. 즉 빛이 투명한 유리 속을 약 44km 전파하면 처음 빛의 세기의 $1/e$(약 36.8%)가 도달하게 된다. 금Gold의 빛 흡수율은 약 1/20(1/nm)이다. 마찬가지로 약 20nm 두께의 금 박막에 빛을 입사시키면 36.8% 정도의 빛이 박막을 투과Transmisson해서 지나가게 된다. 물 분자의 빛 흡수율은 파장에 따라 상이하다. 사람의 시각을 자극하는 가시광선 영역대(400~780nm)에서 물 분자의 빛 흡수율은 매우 낮다. 하지만 자외선 영역(200~400nm)의 빛은 성층권에 있는 오존Ozone 분자가 흡수한다. 이 덕분에 생명체에게 해로운 짧은 파장의 자외선은 오존층에서 거의 99% 흡수되고 극히 일부분만 지표면에 도달된다. 또한 적외선 영역의 일부 파장의 빛은 대기권의 수증기에 의해 흡수된다.

그러면 흡수된 빛의 에너지는 어디로 가는가? 에너지는 사라지지 않는다. 다른 형태로 변환될 뿐이다. 일반적으로는 열에너지 형태로 변환된다. 자외선이 생명체에게 해로운 이유는 DNA를 구성하는 물질인 핵산Nucleic acid이 300nm 이하 자외선 영역대의 빛을 주로 흡수하기 때문이다. DNA에 흡수된 에너지는 DNA 구

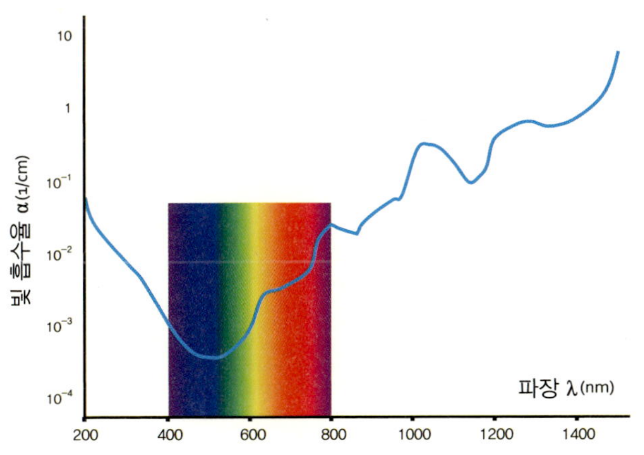



**그림 1.7 물 분자의 빛 흡수율**

물 분자의 빛 흡수율은 파장에 따라 크게 다르다. 가시광선 영역대에서 물 분자의 흡수율은 매우 낮다. 반면 자외선 영역의 빛은 성층권에 있는 오존 분자가 흡수한다. 또한 일부 적외선 파장의 빛은 대기권의 수증기에 의해 흡수된다.

조에 손상을 주며, 이 과정에서 돌연변이가 유발될 수 있다. 그래서 자외선을 많이 쬐면 암과 같은 다양한 질병이 발생할 가능성이 높다.

흡수된 빛은 열에너지가 아닌 다른 형태로 에너지 변환이 이루어진다. 대표적인 것이 전기 에너지로의 변환이다. 광기전 효과 Photovoltamic effect 현상이라 불리우는 이 변환은 광자 Photon 에너지가 전자 에너지로 이동하는 현상을 말한다. 광기전 효과를 이용하여 태양 전지를 개발할 수 있다.

빛은 지구의 대기권을 거의 흡수 없이 통과하지만, 모든 전자기파가 대기를 잘 통과하는 것은 아니다. 자외선, 엑스선, 감마선 Gamma ray과 같이 파장이 매우 짧은 전자기파는 대기권 상층에서 흡수된다. 만약 이 단파장 전자기파가 지표면까지 도달한다면, 지구의 모든 생물은 생존이 불가능할 것이다. 우주에서 발생하는 엑스선이나 감마선 등을 측정하려면 대기권 밖 인공위성을 이용해야 한다. 적외선 영역은 대기권에서 흡수되는데, 주로 대기 중의 물 분자가 흡수하고 있다.


자외선, 엑스선, 감마선과 같이 파장이 매우 짧은 전자기파는 대기권 상층에서 흡수된다. 적외선 영역은 대기권에서 흡수된다.

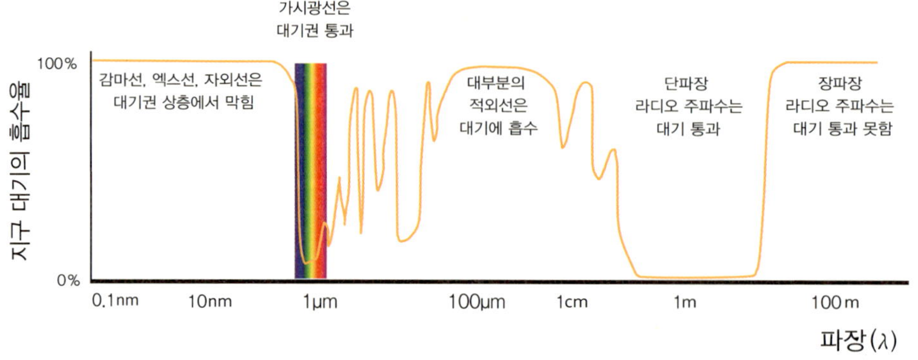

**a.** 물질에서 빛의 속도가 진공 중에서 빛의 속도보다 빨라질 수 있을까? 다른 말로 물질의 굴절률이 1보다 작아질 수 있을까?

**b.** 물질에서 빛의 속도는 얼마나 느려질 수 있을까? 빛의 속도가 무한히 느려질 수 있을까?

**c.** 지구 대기의 빛 흡수율이 지금과 달랐다면 어떤 일이 생길까? 만약 가시광선 영역의 흡수율이 지금보다 낮았다면? 만약 적외선 영역의 흡수율이 지금보다 낮았다면 지구는 어떤 모습일까?

# 2장

# 빛을 광선으로 표현하는 기하 광학

빛을 통해 사물을 본다는 것은 신이 주신 큰 축복이다. 우리는 깨어 있는 시간 중 대부분 시각을 이용하며 외부 정보의 약 80%를 시각을 통해 받아들인다. 인간 의 뇌에서 시각을 담당하는 부분이 가장 크다는 점도 시각의 중요성을 말해 준다.

빛을 통해 사물을 본다는 것, 광학 영상<sup>Optical imaging</sup>은 매우 중요한 과정이다. 이 광학 영상을 잘 이해하기 위해서는 빛의 여러 가지 현상을 효과적으로 표현하 는 것이 필요하다. 빛을 다루기 위해서 다양한 수학적 방법이 사용되는데, 쉽고 간단한 방법으로 기하 광학<sup>Geometric optics, Ray optics</sup>을 이용한다. 기하 광학에서는 빛 의 직진성을 강조하여 빛을 한 지점에서 다른 지점으로 진행하는 **광선**<sup>Ray</sup>을 이용 하여 기술하는데, 반사<sup>Reflection</sup>와 굴절 같은 대부분의 광학적 현상을 쉽고 편리하 게 기술할 수 있다.

## 광학 영상

우선 광학 영상이 일어나는 과정을 자세히 살펴보자. 빛을 이용해서 물체의 상 을 얻기 위해서는 우선 물체와 이 물체에 가해지는 빛이 있어야 한다. 빛이 들 어오지 않는 방에서는 물체를 볼 수 없다. 빛이 진행하다가 물체와 만나면 물체 의 각 지점에서 빛이 산란된다. 산란된 빛은 여러 방향으로 퍼져 나가는데, 광학 영상을 위해서는 이렇게 각 지점에서 산란된 빛을 다시 한 지점으로 모아 광 초 점을 형성해야 한다. 산란된 빛들을 다른 공간 상에서 다시 한 지점으로 광 초점 을 만들어 주어야만 광학 영상을 얻을 수 있다. 즉 **광학 영상을 얻기 위해서는 한**

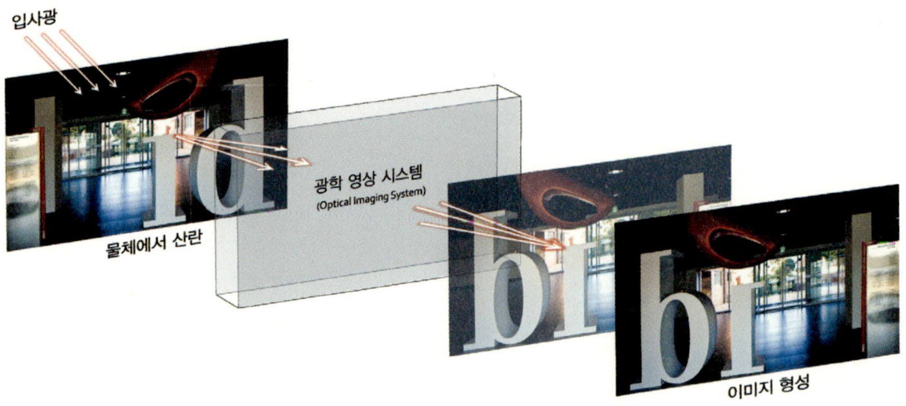


**그림 2.1  광학 영상**

빛을 이용해서 광학 영상을 얻기 위해서는 우선 물체가 입사광에 의해 산란되어야 한다. 한 점에서 산란된 빛은 여러 방향으로 퍼져 나가게 되는데, 한 점에서 산란된 빛을 다시 한 점으로 모아 주는 역할을 해 주는 광학 영상 시스템이 있어야 광학 영상을 얻을 수 있다.

**점에서 산란된 빛들을 다시 한 점으로 모아 주는 광학 영상 시스템**Optical imaging system **이 필요**한 것이다. 광학 영상 시스템 없이는 물체의 상을 얻을 수 없다. 입사광이 물체 표면에서 산란이 되어도 영상 시스템이 없이는 카메라나 종이를 가져다 대면 빛은 도달하지만 물체의 상이 만들어지지 않는다. 광학 영상 시스템의 가장 간단한 예는 렌즈Lens이다. 렌즈를 이용하면 한 점에서 산란된 빛을 효과적으로 다시 한 점으로 모아 줄 수 있다. 우리의 시각도 수정체라는 렌즈를 이용하여 광학 영상을 맺는다.

지금 여러분이 책을 보는 과정은 엄밀히 말하면 종이 위에 산란도가 다른 패턴의 광학 영상을 보고 있는 것이다. 조명에서 출발한 빛이 책 표면까지 도달하면 각 지점에서 산란하는데, 종이를 구성하는 섬유질은 빛을 잘 산란시키고 잉크 성분은 가시광선 영역의 빛을 흡수하기 때문에 상대적으로 산란의 정도가 약하다. 이렇게 책 표면의 각 지점에서 산란된 빛의 세기가 다른데, 눈의 수정체

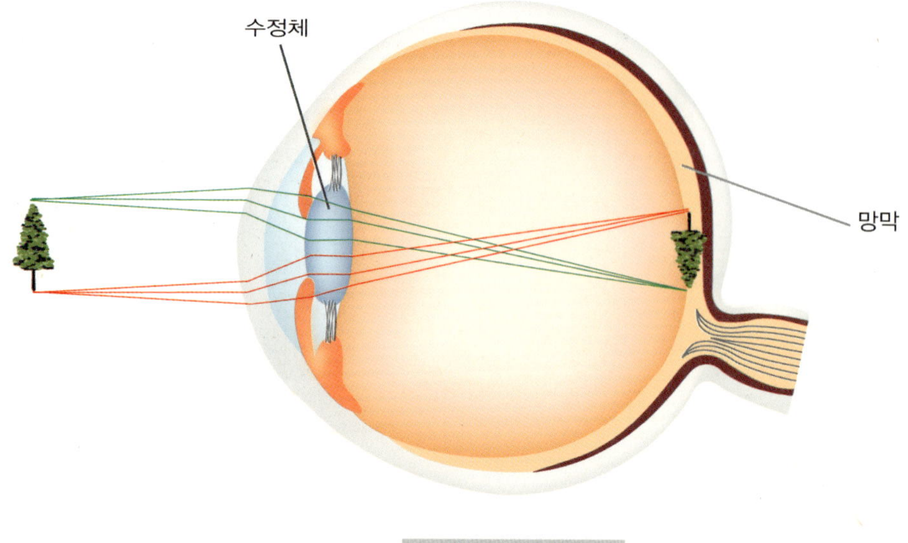



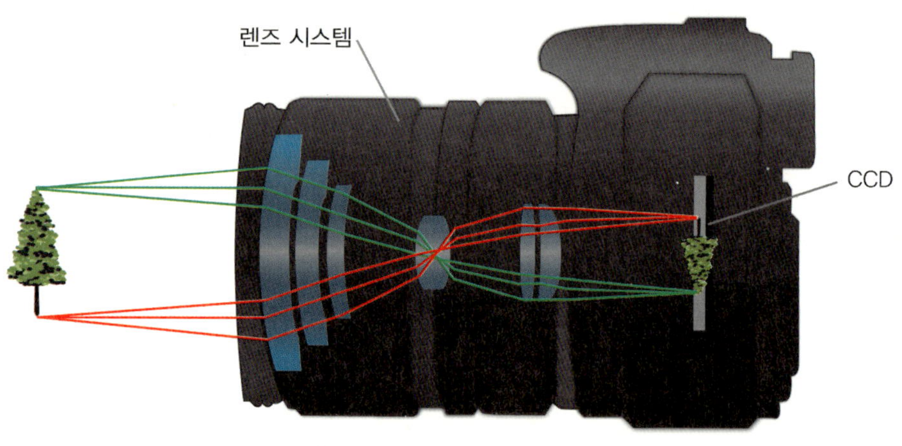



**그림 2.2 사람과 카메라의 시각**

눈에서는 물체의 각 지점에서 산란된 빛을 수정체가 모아서 망막에 초점들을 만듦으로써 시각을 형성하고, 카메라에서는 여러 개의 렌즈로 구성된 렌즈 시스템이 빛을 전하 결합 소자(CCD)와 같은 측정 기기 위로 모아 주어 광학 영상을 얻는다.

에 의해서 각 지점에서 산란된 빛들이 다시 망막의 각 지점에 광 초점을 형성하면서 시각을 구성한다. 한 가지 짚고 넘어가야 할 점은 물체가 빛을 산란시키지 않으면 광학 영상을 얻을 수 없다는 점이다. 일반적으로 어떤 물체가 투명하다는 것은 그 물체가 빛을 산란시키지 않아 광학 영상을 잘 얻지 못한다는 뜻이다. 주위에서 쉽게 볼 수 있는 광학 영상 시스템의 예로는 사람의 시각과 카메라를 들 수 있다. 눈에서는 물체의 각 지점에서 산란된 빛을 수정체가 모아서 망막에 초점들을 만듦으로써 시각을 형성하고, 카메라에서는 여러 개의 렌즈로 구성된 렌즈 시스템이 빛을 전하 결합 소자, 즉 CCD<sup>Charged coupled device</sup>와 같은 측정 기기 위로 모아 주어 광학 영상을 얻는다.

## 빛의 반사: 거친 벽을 거울로?!

거의 대부분의 표면에서 빛은 반사된다. 이때 입사한 각도와 반사된 각도는 정확히 같은데 이를 **반사의 법칙**<sup>The law of reflection</sup>이라고 한다. 또한 표면에서 빛의 흡수가 일어나지 않는다면 입사한 빛의 에너지도 100% 반사된다.

우리는 생활에서 빛의 반사를 이용한다. 아침에 세수하면서 거울을 볼 때에도,

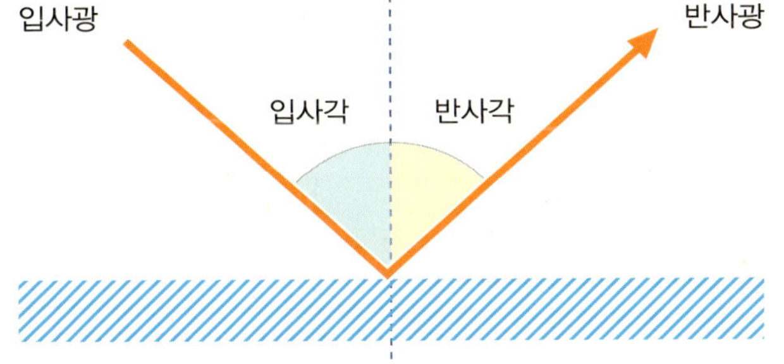


**그림 2.3 반사의 법칙**
물체의 표면에서 빛이 반사될 때, 입사각과 반사각은 정확히 같다.

**사진 2.4  표면의 거칠기와 빛의 반사**

KAIST 로고 동상의 앞면은 표면이 매끄러워 정반사가 일어나기 때문에 이 표면을 통해 동상 맞은편 잔디밭의 이미지를 볼 수 있다. 하지만 파란색 옆면은 표면이 거칠어 난반사가 일어나 맞은편 이미지를 볼 수 없다.

운전 중 사이드 미러Side mirror를 통해 옆 차선을 확인할 때에도 반사를 이용하여 광학 영상을 얻는다. 모든 물체의 표면은 정도는 달라도 빛을 반사시킨다. 하지만 거울이 아닌 일반적인 표면을 통해서는 물체의 영상을 얻을 수 없다. 거울과 같이 매끈한 표면에서는 입사한 파면Wavefront이 그대로 유지되면서 반사된다. 즉 정반사Specular reflection이다. 거울과 같이 매끈한 물체 표면에서는 정반사가 일어난다. 하지만 거친 표면에서는 입사한 파면의 왜곡이 일어나고, 이 왜곡의 정도가 심해지면 원래 입사된 파면의 정보를 전혀 알아볼 수 없는 상태가 되는데 이를 난반사Diffusive reflection라고 한다. 사진 속 KAIST 로고 동상과 같이 매끈하게 표면 처리된 스테인리스강 표면을 통해서는 반사된 빛으로 동상 맞은편 물체를 볼

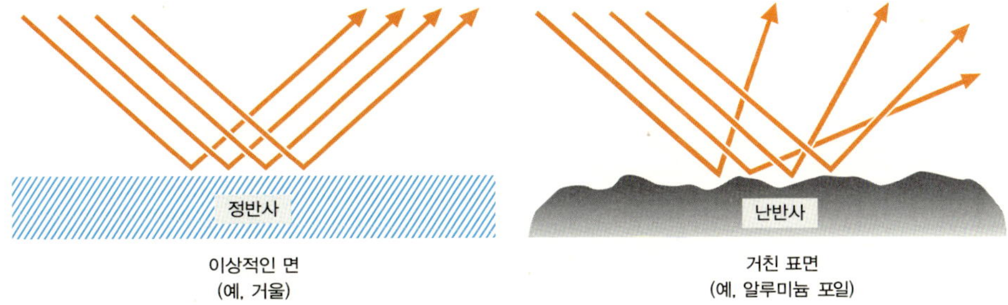




표면이 매끈한 거울과 같은 표면에서는 입사한 빛이 고르게 반사되지만, 표면이 거친 알루미늄 포일과 같은 표면에서는 빛이 무질서하게 반사되는 난반사가 일어난다.

수 있지만, 표면이 거친 옆면에 반사된 빛으로는 맞은편 영상을 얻을 수 없다.

정반사와 난반사의 차이는 표면 거칠기에 의해 결정된다. 일반적으로 표면이 고르면 정반사가 일어나고, 거칠면 난반사가 일어난다. 그렇다면 표면 거칠기가 얼마나 좋아야 정반사가 일어날 수 있는가? 어떠한 물질로도 완벽하게 고른 면을 만들 수는 없다. 분자 또는 원자의 형태만으로도 표면의 형태는 완벽한 면이 될 수 없다. 대략적으로 보자면 표면이 거친 정도가 빛의 파장보다 작으면 정반사가 발생한다. 거울 반사면의 거칠기는 일반적으로 10~50nm 수준으로, 이는 500nm 파장 녹색빛 기준으로 파장 길이의 약 1/50~1/10 크기이다.

한 가지 기억해야 할 점은 난반사가 일어나는 경우 반사되는 빛들이 매우 무질서하게 진행하지만, 이 과정을 자세히 들여다보면 각 입사광이 반사되는 지점들에서는 여전히 반사의 법칙이 완벽하게 성립된다는 것을 확인할 수 있다. 물체의 표면이 움직이거나 바뀌지 않는 이상, 반사되는 빛은 아무리 복잡한 형태로 난반사하더라도 반사의 법칙이 적용되는 것이다. 또한 물체의 표면 정보를 정확하게 알고 있으면 실제로 난반사되는 빛도 반사의 법칙에 의해서 정확히 예측

사진 2.6  정반사

거울과 같이 매끈한 물체 표면
에서는 정반사가 일어난다.

할 수 있다. 즉 난반사되는 빛의 형태는 복잡해 보이지만 Stochastic, 반사의 법칙으로 정확히 기술될 수 있는 Deterministic 현상이다. 일반적으로 거친 표면에서는 난반사가 일어나기 때문에 맞은편의 상을 볼 수가 없다. 하지만 이러한 난반사를 제어하여 벽을 거울로 사용하는 최신 연구가 진행되고 있다. 미국 매사추세츠 공과 대학교 Massachusetts institute of technology, MIT 미디어랩 Media lab 에서는 매우 짧은 펄스의 레이저를 이용하여 난반사된 빛 중 초기에 도달한 부분만을 사용하여 광학 영상을 구현함으로써 거친 표면을 거울처럼 이용할 수 있는 기술을 개발하였다[1]. 최근 이스라엘 바이츠만 Weizmann 연구소에서는 표면에서 난반사된 정보를 홀로그래픽하게 처리하여 반사되기 전의 빛의 정보를 복원할 수 있는 기술을 개발하였다[2]. 예를 들어 문에서 난반사된 빛을 제어하여 나는 상대방을 볼 수 있지만 상대방에게는 문밖에 보이지 않는 상황을 만들 수 있다. 머지않은 미래에 이러한 기술은 군사적인 목적으로도 활용될 수 있을 것이다.

## 빛의 굴절: 휘는 빛

곧은 쇠막대를 물에 넣어 보면 물과 공기의 경계면에서 막대가 굽어져 보인다. 그리고 수영장에 들어가 있는 사람을 밖에서 보면, 물에 들어가 있는 부분이 짧아 보인다. 이는 빛이 물과 공기의 경계면을 만날 때 휘기 때문이다. 이러한 현상은 빛의 굴절 때문에 발생한다. 경계면에서 빛의 굴절이 일어나는 이유는 각 물질에서 빛이 전파되는 속도가 다르기 때문이다.

---

1    Velten, A., Willwacher, T., Gupta, O., Veeraraghavan, A., Bawendi, M. G., and Raskar, R., Recovering three-dimensional shape around a corner using ultrafast time-of-flight imaging, *Nature Communications* 3 (2012), p. 745. doi: 10.1038/ncomms1747.

2    Katz, O., Small, E., and Silberberg, Y., Looking around corners and through thin turbid layers in real time with scattered incoherent light. *Nature photonics* 6 (2012), pp. 549~553. doi:10.1038/nphoton.2012.150.

물질에서 전파되는 빛의 속도는 각 물질의 고유한 굴절률로 정해진다. 공기의 굴절률($n$=1)보다 물의 굴절률($n$=1.33)이 더 크기 때문에, 물을 통과하는 빛의 속도가 공기를 통과하는 빛의 속도보다 너 느려지게 된다. 물과 공기의 경계면으로 평행한 광선들이 입사하는 경우, 같은 시간 동안 물에 먼저 입사된 광선이 이동한 거리가 아직 공기 중에서 진행하는 광선이 이동하는 거리보다 짧기 때문에 굴절이 발생한다. 이는 마치 아스팔트–모래 경계면을 지나는 자동차 바퀴의 운동에 비유할 수 있다. 아스팔트 위에서 직선으로 이동하는 바퀴가 경계면을 만났을 때 모래에 먼저 들어간 바퀴가 이동하는 속도가 더 느려지기 때문에 자동차 진행 방향이 굴절되는 것과 비슷한 원리이다. 이러한 굴절 현상은 **굴절의**

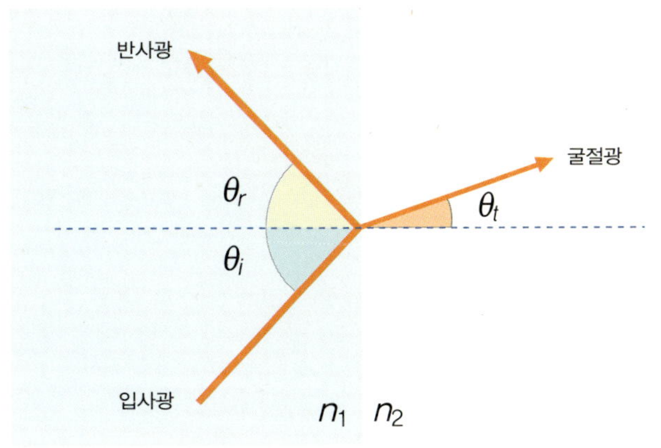



그림 2.8  굴절의 법칙
굴절률이 다른 물질이 만나는 경계면에서 빛은 굴절된다.

**법칙** The law of refraction or Snell's law을 따르며 정량적으로 기술된다. 굴절률이 각각 $n_1$, $n_2$ 인 매질1, 매질2의 경계면에 입사각이 $\theta_i$인 빛이 통과하면서 굴절되는 빛의 굴절각 $\theta_t$는 다음과 같이 표현된다.

(식 2.1)
$$n_1 \sin\theta_i = n_2 \sin\theta_t$$

굴절률이 다른 두 물체 사이에서는 항상 빛의 반사와 굴절이 일어난다. 물질에 의한 빛의 흡수를 무시하는 경우, 일부 빛은 반사되고 나머지 빛은 굴절되어 투과된다. 투과하는 빛은 두 물체 사이의 굴절률에 따라 휜다. 굴절률 차이가 크면 클수록 굴절되는 정도가 심해진다. 만약 서로 다른 물질이 경계면을 이루더라도, 두 물질 사이의 굴절률 차이가 거의 없다면 빛의 반사는 거의 일어나지 않는다. 또한 투과하는 빛도 거의 굴절되지 않고 직진한다.

일반적으로 우리는 빛은 직진한다고 알고 있지만, 엄밀히 말하자면 빛은 매질

사진 2.9  사막의 신기루 현상
하늘에서 오는 빛이 지표면에서 휘어져 들어와 호수가 있는 것처럼 보인다.

의 굴절률이 일정한 경우에만 직진한다. 굴절률의 차이가 있는 경계면을 만나면 직진하던 빛은 일정한 각도로 굴절되어 다시 직진한다. 굴절률 차이가 자연스럽게 변하는 공간에서는 빛은 계속 굴절이 일어나 마치 곡선을 따라 진행하는 것처럼 보이기도 한다.

### 신기루가 생기는 이유

사막 위에서는 신기루 현상이 발생한다. 파란 하늘빛이 모래 위에서 똑같이 보여 마치 물이 있는 것처럼 착시를 일으킨다. 때문에 사막을 걷는 사람들은 이런 신기루 현상을 오아시스로 착각하기도 한다. 신기루가 생기는 이유도 빛의 굴절 때문이다.

한낮의 뜨거운 태양 빛에 사막의 모래 표면이 달구어지면 표면에 닿아 있는 공기층이 뜨거워지게 된다. 공기는 온도가 오르면 부피가 팽창하여 밀도가 떨어지는데, 밀도가 떨어지면 공기의 굴절률이 감소한다. 즉 온도가 올라가면 공기의

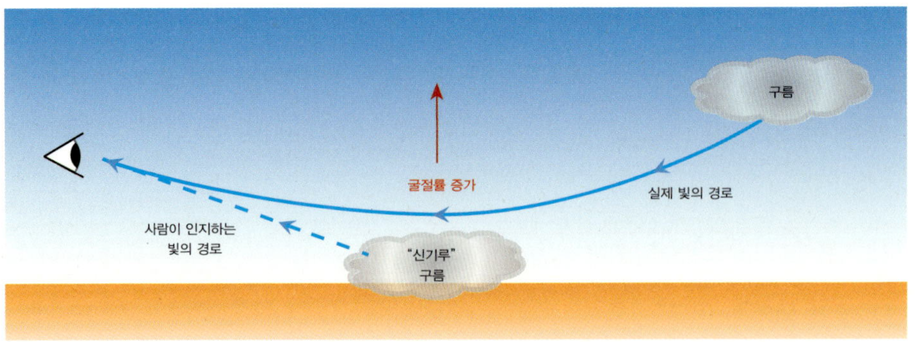



사막 표면에서는 지표면이 뜨겁게 달구어져서 지표면에서 높이 올라갈수록 굴절률이 증가하는데, 이 때문에 하늘에서 오는 빛이 지표면 근처에서 휘어지면서 사람의 눈으로 들어오게 된다. 이 빛은 지표면에서 온 것처럼 보이기 때문에 신기루 현상이 발생한다.

굴절률은 감소한다. 이러한 이유로 사막 표면에서는 표면에서 위로 올라갈수록 공기의 굴절률은 감소한다. 이러한 상황에서는 굴절이 연속적으로 일어나 빛이 포물선으로 휘게 된다. 이렇게 휘어 들어온 빛은 마치 아래에서 올라온 빛처럼 보이기 때문에 신기루 현상이 생긴다. 여름철 뜨거운 아스팔트 위에서 생기는 아지랑이 현상도 같은 원리로 발생한다.

굴절의 원리를 이용하면, 일상생활에서 쉽게 접하는 물질을 이용하여 휘는 빛을 만들어 볼 수 있다. 필요한 재료는, 투명한 상자, 물, 레이저 포인터, 그리고 (제일 중요한) 설탕이다. 투명한 상자에 물 1L를 넣고, 그 위에 설탕 1kg을 물 1L에 섞은 설탕물을 천천히 부은 다음 잠시 기다렸다가 레이저 포인터를 쬐어 주면 빛이 휘는 현상을 관찰할 수 있다. 빛을 휘게 하는 원인은 설탕물의 굴절률에서 찾을 수 있다. 설탕물의 굴절률은 물의 굴절률보다 높고, 농도가 진해질수록 굴절률이 증가한다. 밀도차에 의해 상자 바닥에는 주로 굴절률이 높은 설탕물이 있고 위로 올라갈수록 밀도가 낮은 설탕물이 있기 때문에, 상자 바닥에서

**사진 2.11  설탕물에 의해 휘는 빛**

상자 바닥에는 주로 굴절률이 높은 설탕물이 있고 위로 올라갈수록 밀도가 낮은 설탕물이 있기 때문에, 상자 바닥에서 위로 올라갈수록 설탕물의 굴절률은 낮아지게 된다. 상자 옆에서 입사한 레이저 빛은 연속적으로 굴절되므로 마치 빛이 굽어 진행하는 것처럼 보이는 것이다.

위로 올라갈수록 설탕물의 굴절률은 낮아지게 된다. 상자 옆에서 입사한 레이저 빛은 연속적으로 굴절되므로 마치 빛이 굽어 진행하는 것처럼 보이는 것이다.

## 전반사와 분산

### 광섬유의 원리: 전반사

현대 정보 통신의 많은 부분은 광섬유 Optical fiber 를 통해 이루어진다. 매우 가는 광섬유 속을 지나는 빛에 정보를 실어 보내면, 큰 손실 없이 수십~수백 km까지 빛의 속도로 정보를 보낼 수 있다. 대륙 간 초고속 인터넷망이 광 통신의 대표적인 예이다. 광섬유의 핵심 원리는 빛의 전반사 Total internal reflection 이다. 굴절률이 높은 매질에서 낮은 매질로 빛이 진행하는 경우, 입사각이 일정 각도보다 커지는 순간 굴절되는 빛은 완전히 사라진다. 즉 입사한 빛은 100% 내부에서 반사된다. 광섬유는 전반사를 이용해서 빛을 먼 곳까지 전달한다. 굴절률이 높은 중

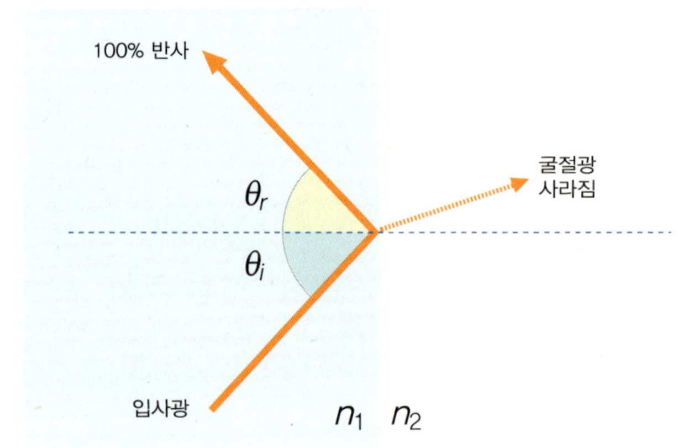



**그림 2.12 전반사**

굴절률이 높은 매질에서 굴절률이 낮은 매질로 빛이 진행하는 경우, 입사각이 일정 각도보다 커지는 순간 굴절되는 빛은 완전히 사라진다. 입사한 빛은 100% 내부에서 반사된다.

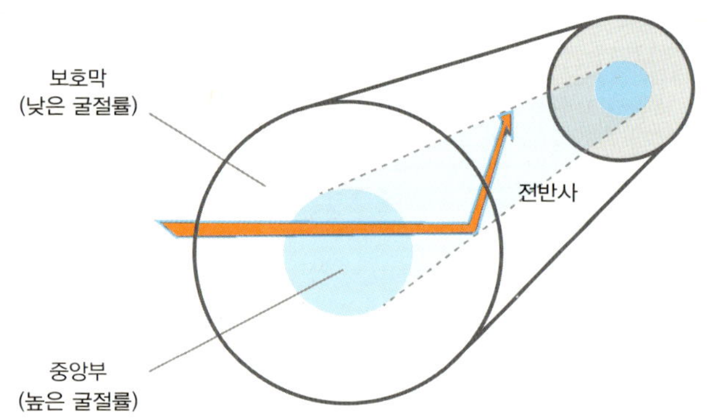



**그림 2.13 광섬유의 원리**

굴절률이 높은 중앙부와 굴절률이 낮은 보호막이 맞닿아 있는 면에서 빛의 전반사가 일어나 빛을 멀리까지 손실 없이 보낼 수 있다.

앙부$^{Core}$와 굴절률이 낮은 보호막$^{Cladding}$이 맞닿아 있는 면에서 빛의 전반사가 일어나 빛을 멀리까지 손실 없이 보낼 수 있다.

## 무지개가 생기는 원리: 전반사+분산

비가 온 다음 날씨가 맑게 개면 하늘에서 무지개를 볼 수 있다. 분수 근처에서도 무지개가 보이기도 한다. 무지개를 만드는 중요한 원리는 전반사와 분산이다. 분산이란 다른 파장을 가지는 빛들이 다른 각도로 굴절되는 현상이다. 분산이 생기는 이유는 물질의 굴절률이 파장별로 다르기 때문이다. 프리즘에 백색광을 통과시켜 주면 공기-프리즘 경계면을 지나갈 때 다른 파장 길이를 가진 빛들이 각각 다른 각도로 굴절된다. 바꾸어 생각해 보면, 이는 단일 파장 레이저를 프리즘에 통과시켰을 때 분산이 일어나지 않는 현상과 일맥상통한다.

프리즘은 주로 유리로 만들어지는데, 유리의 굴절률은 파장이 낮을수록 크다. 따라서 프리즘에 의해 백색광이 굴절될 때 파장이 긴 적색 빛이 파장이 짧은 보라색 빛보다 굴절되는 각도가 작기 때문에, 다양한 색으로 구분이 되는 분산 현상이 나타나는 것이다. 실험용 렌즈나 프리즘 등 고품질 광학 부품의 재료로 사용되는 붕규산 크라운 유리Borosilicate crown glass인 BK7과 석영Quartz의 일종인 Flint $F_2$의 경우 파장이 길어질수록 굴절률이 감소하는 것을 알 수 있다. 그러나 파장별로 본다면 여전히 굴절의 법칙이 그대로 적용된다.

그러면 이제 분산과 전반사가 어떻게 무지개를 만들어 내는지 자세히 들여다보자. 태양 빛이 대기 중에 있는 작은 물방울들에 의해 산란이 되면 무지개가 생길

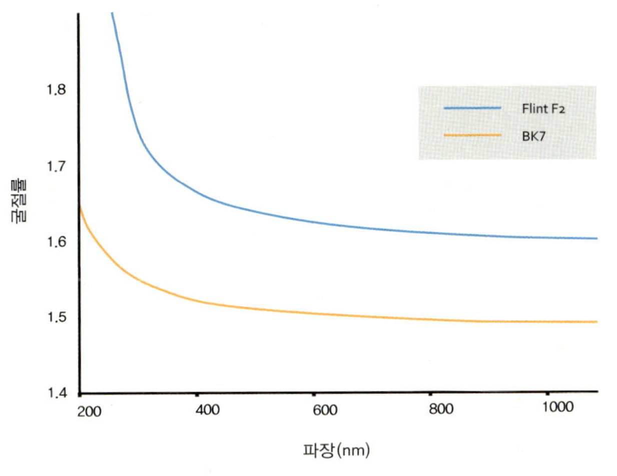



**그림 2.14  대표적인 광학 물질의 파장에 따른 굴절률**
실험용 렌즈나 프리즘 등 고품질 광학 부품의 재료로 사용되는 대표적인 물질인 BK7과 Flint $F_2$를 가지고 파장에 따른 굴절률을 살펴보면, 파장이 길어질수록 굴절률이 감소하는 것을 알 수 있다.

수 있다. 태양에서 오는 백색광이 물방울 표면에서 굴절되어 들어갈 때, 백색광을 구성하는 다양한 파장의 빛은 각기 다른 굴절률에 따라 굴절이 진행된다. 다양한 파장의 빛은 서로 다른 방향으로 진행하며 무지갯빛을 형성하는데 물방울의 한쪽 면에서 전반사가 일어나기 때문에 태양에서 온 빛을 반대 방향으로 되돌려 주게 된다. 그래서 우리는 보통 비가 온 후 하늘이 개면 태양을 등지고 하늘을 볼 때 쉽게 무지개를 찾을 수 있다. 수많은 작은 물방울들이 각각 이런 효과를 만들어 결국 우리가 보는 동그란 무지개 이미지가 탄생하게 되는 것이다.

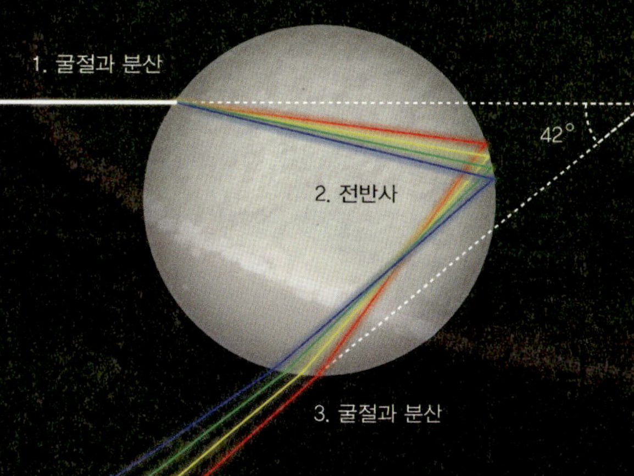



**그림 2.15  무지개의 원리**

태양에서 오는 백색광이 대기 중 물방울로 들어가면, 물이 가진 굴절률이 파장에 따라 다르기 때문에, 각 파장의 빛은 다른 방향으로 전파된다. 물방울 한쪽 면에서 전반사가 일어나면서 태양에서 온 빛을 반대 방향으로 되돌려 주므로 우리는 보통 비가 온 후에 태양을 등지고 맑은 하늘을 볼 때 무지개를 찾을 수 있다.(사진: KAIST 오리 연못)

# 렌즈: 가장 간단한 광학 영상 시스템

### 인류 최초의 렌즈: 니므루드 렌즈

렌즈는 가장 간단한 광학 영상 시스템 중 하나이다. 렌즈는 빛의 굴절을 이용하여 투과된 빛을 모아 주거나 넓혀 준다. 볼록 렌즈 Concave lens는 평행한 빛을 모아서 광 초점을 만들어 주고, 오목 렌즈 Convex lens는 평행한 빛을 펼쳐 준다. 볼록 렌즈와 오목 렌즈의 조합을 이용하면 안경, 현미경, 카메라, 망원경 등 실생활에 밀접하게 사용되는 다양한 광학 기기를 만들 수 있다.

렌즈는 3,000년 전 이전부터 사용되어 온 것으로 추정된다. 인류가 사용한 가장 오래된 렌즈는 현재 이란 지역에 해당하는 고대 아시리아 Assyria 제국의 니므루드 Nimrud라는 도시 유적에서 발견된 렌즈이다. 수정 Crytal 암석을 가공하여 만든 이 렌즈를 고대 아시리아 인들은 매우 작은 물체를 가공하거나 천체를 관측하는 데 사용했던 것으로 추측된다.

**사진 2.16  니므루드 렌즈**
역사상 가장 오래된 렌즈로 알려진 니므루드 렌즈.

## 렌즈의 원리

렌즈의 원리는 빛의 굴절이다. 볼록 렌즈는 투과된 빛을 굴절시켜 평행하게 들어간 광선들을 한 점에 모아 준다. 이때 렌즈와 초점 사이의 거리를 초점 거리 Focal length $f$라고 한다. 평행한 빛이 볼록 렌즈를 지나면 빛이 모이고 초점 거리 뒤에서는 실제 광 초점이 맺힌다. 평행한 빛이 오목 렌즈를 지나면, 마치 렌즈 뒤쪽 초점 거리 위치에 광 초점이 있는 듯 빛이 퍼져 나간다.

### 그림 2.17  볼록 렌즈와 오목 렌즈의 초점 거리

평행한 빛이 볼록 렌즈를 지나면 빛이 모여서, 초점 거리 뒤에 실제 광 초점이 맺힌다. 평행한 빛이 오목 렌즈를 지나면, 마치 렌즈 뒤쪽 초점 거리 위치에 광 초점이 있는 듯 빛이 퍼져 나간다.

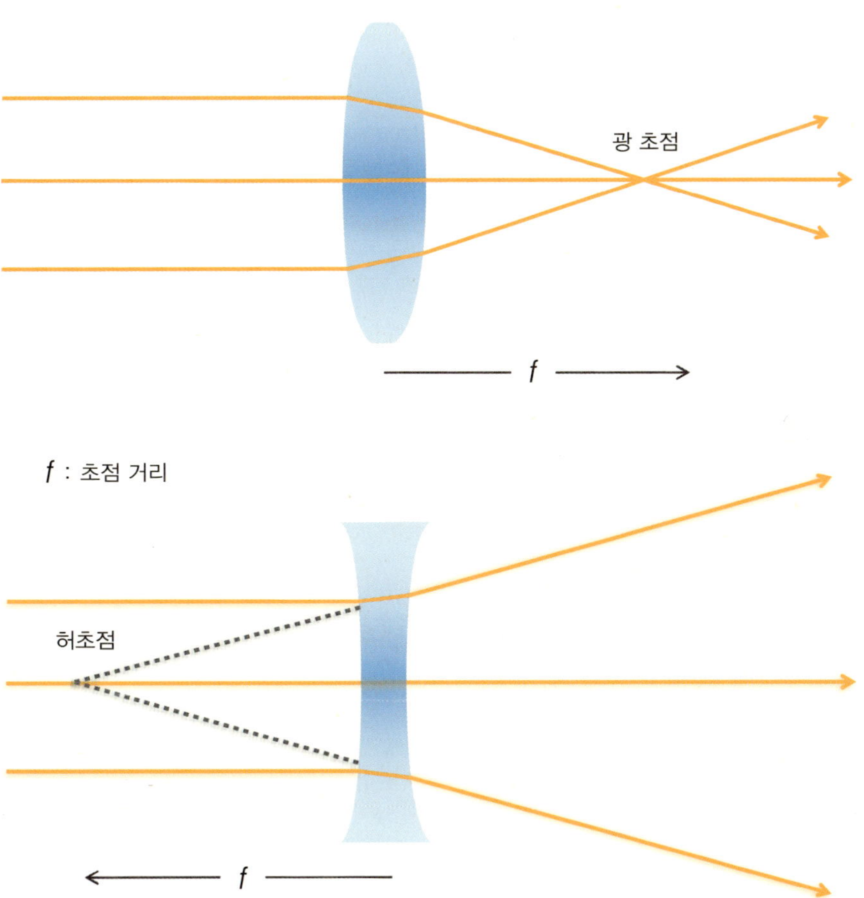

굴절률이 일정한 물질을 사용하더라도, 렌즈의 형상을 잘 디자인하면 평행하게 들어온 광선들을 한 점에 모을 수 있다. 렌즈는 일반적으로 유리로 제작되는데, 렌즈를 투과한 빛은 유리가 가지고 있는 고유한 굴절률($n$=1.5~1.6)과 함께 렌즈 표면의 형상이 볼록하거나 오목한 정도에 따라 들어간 위치에서 굴절된다. 즉 초점 거리가 $f$인 렌즈를 만들고 싶을 때, 표면을 어떻게 디자인해야 하는가를 산출할 수 있다. **렌즈 메이커의 공식** <sup>Lens-maker's formula</sup>으로 정리된 바에 따르면 볼록 렌즈가 굴절률이 $n$이고 양면의 곡면 반지름<sup>Radius of curvature</sup>이 각각 $R_1$, $R_2$일 때, 초점 거리 $f$는 다음과 같은 식으로 결정된다. 아래 식은 굴절의 법칙에서 유도될 수 있다.

(식 2.2)

$$\frac{1}{f} = (n-1)\left(\frac{1}{R_1} + \frac{1}{R_2}\right)$$

만약 굴절률이 1.5인 특수한 유리를 가지고 초점 거리가 100cm이고 양쪽이 같은 정도로($R_1$=$R_2$) 볼록한 렌즈를 만들려고 한다면, 위 수식으로부터 $R_1$=$R_2$=100cm를 산출할 수 있다. 즉 양쪽 면이 볼록한 정도를 100cm의 곡면 반지름을 갖도록 만들어 주면 초점 거리가 정확히 100cm인 렌즈를 만들 수 있다.

## 평평한 렌즈: 그린 렌즈

굴절의 원리를 잘 이용하면 평평한 렌즈도 만들 수 있다. 렌즈 내부에서 위치에 따라 굴절률이 변화하는 물질을 이용한다면, 특별한 형상 없이도 빛이 휘게 진행되도록 할 수 있다. 즉 납작한 렌즈를 만들 수 있는 것이다. 이러한 렌즈를 그린<sup>GRadient INdex, GRIN</sup> 렌즈라고 하는데, 매우 작은 렌즈를 사용해야 하는 내시경 등에 활용되고 있다. 그린 렌즈는 중앙부의 굴절률이 가장 높고, 바깥쪽으로 갈수록

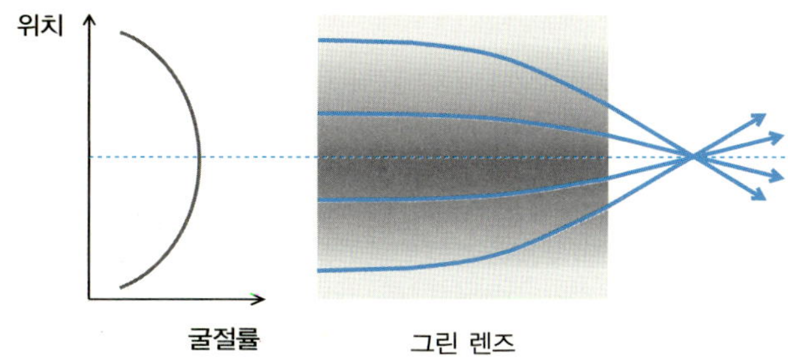



**그림 2.18  그린 렌즈**

그린 렌즈는 중앙부의 굴절률이 가장 높고 바깥쪽으로 갈수록 굴절률이 낮다. 그린 렌즈는 양쪽 면이 평평한 원통형 모양이지만, 렌즈처럼 작동한다.

굴절률이 낮다. 즉 양쪽 면이 평평한 원통형 모양이지만, 렌즈 역할을 하는 것이다. 그린 렌즈의 원리는 신기루가 생기는 원인과 같은 셈이다.

## 렌즈의 한계

렌즈를 이용하면 한 점에 정확히 초점이 맺혀야 하지만, 그렇지 않을 경우 광학 영상의 품질이 심각하게 저하된다. 영상 시스템에서 정확한 초점이 생기지 않는 현상을 수차 Aberration라고 한다. 수차의 원인은 다양하지만, 대부분 렌즈가 원하는 대로 제작이 되지 못했거나 광학 영상 시스템의 구성에 문제가 있을 때 발생한다. 수차 문제는 근본적인 물리적 한계가 아닌, 해결 가능한 문제들이다. 대표적인 세 가지 수차는 다음과 같다. 첫째, 관찰 대상 Detector이 정확한 초점면에 위치하지 않아 생기는 수차는 디포커스 수차 Defocus aberration라 한다. 빔 Beam 프로젝터를 사용할 때 초점면을 정확하게 맞추지 않으면 스크린에 투사된 영상이 또렷하지 않고 흐리게 Blurry 맺히는 경우를 경험한 적이 있을 것이다. 이러한 경우를 디포커스 수차라고 한다. 이는 영상이 맺히는 스크린의 위치를 바꾸거나 렌즈의 초점 거리 등을 조절해 해결 가능하다.

**사진 2.19 디포커스 수차의 예**

의도적으로 디포커스 수차를 주어 크리스마스 트리를 찍은 사진. 정확한 초점면이 아닌 다른 곳에서는 초점이 퍼진 영상이 보인다. 빛들이 팔각형 모양인 것이 보이는가? 카메라 중간에 팔각형 필터를 넣어서 준 효과이다.

둘째, 구면 수차Spherical aberration는 렌즈 표면이 균일하지 않은 경우에 초점이 일그러져 버리는 현상을 말한다. 정확한 곡면을 가진 렌즈를 제작할 수 있다면 렌즈 메이커의 공식에 따른 깨끗한 초점을 만들 수 있지만, 실제로 렌즈의 표면을 완벽한 곡면으로 만들기란 매우 어렵다. 사람의 시각 기관에 구면 수차가 발생할 수 있는데, 바로 난시Astigmatism 증상이 이에 해당한다. 난시는 정난시Regular astigmatism 와 부정 난시Irregular astigmatism 두 가지로 구분된다. 수정체의 초점 거리는 주변 근육에 의해 변하는데, 선천적으로 수정체 형성에 문제가 있거나 주변 근육 중 일부에서 근 수축력에 문제가 생기면, 수정체가 비대칭적인 곡면을 갖게 되고 가로

**사진 2.20 구면 수차의 예**
구면 수차를 오히려 이용하여 재미있는 사진 효과를 줄 수도 있다. 위와 같은 사진은 구면 수차를 과도하게 주어 얻을 수 있다.

축과 세로축에 대한 초점 거리가 달라진다. 이 경우가 정난시에 해당한다. 부정난시는 수정체 표면에 상처가 나서 생기는 난시로 수정체 주변 근육의 힘이 충분할 때에도 발생한다.

셋째, 색 수차 Chromatic aberration는 색상마다 빛의 초점이 맺히는 위치가 다른 경우를 말한다. 색 수차가 발생하는 이유는 서로 다른 파장을 가진 빛이 각각 다른 굴절률을 갖고 있기 때문이다. 이는 빛의 분산 현상과 관련이 있다. 거의 모든 재료는 파장에 따라 굴절률이 다르기 때문에, 여러 파장의 빛을 사용하는 경우에는 색 수차를 고려해야 한다.

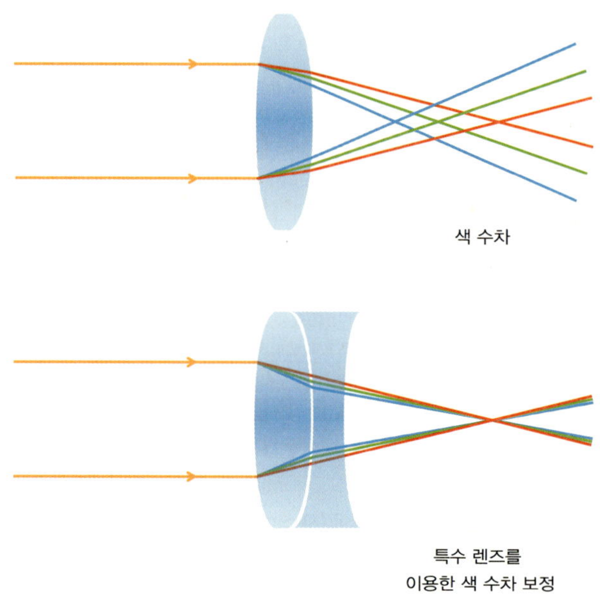





**그림 2.21  색 분산을 줄여 주는 렌즈**
색 수차의 경우 특수 렌즈를 이용하면 문제를 상당히 완화시킬 수 있다.

사진이나 현미경에서 영상을 얻는 작업은 비교적 넓은 영역대의 파장이 혼합된 빛을 사용하는 경우라고 볼 수 있으므로 광학 기기에서 색 수차 문제는 매우 중요하다. 이를 해결하기 위해서 두 가지 이상의 다른 재료로 만들어진 특수 렌즈 Achromatic doublet lens가 개발되었는데 그 구조를 살펴보면 색 분산 성질이 다른 2개의 재료를 이용하여 각각을 볼록 렌즈와 오목 렌즈로 제작한 후 접착하고 있다. 이러한 방식으로 제작된 렌즈를 사용하면 단일 재료로 만들어진 렌즈에서 발생하는 색 분산 문제를 효과적으로 완화시킬 수 있다. 고가의 현미경이나 고급 디지털 카메라의 렌즈를 설계할 때, 색 수차를 완화시키기 위해 여러 가지 재료의 작은 렌즈들의 조합을 이용한다. 이 세 가지 대표적인 수차 외에도 시야 만곡 Field curvature, 왜곡 Distortion, 비점 수차 Astigmatism와 같은 다양한 수차가 있다.

a. 프리즘 내부에서 특정 각도 이상으로 빛이 경계면에 들어갈 때에는 전반사가 일어난다. 그렇다면, 전반사가 일어나는 면 반대쪽에는 빛이 전혀 존재하지 않을까?

b. 비가 갠 뒤 맑은 하늘을 보면 가끔 이중 무지개(쌍무지개)를 볼 수 있기도 하다. 쌍무지개는 어떻게 생길까? 그리고 쌍무지개 중 바깥쪽 무지개는 왜 안쪽 무지개와 색의 순서가 뒤바뀔까?

c. 렌즈는 굴절의 법칙으로만 만들 수 있을까? 렌즈는 꼭 볼록하거나 오목해야 할까? 산란으로는 렌즈를 만들 수 없을까?

# 3장

# 빛의 상호 작용, 파동 광학

2장에서는 빛을 쉽게 다루기 위해서 빛을 광선으로 다루는 기하 광학을 살펴보았다. 기하 광학을 이용하면 굴절이나 반사와 같은 빛의 기본적인 성질을 쉽게 표현하고 이해할 수 있다. 그러나 기하 광학만으로는 빛의 중요한 성질인 간섭 Interference이나 회절 등을 표현할 수 없는 한계가 있다. 전자기파로서의 빛을 정확하게 기술하기 위해서는 파동을 이해하고 표현할 수 있어야 하는데, 바로 파동 광학 Wave optics이 필요한 이유이다.

파동 광학을 다루어야 하는 간단한 예를 보자. 디지털 카메라로 빛의 세기를 찍

**그림 3.1  빛의 세기만 측정하는 광학 영상**
모여드는 빛인가, 그대로 진행하는 빛인가? 단순 광학 영상만으로는 빛이 진행하는 방향을 예측할 수 없다.

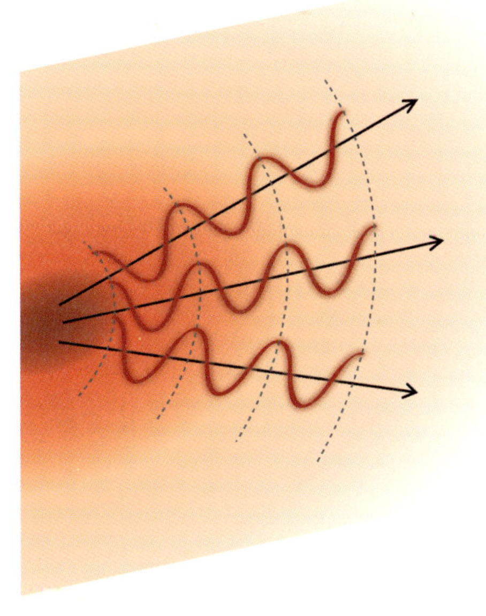



어 왼쪽 그림과 같은 영상을 얻었다고 하자. 이 빛이 퍼져 나가는 빛인가, 모여 드는 빛인가, 아니면 그대로 진행하는 빛인가?

왼쪽 그림이 주는 정보, 다시 말해 빛의 세기만으로는 빛이 어떻게 전파되는지 전혀 알 수 없다. 빛이 어떻게 전파되는지 알기 위해서는 위상$^{Phase}$, 또는 파면 정보$^{Wavefront\ information}$를 알아야 한다. 빛의 위상을 알게 되면 위 그림과 같이 빛이 어떻게 전파되어 왔고, 어떻게 진행해 나갈지에 대하여 완벽하게 알 수 있다.

빛을 정확히 이해하고 기술하기 위해서는 빛의 세기와 위상을 같이 이해해야 한다. 빛의 세기는 일상생활에서 흔히 사용하지만, 빛의 위상은 좀처럼 듣기 어려운 말이다. 빛의 세기는 전자 기기를 이용해서 측정하고 제어하기 쉬운 반면에 위상은 측정과 제어가 쉽지 않은 데 기인한다고 볼 수 있다. 예를 들어, 휴대 전화 카메라로 어떤 광학 영상을 얻었다고 하자. 이 경우 물체의 각 지점에서 산란된 빛들이 카메라의 광학 영상 시스템을 통해 카메라 CCD의 각 픽셀$^{Pixel}$에서 광 초점을 형성한다. 이때 카메라의 각 픽셀들은 그 픽셀에 해당하는 광 초점의 빛 에너지에 비례해서 전기 신호를 만들기 때문에, 각 지점에서의 빛의 세기를 정확하게 측정할 수 있다. 빛의 세기는 제어 또한 용이하다. 예를 들어, LCD와 같은 영상 기기는 모두 빛의 세기를 제어하여 정보를 광학적으로 전달한다.

반면 빛의 위상을 측정하고 제어하는 것은 쉽지 않다. 이는 빛의 속도를 일반적인 전자 기기가 따라갈 수 없기 때문이기도 하다. 빛의 위상을 측정하기 위해서는 간섭의 원리를 이용해야 하는데, 그 대표적인 기술이 홀로그래피이다. 홀로그래피의 어원을 살펴보면 전부Whole라는 의미의 그리스 어인 홀로Holo와 그리다Drawing 혹은 쓰다Writing라는 의미의 그리스 어인 그래피Graphy로 조합되어 있다. 즉 홀로그래피는 빛의 세기와 위상을 동시에 측정하는 것이다. 21세기에 들어서는 빛의 위상을 제어하는 여러 기술이 속속들이 개발되어 왔다. 현재 시중에 나와 있는 3D 텔레비전은 양쪽 눈에 다른 영상을 보여 주고 이때 사람이 지각하는 착시 현상을 이용한 것이다. 곧 머지않은 미래에는 빛의 세기와 위상을 완벽히 제어하는 진정한 홀로그래피 3D 디스플레이가 나타날 것이다.

## 위상과 파면: 빛의 진행 방향 정보

빛의 위상을 자세히 설명하기 전에 우선 일반적인 파동의 위상이 무엇인지 살펴보도록 하자. 1장에서 다룬 바와 같이, 파동은 시간과 공간의 주기적인 반복 운동이다. 파동과 같이 반복되는 과정 중에서 상대적인 위치를 위상이라고 한다. 예를 들면, 하루 24시간의 주기에서 오후 3시는 같은 위상을 갖는다. 3월 31일 오후 3시와 4월 1일 오후 3시는 서로 다른 시각이지만, 24시간 반복 주기에서

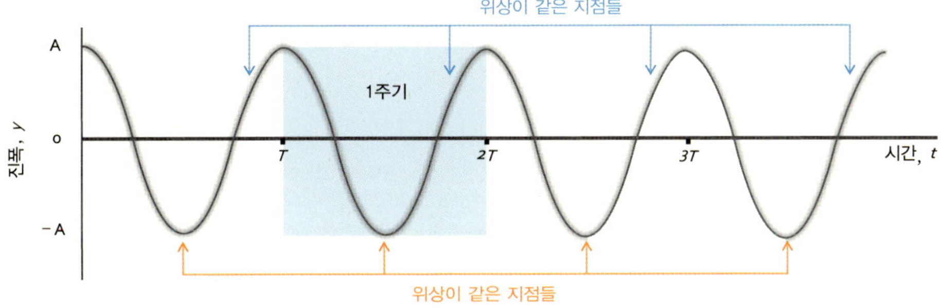



### 그림 3.3 파동과 위상

반복되는 주기 안에서 상대적인 위치를 위상이라 한다. 위 그림에서 주황색 화살표로 표시된 부분은 시간적으로는 다른 곳에 있지만, 위상은 모두 같다. 파란색 화살표로 표시된 지점들도 모두 같은 위상을 가지는 위치들이다. 위 그래프는 시간 축에서 파동을 나타내지만, 공간 축으로 표현된 파동에서도 주기는 같은 방식으로 표현된다.

는 같은 위상을 갖는 셈이다.

그리고 위상은 파동의 반복되는 주기 안에서 상대적인 위치를 말한다. 위 그림은 시간에 따른 주기 운동 그래프를 나타내고 있다. 빛의 전자기파 진동도 위 그림과 같이 시간에 따라 주기 운동을 한다. 이러한 반복되는 주기 운동 내에서 상대적인 위치가 **위상**에 해당한다. 주황색 화살표로 표시된 부분은 시간적으로는 다른 곳에 있지만, 위상은 모두 같다. 파란색 화살표로 표시된 지점들도 모두 같은 위상을 가지는 위치들이다.

공간적으로 전파되는 파동에서 같은 위상의 점들을 연결한 면을 파면이라고 한다. 빛의 파면이 평면이면 평면파 Plane wave, 구면이면 구면파 Spherical wave 라고 한다. 파면은 항상 광선과 수직을 이루기 때문에, 파면을 알고 있으면 진행 방향을 알 수 있고, 같은 맥락에서 진행 방향을 알고 있으면 파면을 알 수 있다.

레이저 포인터에서 나오는 빛은 평면파로 생각할 수 있고, 가로등에서 나오는

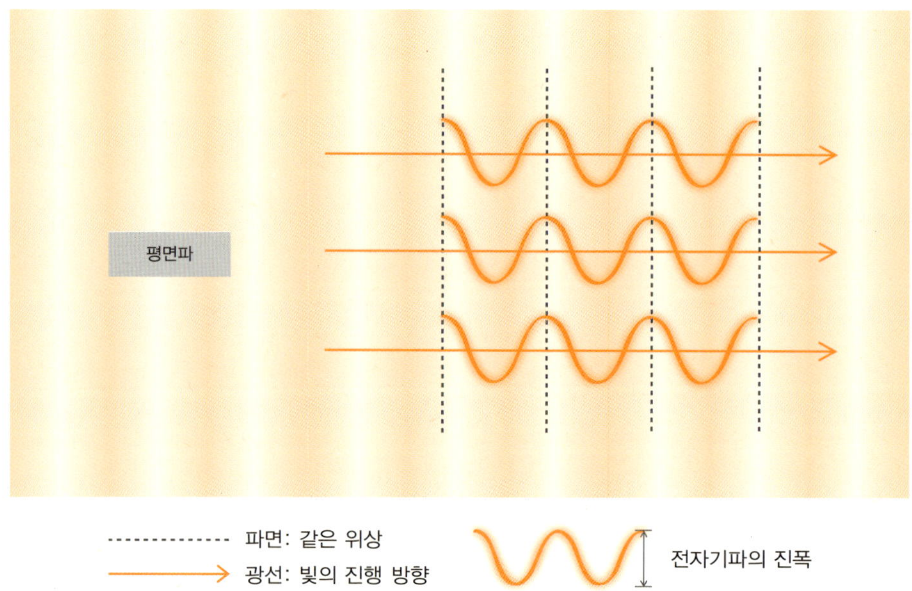


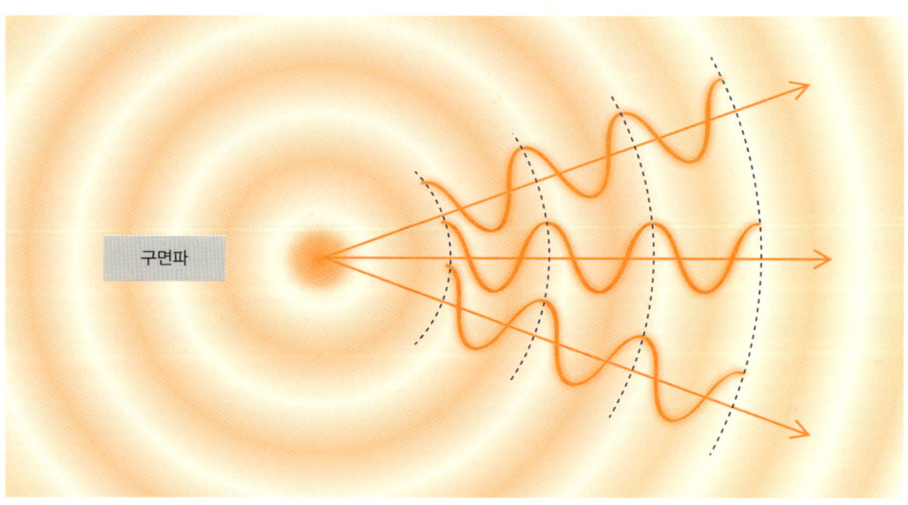


**그림 3.4  파면과 광선**

파면은 항상 광선과 수직을 이루기 때문에, 파면을 알고 있으면 진행 방향을 알 수 있고, 진행 방향을 알고 있으면 파면을 알 수 있게 된다. 평면파는 한 방향으로만 진행하기 때문에 멀리 진행하더라도 같은 에너지가 같은 방향으로 전파되지만 구면파는 넓은 영역에 에너지가 퍼지게 된다.

**그림 3.5 구면파와 평면파**
구면파가 멀리까지 전파되고 난 후 그 일부를 보면 평면파의 형태를 갖는다. 태양에서 나오는 빛은 태양 근처에서 보면 구면파의 형태를 띨 것이다. 하지만 지구까지 도달한 태양 빛은 멀리 전파된 구면파의 극히 작은 일부분이기 때문에 평면파로 간주할 수 있다.

빛은 구면파로 생각할 수 있다. 평면파는 한 방향으로만 진행하기 때문에 멀리 진행하더라도 같은 에너지가 같은 방향으로 전파된다. 하지만 구면파는 3차원 공간 상의 모든 방향으로 진행하기 때문에, 멀리 진행하고 나면 굉장히 넓은 영역에 에너지가 퍼지게 된다. 그런데 구면파가 멀리까지 전파하고 난 후 구면파의 일부를 보면 평면파의 형태를 갖는다. 태양에서 나오는 빛은 태양 근처에서 보면 구면파의 형태를 띨 것이다. 하지만 지구까지 도달한 태양 빛은 멀리 전파된 구면파의 극히 작은 일부분이기 때문에 평면파로 간주할 수 있다.

## 빛의 간섭: 여러 파동이 만드는 새로운 파동

2개 이상의 파가 만나서 새로운 형태의 파가 되는 모든 현상을 간섭이라고 한다. 음파, 전자기파, 빛, 수면파, 물질파 Matter wave 등 모든 파동은 간섭을 할 수 있고, 간섭이야말로 파동 현상을 고유한 성질로 간주하는 물리적 이유기도 하다. 간섭 현상에 대한 가장 쉬운 예를 생각해 보자. 주파수가 같은 파동 2개가

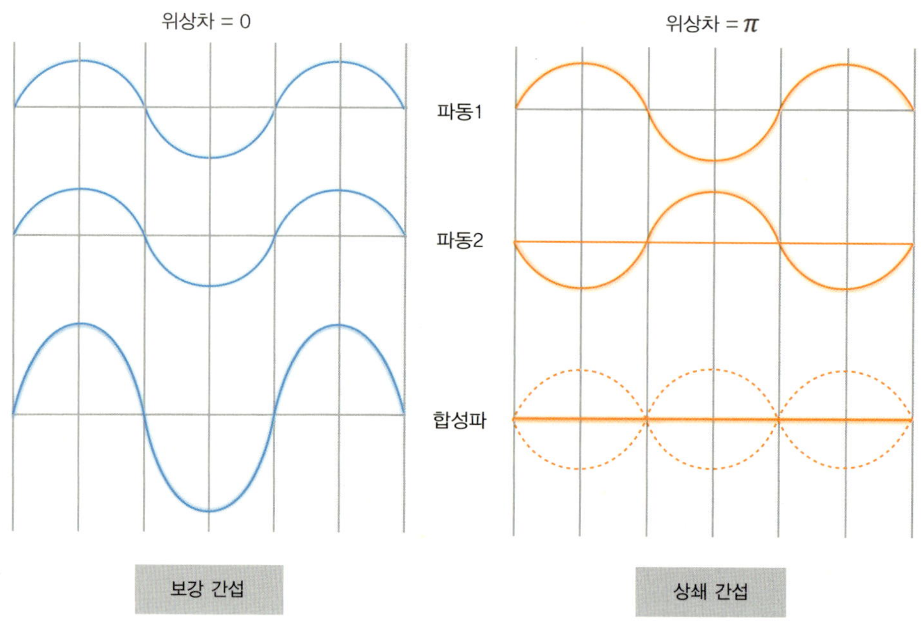


**그림 3.6 보강 간섭과 상쇄 간섭**

위상 차이가 0일 때 두 파가 정확히 겹치면서 파동이 증폭되는 보강 간섭 현상이 일어난다. 두 파동 간 위상 차이가 π일 때 파동의 형태가 정확히 반대가 되며 파의 세기를 서로 완벽하게 상쇄시키는 상쇄 간섭이 발생한다.

있을 때, 두 파 간의 위상이 정확히 같다고 간주해 보자. 즉 위상 차이가 0일 때 두 파가 정확히 겹치면서 파동이 증폭되는 **보강 간섭** Constructive interference 현상이 일어난다. 반면 두 파동 간 위상 차이가 π일 때에는 파동의 형태가 정확히 반대가 된다. 즉 한 파동의 세기가 가장 강할 때, 다른 파동이 가장 약하게 되면서 파의 세기를 서로 완벽하게 상쇄시키는데 이를 **상쇄 간섭** Destructive interference이라 한다. 그러면 간섭은 주파수가 완전히 같을 때에만 발생하는가? 라는 질문이 나올 수 있다. 간섭의 정의에서 알 수 있듯이 2개 이상의 파가 만나서 새로운 형태의 파가 되는 모든 현상을 간섭이라고 한다. 그래서 다른 주파수를 가진 파동 간에도 간섭 현상은 발생한다. 대표적인 예가 음파의 맥놀이 Beating 현상이다.

## 맥놀이 현상: 보강 및 상쇄 간섭

맥놀이 현상이란 주파수가 비슷하지만 약간 차이가 나는 2개의 음파가 간섭할 때, 매우 낮은 새로운 주파수가 생겨나는 것처럼 들리는 현상이다. 새로운 주파수를 가진 새로운 파동이 실제로 생겨나지는 않지만, 두 파동 간의 간섭을 통해 만들어진 파형이 마치 새로운 주파수가 생긴 것과 같은 결과로 이어진다.

두 파동의 주파수가 비슷하지만 약간 차이가 나는 경우 어떤 부분에서는 두 파동 간의 위상 차이가 적고 또 다른 부분에서는 위상 차이가 커질 수 있다. 따라서 위상 차이가 적은 부분에서는 보강 간섭이 나타나고, 위상 차이가 큰 부분에

**그림 3.7  맥놀이 현상**

두 파동의 주파수가 비슷하지만 약간 차이가 나는 경우 위상 차이가 적은 부분에서는 보강 간섭이 나타나고 위상 차이가 큰 부분에서는 상쇄 간섭이 생겨난다. 이러한 보강 간섭과 상쇄 간섭이 반복해서 나타나면서 새로운 형태의 파형을 만들어 내는데, 이 파형의 전체적인 모습을 보면 매우 낮은 주파수를 가지는 맥놀이 주파수가 생긴 것과 같은 현상이 발생한다.

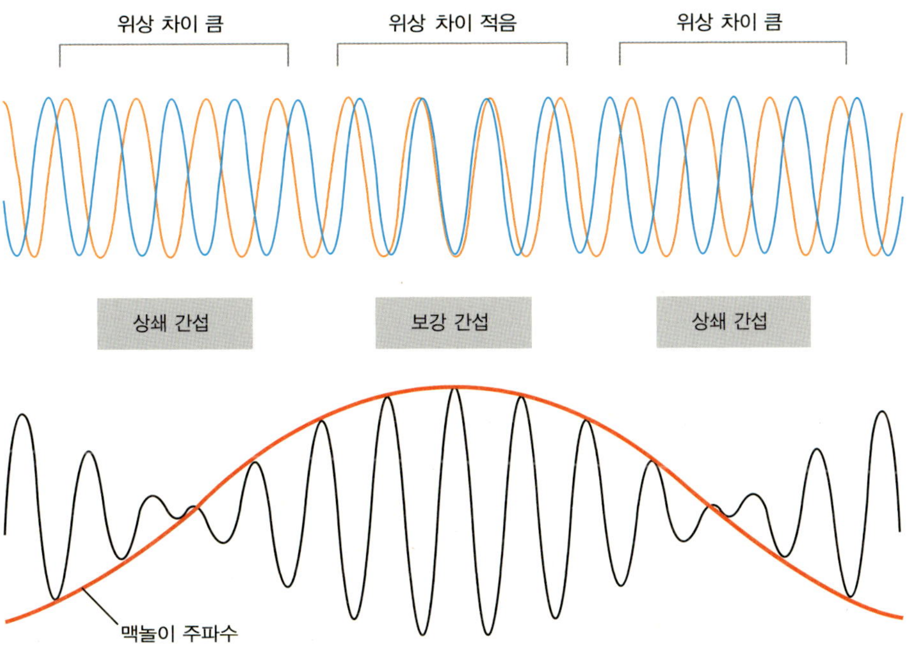

서는 상쇄 간섭이 생겨난다. 이러한 보강 간섭과 상쇄 간섭이 반복해서 나타나면서 새로운 형태의 파형을 만들어 내는데, 이 파형의 전체적인 모습을 보면 매우 낮은 주파수를 가지는 맥놀이 주파수가 생긴 것처럼 보인다.

## 저반사 코팅의 원리: 상쇄 간섭

미술품들을 보관하기 위한 유리 표면에도 간섭 현상을 이용한다. 일반 유리를 사용하면 이 유리 표면에서 빛이 반사되어, 눈이 부시고 유리 너머에 있는 미술품을 잘 보기 어렵다. 이러한 반사를 없애기 위해 특별한 표면 처리를 해 주면 유리 표면에서 빛의 반사를 없앨 수 있다. 원리는 상쇄 간섭이다. 유리 표면에 얇은 코팅막을 처리해 주면, 유리 표면에서 반사되어 나온 파동과 코팅막 표면에서 반사되어 나온 파동 2개가 생기고 이 파동들은 서로 간섭하게 된다. 이때, 코팅막의 굴절률과 두께를 잘 맞추어 주면 2개의 파동들이 상쇄 간섭을 일으켜서 반사 효과가 사라진다.

최근 시판되는 LCD 모니터나 텔레비전에도 이런 저반사 코팅 기술이 사용된다. 저반사 코팅 기술을 통해 주변 조명등의 반사에 의한 눈부심 효과를 없앨 수 있다. LCD 모니터에 레이저 포인터를 바로 쬐어 주면 빛을 거의 볼 수 없는데, 레이저에 의한 반사 역시 상쇄 간섭으로 사라지기 때문이다. 안경에도 저반사 코팅이 사용된다.

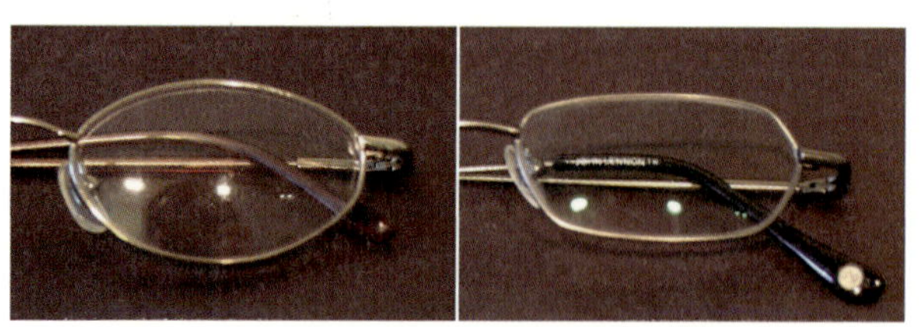

**사진 3.8  저반사 코팅**
유리에 특수한 표면 코팅을 하면 반사되는 빛에 의한 눈부심 효과를 없앨 수 있다. 왼쪽은 코팅이 없는 경우, 오른쪽은 있는 경우이다.

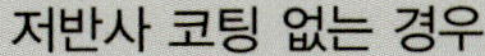


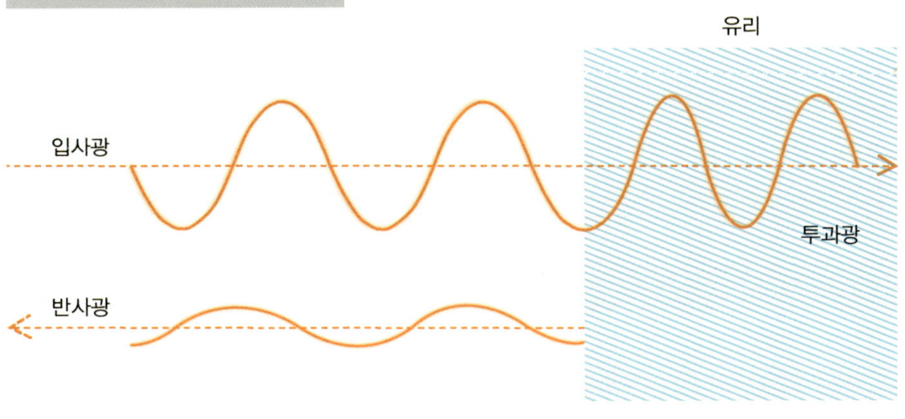

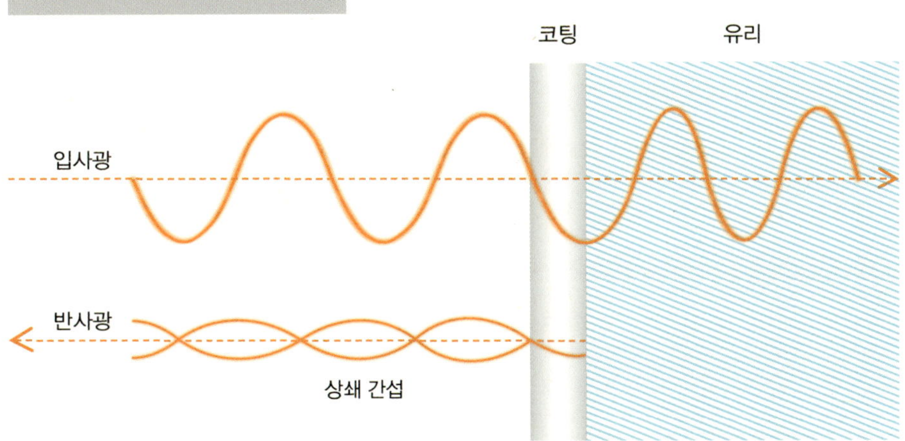



유리에 특수한 표면 코팅을 해 주면, 코팅 앞에서 반사된 빛과 코팅과 유리 사이에서 반사된 두 빛을 상쇄 간섭시킬 수 있다. 이렇게 상쇄 간섭되면, 반사되는 빛이 사라져 눈부심이 없어진다.

## 능동 소음 제거: 상쇄 간섭

능동 소음 제거<sup>Active noise cancelling</sup> 기술도 간섭 현상을 이용한 대표적인 사례이다. 항공기나 자동차 엔진에서는 매우 큰 소음이 발생하여 내부에 있는 사람에게 불편을 준다. 이때 소음을 제어하기 위해서 엔진에서 발생한 소음과 크기는 비슷하지만 위상은 정반대(위상차=$\pi$)인 소리를 발생시키면, 두 파동은 서로 상쇄되어 사람의 귀에서는 거의 소음을 느끼지 못하게 된다. 이러한 기술은 민간 항공기, 고급 자동차, 그리고 헤드폰 등에 사용되고 있다. 보스<sup>Bose</sup> 사의 소음 제거 헤드폰이 대표적인 예이다. 저반사 코팅과 능동 소음 제거 기술은 원리는 간섭으로 동일하다. 다만 저반사 코팅은 빛의 상쇄 간섭이고, 능동 소음 제거는 음파의 상쇄 간섭이다.

**그림 3.10  능동 소음 제거 기술을 접목한 보스 사의 헤드폰**
외부에서 들어오는 시끄러운 소리를 상쇄할 수 있도록 외부 음파와 정확히 위상이 반대인 새로운 소리를 만들어 주면 두 소리가 상쇄 간섭되어 소음이 사라진다.

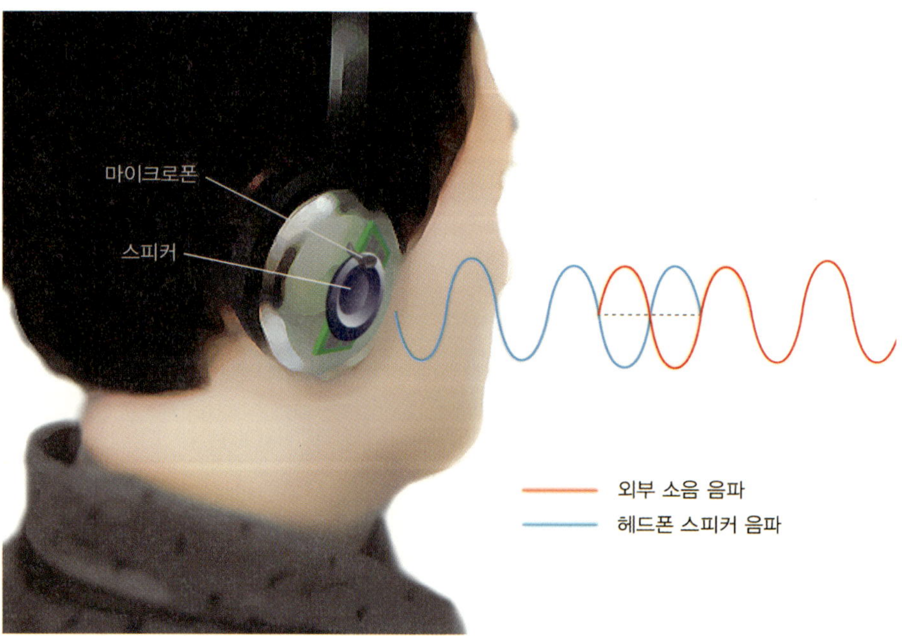

## 비눗방울의 무지개 색: 백색광의 간섭

어린 시절 비눗방울을 만들어 놀던 추억이 있을 것이다. 이 반사되는 빛은 다채로우면서도 보는 각도에 따라서 달라지며 시간에 따라서도 계속 변한다. 보고 또 보아도 질리지 않는 경이로운 경험이다.

비눗방울이 이렇게 아름다운 색으로 빛을 반사하는 원리도 빛의 간섭에 의한 현

### 그림 3.11  비눗방울의 반사

빛이 비눗방울에 반사될  때에는 아름다운 형태로 보인다. 빛은 비눗방울 윗면과 아랫면에서 모두 반사가 일어날 수 있는데, 이때 반사된 두 빛이 서로 상쇄 간섭을 일으키면 그 위치와 각도에서 특정 색이 약하게 보이고, 반대로 보강 간섭을 일으키면 특정 색이 강하게 보이는 원리이다.

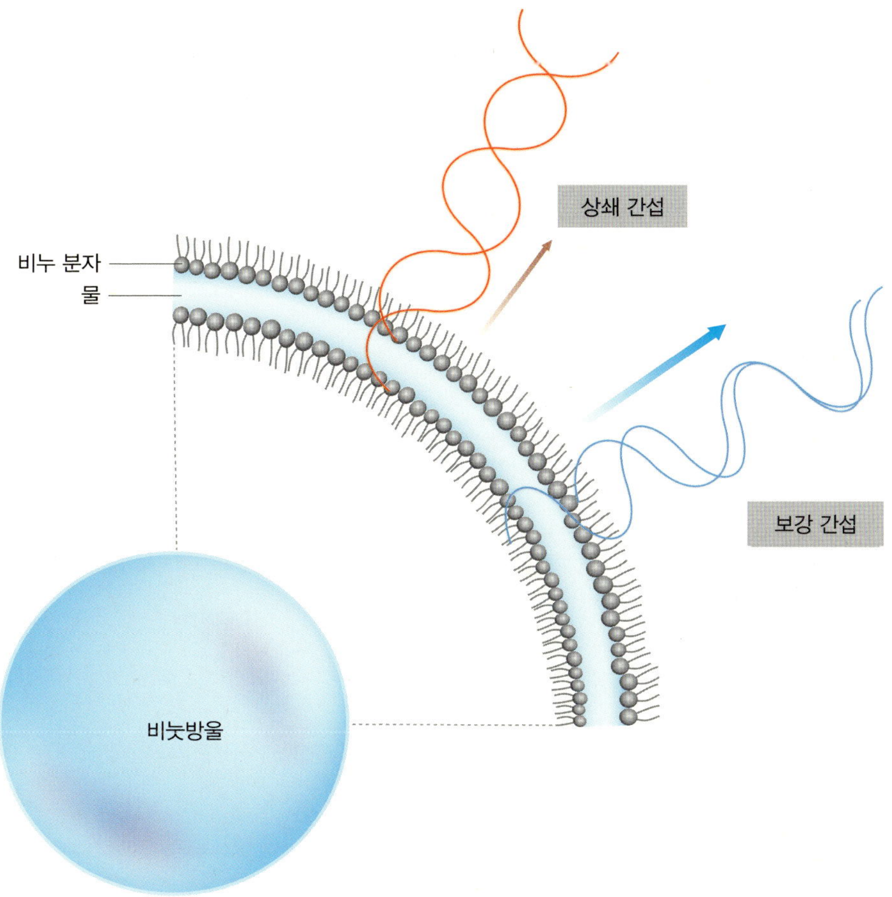

상이다. 빛이 비눗방울에 반사될 때에는 아름다운 형태로 보인다. 빛은 비눗방울 윗면과 아랫면에서 모두 반사가 일어날 수 있는데, 이때 반사된 두 빛이 서로 상쇄 간섭을 일으키면 그 위치와 각도에서 특정 색이 약하게 보인다. 반대로 보강 간섭을 일으키면 특정 색이 강하게 보인다. 비누 분자와 물 분자는 한 자리에 고정되어 있지 않고 계속 움직일 수 있고, 물 막의 두께도 계속 변한다. 때문에 빛이 비눗방울 표면에 반사되는 간섭무늬와 색도 계속 변하는 형태를 보이는 것이다.

## 이중 슬릿 실험을 재해석하다: 빛의 간섭

고등학교부터 대학교 1학년 수준의 물리 교과서에서 다루는 내용으로, 토머스 영 Thomas Young의 이중 슬릿 실험 Double-silt experiment이라는 잘 알려진 실험이 있다. 이는 빛의 파동성을 증명하는 중요한 물리학 실험 중 하나이다. 매우 작은 2개의 구멍(슬릿)을 통과한 빛은 구멍에서 어느 정도 떨어진 곳에서 서로 간섭을 일으키고 줄무늬 모양의 간섭무늬를 발생시킨다.

### 그림 3.12  이중 슬릿을 이용한 간섭무늬
작은 구멍을 통과한 빛을 어느 정도 떨어진 위치에서 보면 줄무늬 형태의 간섭 무늬가 보인다. 각 구멍에서 출발한 구면파들이 서로 간섭하면서 위치에 따라 보강 간섭과 상쇄 간섭이 연속해서 일어나기 때문이다.

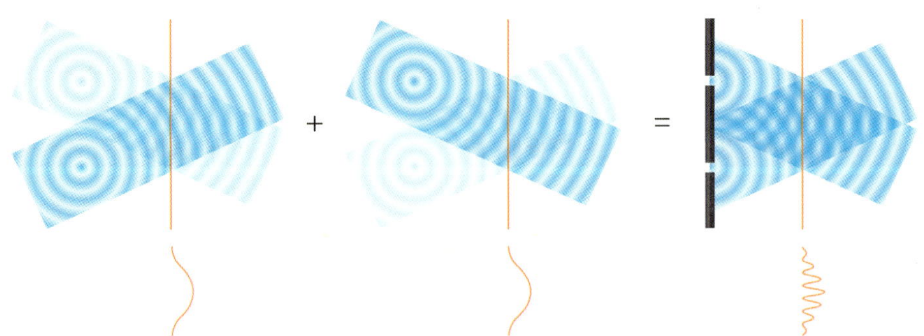

작은 구멍을 통과하는 각각의 빛은 구면파의 형태로 퍼져 나간다. 한쪽 구멍만 열고서 어느 정도 거리가 떨어져 있는 스크린에서 각각의 구면파 세기 형태를 보면 빛의 세기가 비교적 균일하게 나타난다. 하지만, 2개의 구면파가 동시에 생기도록 구멍 2개를 열어 주면 스크린에는 줄무늬 모양의 패턴이 보인다. 이 줄무늬 패턴은 두 구면파가 서로 간섭을 하여 만든 간섭무늬이다. 만약 빛이 서로 간섭하지 않는다면, 한 구멍에서 빛이 나올 때나 두 구멍에서 동시에 빛이 나올 때나 크게 다르지 않은 형태의 빛이 나올 것임을 예상할 수 있다.

## 회절

### 그림자가 물체에서 멀어질수록 뿌옇게 보이는 이유

그림자를 자세히 들여다보면, 물체에서 가까운 부분은 그림자의 윤곽이 선명한데 물체에서 멀어질수록 그림자 윤곽이 희미해지는 것을 볼 수 있다. 누구나 알고 있는 사실이지만, 왜 그런가를 자세히 이해하려면 파동 광학을 잘 알고 있어야 한다. 바로 회절에 의한 현상이다.

그렇다면 회절은 무엇인가? 파동이 진행하다 물체를 만나서 일어나는 여러 가지 현상을 회절이라 한다. 주로 물체를 만나면서 생겨나는 간섭 현상이 이에 해당한다. 즉, 물체 또는 장애물이 있어서 발생하는 간섭 현상이 회절인 것이다. 더 간단하게는 모서리 효과 Edge effet에 의한 회절로 이해할 수 있다. 그림자가 물체에서 멀어질수록 뿌옇게 나타나는 것도 빛의 회절에 의한 현상이고, 모서리진 벽 뒤에서 소리가 들리는 현상도 음파의 회절에 의한 것이다.

회절이 간섭과 어떻게 다른가에 대하여 일부 광학 또는 물리학 책에서는 둘을

**사진 3.13  그림자와 회절**
나무 그림자는 나무에서 멀어질수록 뿌옇게 나타난다. 빛의 회절에 의한 현상이다.(사진: KAIST 행정본
관 뒤뜰)

서로 다른 현상으로 구분하여 설명하는데, 이는 옳지 않다. 회절 현상 역시 파동 간의 상호 작용에 의해서 생기는 것으로, 물리적인 원인은 간섭과 동일하다. 이 문제에 대해 유명한 미국 물리학자인 리처드 파인만<sup>Richard Feyman</sup>은 다음과 같


평면파로 진행하던 빛이 작은 구멍을 통과할 때 구멍의 크기에 따라 전파 양상이 크게 달라진다. 구멍의 크기가 빛의 파장에 비해 매우 큰 경우에는 빛이 평면파와 비슷하게 대부분 앞으로 진행되지만, 구멍의 크기가 작아질수록 빛이 바깥쪽으로 굽는 현상이 발생한다.

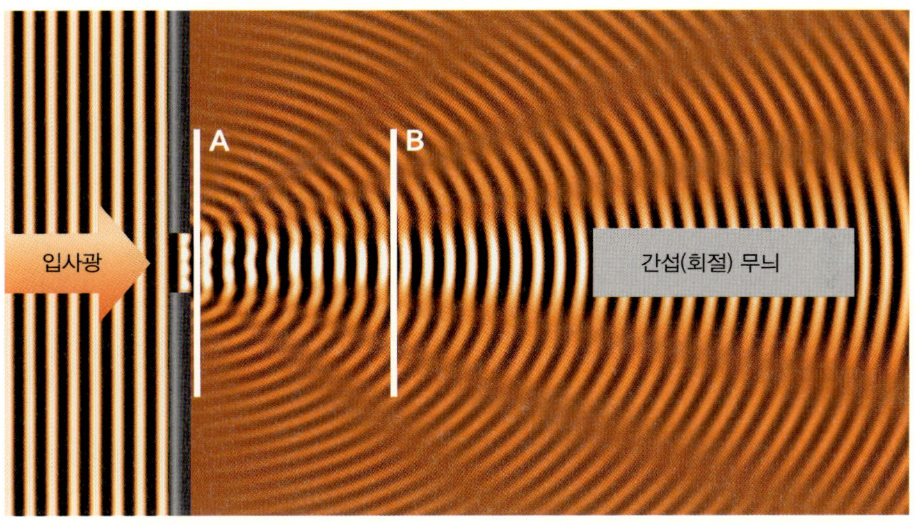

A. 장애물 바로 뒤

B. 일정 거리 전파 후

이 이야기했다.

"아무도 간섭과 회절의 차이를 만족스럽게 정의하지 못했다. 사용 예의 문제일 뿐, 둘 사이에는 어떤 구체적인 물리적인 차이가 없다.(*No one has ever been able to define the difference between interference and diffraction satisfactorily. It is just a question of usage, and there is no specific, important physical difference between them.*)"

평면파로 진행하던 빛이 작은 구멍을 통과할 때, 구멍의 크기에 따라 전파 양상이 크게 달라진다. 구멍의 크기가 빛의 파장보다 매우 큰 경우에는 빛이 평면파와 비슷하게 대부분 앞으로 진행하지만, 구멍의 크기가 작아질수록 빛이 바깥쪽으로 굽는 현상이 발생하는데, 이러한 현상도 회절로 설명된다. 회절 현상은 빛이 물체와 상호 작용을 일으켜 그 파면에 왜곡이 생기고, 왜곡된 파면들이 서로 간섭하면서 일어나는 현상이다.

이와 같이 빛이 작은 구멍을 통과할 때, 더 넓은 각도로 회절되는 현상은 빛의 간섭과 관련이 있다. 금속과 같이 빛을 거의 투과시키지 않는 물질에 구멍을 만들면, 구멍에서만 빛이 존재하게 된다. 구멍을 통과한 이 빛의 파면들은 전파되면서 서로 간섭 작용을 하고 이를 통해 새로운 파면이 만들어진다. 이때 넓은 구멍을 통과한 파면들은 상호 간섭을 통해 대부분의 에너지가 앞으로 전파되지만, 빛의 파장 정도의 작은 구멍을 통과한 빛은 하나의 점광원으로 생각할 수 있고 이 점광원이 만들어 내는 구면파는 넓은 각도로 휘게 된다. 작은 구멍을 통과한 빛을 어느 정도 떨어진 위치에서 보면 줄무늬 형태의 간섭무늬로 나타난다. 이는 각 구멍에서 출발한 구면파들이 서로 간섭을 하면서, 위치에 따라 보강 간섭과 상쇄 간섭이 연속해서 일어나기 때문이다.

레이저와 같은 단색광을 이용하면 회절 현상을 쉽게 볼 수 있다. 구멍이든 모서리이든 어떤 물체와 빛이 만나면 새로 파면들을 형성하는데, 이 파면들의 간섭을 회절이라고 한다. 말하자면 회절 무늬는 레이저에 의한 그림자로 생각할 수 있다. 레이저에 의한 그림자, 즉 회절 무늬는 물체 바로 뒤에서는 매우 뚜렷한 윤곽의 물체의 상으로 나타난다. 이 회절 무늬가 전파되어 물체에서 멀리 떨어질수록 간섭무늬는 복잡하게 나타난다.

레이저에 의한 그림자는 일상생활에서 보는 그림자와 다르다. 물체에서 어느 정도 거리에 떨어져 있을 때, 레이저에 의한 그림자는 많은 줄무늬 형태의 간섭무늬로 나타나지만, 일상에서 보는 그림자는 이런 줄무늬들이 없이 뿌옇고 희미한 모습이다. 그림자는 빛의 회절로 나타나는데, 단일 파장으로 이루어진 레이저에서 나온 빛이 날카로운 모서리를 맞게 되면 회절 무늬가 발생한다. 이 회절 무늬

**그림 3.15  그림자는 수많은 파장들의 빛에 의한 회절**
작은 틈 사이로 레이저를 통과시킬 때 만들어지는 회절 무늬들(왼쪽)과, 백색광에 의한 회절 무늬(오른쪽)의 차이를 보여 준다. 각 파장으로 생긴 회절 무늬들이 모두 합쳐지면 자연스러운 그림자로 나타난다. 여러 파장들 각각이 만들어 내는 회절 무늬가 서로 상쇄되었기 때문이다.

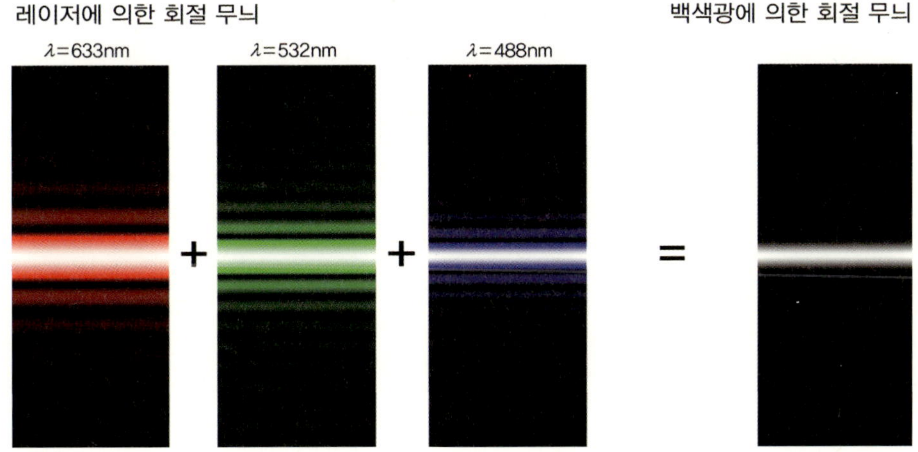

는 레이저에 의한 모서리의 그림자인 것이다.

그렇다면 왜 우리가 일상생활에서 보는 그림자에는 이런 회절 무늬가 보이지 않는가? 그 이유는 일상생활에서 우리가 주로 보는 것은 단일 파장의 레이저가 아니라 태양 빛 또는 형광등과 같이 수많은 파장들로 이루어져 있는 백색광이기 때문이다. 단일 파장에 의한 회절 무늬는 결국 간섭에 의한 현상이고 이런 간섭무늬에서 특별히 밝은 지점, 즉 보강 간섭이 일어나는 위치들은 빛의 파장에 따라 조금씩 달라지게 된다. 백색광이 진행하다 물체를 만나면 각 파장에 해당하는 빛은 레이저처럼 고유한 회절 무늬를 만든다. 수많은 파장이 만들어 낸 회절 무늬들은 조금씩 다르기 때문에 이들이 모두 합쳐지면서 자연스럽게 뿌옇게 희미해지는 그림자가 된다. 레이저에서 보던 뚜렷한 회절 무늬들이 서로 합쳐진 결과이다.

물체에 가까이 맺힌 그림자는 윤곽이 선명하지만, 그림자가 물체에서 멀리 떨어질수록 그 윤곽이 희미해진다. 이 역시 회절 때문이다. 물체를 지난 직후의 파동은 물체의 형상을 거의 보존하고 있지만, 물체와 서서히 멀어지면서 파면들 간에 간섭 효과가 발생하게 된다. 이 간섭 효과는 빛이 전파를 할수록 더 심해지기 때문에, 물체와 멀리 떨어진 곳에서는 그림자의 윤곽이 희미해지는 것이다.


단일 파장을 가진 레이저가 회절을 일으키면 간섭에 의해 수많은 줄무늬가 생기지만, 일상의 빛은 수많은 파장들로 이루어져 있기 때문에 주변에서 관찰되는 그림자는 각기 다른 파장에서 오는 줄무늬들이 서로 상쇄되어 뿌옇게 나타난다.

# 산란

### 하늘이 파랗게 보이는 이유

맑은 하늘은 이 세상에서 가장 평화로운 느낌의 파란색이다. 왜 하늘이 파랗게 보일까? 우선 광학 영상 관점에서 파란색의 하늘이 우리 눈에 보이는 과정을 생각해 보자. 공기 분자가 태양 빛에 의해 산란되면 이 산란된 빛은 모든 방향으로 퍼져 나갈 텐데, 그중 일부가 지표면에 서서 하늘을 보는 우리의 동공으로 들어오는 것이다. 공기 분자가 없는 우주에서는 하늘이 검다. 공기 분자들이 없으니 산란도 일어나지 않아서 검게 보이는 것이다. 하지만 우주에서 유영하는 우주인이 지구를 보면 대기권이 파란색으로 보인다. 공기 분자가 태양에 의해 산란된 빛이 우주까지 퍼져 나가서 우주인의 동공으로 들어가는 것이다.

**사진 3.17  하늘이 파란 이유는 공기 분자의 산란 때문**
공기 분자들은 빨간색 파장보다는 파란색 파장대에서 더 산란이 많이 일어난다. 하늘이 푸르게 보이는 이유는 태양에서 온 빛이 공기 분자들에 산란이 되어 우리 눈에 들어오기 때문이다.

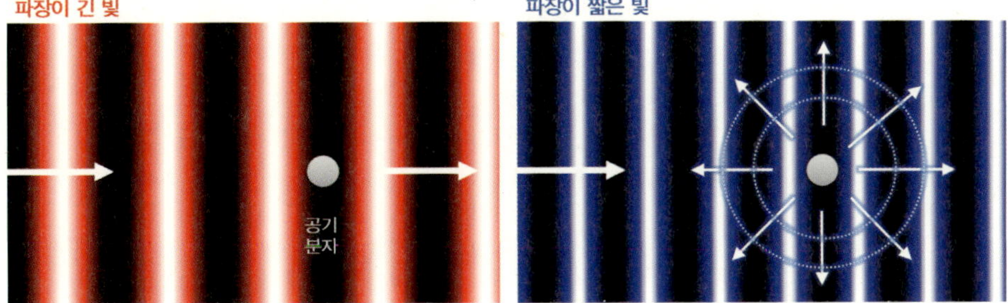


**그림 3.18  파장에 따른 공기 분자의 산란**

파장이 긴 빛보다, 파장이 짧은 빛이 공기 중에서 더 크게 산란이 일어난다. 하늘이 파랗게 보이는 이유는
파장이 짧은 파란색 계열의 빛들이 더 강하게 산란되기 때문이다.

그렇다면 왜 하필 파란색인가? 태양에서 오는 빛은 빨간색에서 보라색까지 모든 영역의 가시광선을 포함하는 전자기파이므로 모든 색의 태양 빛이 공기 분자와 만날 텐데 왜 우리 눈에는 파란색만 보이는가?

그 이유는 물질의 분자 구조에 따라 산란되는 효과가 다르기 때문이다. 구체적으로 설명하자면 물질이 빛 에너지를 받을 때 빛 에너지에 의해 물질의 분자 구조가 진동하는 경우가 있다. 그런데 에너지의 세기에 따라 물질 분자 구조의 진동이 세게 혹은 약하게 일어나기 때문에 산란되는 빛의 색이 다르게 보인다. 이러한 현상은 존 틴들 John Tyndall 에 의해서 실험적으로 밝혀졌다[1]. 유리병 속에 물만 채우고 빛을 지나가게 하면 하얀색의 약한 산란 빛이 보인다. 그런데 유리병 속에 비눗물을 채운 후 빛을 쬐어 주면 푸르스름한 색으로 빛의 산란이 일어나는 것을 관찰할 수 있다. 비눗물 속에 있는 비누 분자가 파란색 빛에 대해 산란을 더 많이 일으키기 때문에 일어나는 현상이다. 비누 분자가 파란빛을 더 산란시키는 것은 공기 분자가 태양 빛 중 파란빛을 더 산란시키는 것과 같은 원리이다.


1    Tyndall, J., On some phenomena connected with the motion of liquids, *Proc. R. Inst. Great Britain* 1 (1854), pp. 446~448.

사진 3.19  저녁노을이 생기는 이유
해가 질 무렵 태양은 우리나라 지평선에 걸쳐 있지만, 우리나라보다 서쪽
에 있는 유럽에서는 아직 중천에 떠 있다. 태양 빛이 유럽 하늘의 한가운데
에서 내리쬐는 동안 파란빛은 대기 중에서 대부분 산란된다. 그래서 산란
이 많이 일어나는 파란빛은 멀리 전파되지 못하고, 산란이 거의 일어나지
않는 빨간빛은 멀리 전파되어 한국에서는 붉은 노을 빛으로, 미국 동부 해
안에서는 빨간 일출로 보이게 된다.(사진: 노을을 배경으로 한 KAIST 산업
디자인학과 N25동)

저녁노을이 붉은 것도 같은 이유 때문이다. 일몰 때 태양은 우리나라 지평선에 걸쳐 있지만, 우리 서쪽에 있는 유럽에서는 아직 중천에 떠 있다. 태양 빛이 유럽 하늘의 한가운데에서 내리쬐는 동안 파란빛은 대기 중에서 대부분 산란된다. 이렇게 산란된 파란빛은 멀리 전파되지 못하고 산란이 거의 일어나지 않는 빨간 빛만이 멀리 동쪽까지 전파되어 우리 하늘을 붉게 물들이는 것이다. 동시에 미국 동부 해안에서도 빨간 일출이 나타나는데 유럽 하늘에서 산란이 일어나지 않은 빨간색 태양 빛이 서쪽으로 전파된 것이다. 산란의 종류와 종류에 따른 특징에 대해서 7장에서 더 자세히 설명하고 있다.

## 구조색: 구조에 의한 산란과 간섭

남아메리카 지역에 주로 서식하는 몰포 <sup>Morpho</sup> 나비의 날개는 매우 아름다운 색을 띠고 있다. 그리고 그 색이 매우 선명해서, 헬리콥터를 타고 가면서도 숲에 있는 몰포 나비의 파란색을 선명하게 볼 수 있다고 한다. 이 몰포 나비가 내는 색은 물감이나 염료 색의 원리와는 완전히 다르다. 물감의 색을 본다는 것은 물감을 구성하는 물질이 특정 파장의 빛을 흡수하는 분자 구조를 가지고 있어, 흡수되지 않은 파장의 빛만 눈에 지각되는 것이다. 예를 들어, 파란 물감은 파란색으로 보이게 될 단파장 빛을 제외한 다른 길이의 가시광선을 모두 흡수하기 때문에 파란색으로 보인다.

많은 사람들이 이 아름다운 몰포 나비의 날개에서 화려한 색을 내는 물질을 추출하려고 시도했었다. 몰포 나비는 염료나 물감으로 낼 수 있는 파란색보다 훨씬 선명한 색을 띠기 때문이었다. 나비에서 파란색 색소를 추출해 물감으로 사

몰포 나비의 앞면에는 빛을 간섭시키는 미세한 규칙적인 구조가 있어 아름다운 색을 띤다. 반면에 몰포 나비 뒷면의 색은 일반적인 나비와 비슷하다.

용하려 했지만, 번번이 실패하고 말았다. 바로 이때 구조색 Structural color 이란 개념이 주목을 받기 시작했다. 나비의 날개에 실제로 색을 내는 색소가 있었던 것이 아니라 사실은 날개의 미세한 구조에 의해 색이 나타나는 현상이었던 것이다. 시간이 많이 흐른 후 개발된 전자 현미경으로 몰포 나비 날개의 구조를 살펴보니 매우 미세하면서도 정교한 생선 가시와 같은 구조를 발견할 수 있었다. 그리고 그 구조는 빛을 반사할 때 특정 색만 강하게 반사한다는 사실을 알게 되었다.

이 구조들의 크기는 빛의 파장 길이 정도 된다. 백색광이 몰포 나비의 날개 위에 닿으면 날개 표면의 작은 구조물 각 부분에서 계속 반사가 일어난다. 구조 표면에서 반사되는 빛, 구조의 중간에서 반사되는 빛, 깊은 곳에서 반사되는 빛 등 수많은 곳에서 빛이 반사되어 나온다. 이 빛들은 서로 간섭을 일으키는데, 몰포 나비의 날개 구조는 특이하게도 우리 눈에 파란색으로 보이는 단파장의 빛을 강하게 보강 간섭시키고, 다른 파장대의 빛은 상쇄 간섭시킨다. 결국 이러한 과정을 통해 물감으로는 절대 표현할 수 없는 눈부시고 아름다운 파란색이 나타나게 된다.

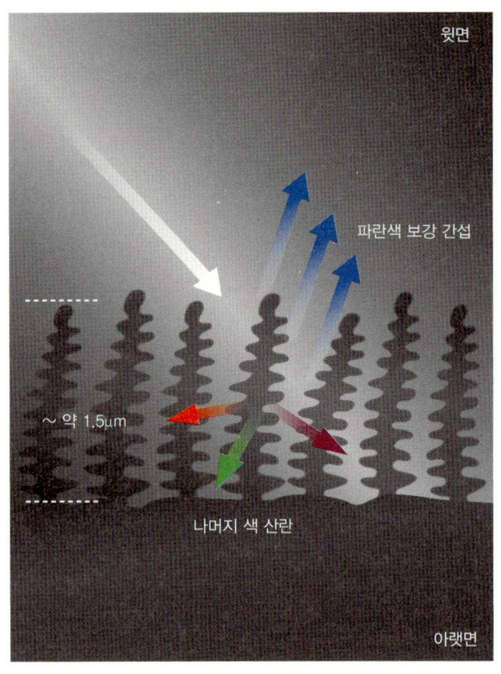


**그림 3.21 몰포 나비의 미세 구조**
몰포 나비의 앞면에는 빛을 간섭시키는 미세한 규칙적인 구조가 있어 아름다운 색을 띤다. 톱니와 같은 이 구조물의 크기는 빛의 파장 정도이다.

이렇게 몰포 나비의 경우와 같이 빛의 흡수가 아닌 구조에 의한 간섭 현상으로 보이는 색을 구조색이라고 한다. 빛의 간섭 현상의 결과이므로 보강 간섭이 일어날 때는 매우 눈부신 색으로 나타나게 된다. 화려하고 아름다운 나비와 곤충들의 색의 비밀은 구조색에 있었던 것이다.

또한 CD나 DVD의 뒷면을 빛에 반사시켰을때 보이는 무지갯빛도 사실 구조색의 원리에 의한 현상이다. CD나 DVD 뒷면에 있는 매우 작고 비교적 규칙적인 구조물들에 정보가 기록되어 있는데, 여기에 빛이 반사되면 특정 각도에서 특정 파장 간에 보강 간섭이 일어난다. DVD에서 반사되는 빛은 파란색 계열인데 CD에서 반사되는 빛은 좀 더 불그스름한 금색 계열 색이었던 것이 기억나는가? CD보다 더 많은 정보를 기록하는 DVD는 규칙적인 구조물의 간격이 CD보다 더 좁다. 이러한 구조적 차이 때문에 보강 간섭, 즉 구조색으로 구현되는 색이 서로 다르다.

자연에서 우리는 다양한 구조색의 예를 찾을 수 있다. 풍뎅이와 같은 곤충의 등에서 반사되는 금속성 빛도, 암컷 공작의 날개에서 보이는 다채로운 색도 모두 미세한 구조에 의해서 생기는 간섭 현상이다. 진주가 은은하면서도 깊은 색을 보이는 이유도 구조색 때문이다. 비슷한 색으로 코팅된 인조 구슬에서는 절대로 볼 수 없는 아름다운 색이 보인다. 진주의 구조는 양파처럼 수많은 껍질이 겹겹이 쌓여 이루어지는데, 외부에서 빛이 들어오면 표면에서만 빛이 반사되는 것이 아니라 껍질들 경계마다 반사되어 나온 빛들이 약한 간섭을 일으키면서 고유한 색을 띠게 된다.

## 인공 구조색과 응용

최근에는 이런 구조색의 원리를 이용해서 더 밝고 선명한 차세대 TV를 만들려는 시도가 계속되고 있다. 반사형 디스플레이라고 일컬어지는 기술로서 디스플레이에 비치는 외부 빛을 반사시켜 화면을 출력하는 원리에 기초한다. 이러한 반사형 디스플레이는 전력 소모가 작으면서도 빛을 낼 수 있는 이점이 있다. 화면을 출력할 때 외부 빛을 이용하기 때문에 에너지 효율이 매우 높다. 최근 미국 퀄컴Qualcomm 사는 이러한 구조색 원리를 이용하여 저전력으로 스스로 색을 발현 가능하고 밝은 곳에서도 선명한 색감이 유지되며 기존 제품에 비해 에너지를 1/3만 소모하는 디스플레이를 개발하기도 했다[2].

---

2     http://www.qualcomm.com/mirasol

구조색의 원리를 이용해 지폐의 위조를 방지하는 기술도 활발히 개발되고 있다. 1만 원권에 적용된 부분 노출 은선은 청회색 특수 필름 띠로서 여러 개의 태극 무늬가 사방 연속으로 새겨져 있다. 상하로 움직이면 태극 무늬가 좌우로, 좌우로 움직이면 태극 무늬가 상하로 움직이는 것처럼 보인다. 바로 구조색의 원리를 응용한 것으로 화폐에 잉크로 인쇄한 뒤에 잉크가 마르기 전에 특정한 형태의 자석을 가져다 대어 원하는 모양과 색깔로 변화시킨 것이다. 이때 디자인 콘셉트에 따라 빗살 무늬 같은 다양한 무늬를 내거나 로고 등을 새겨 넣을 수 있다. 즉, 염료가 아닌 나노 입자 배열을 이용해 색과 패턴을 만들면 복제가 쉽지 않으므로 구조색은 보안과 인증 기술로써 활용될 가능성이 매우 높다.

이렇듯 구조색의 원리를 다양한 곳에서 이용하려는 수요가 증가함에 따라 관련 기술을 확보하기 위한 학술적인 연구도 활발히 진행되고 있다. 우선 군사용으로 진행된 사례로서, 카멜레온의 피부와 같이 주변 색과 조화를 이루어 위장 성능이 뛰어난 재료를 개발하려는 연구가 시도되었다. 구조에 따라 반사를 바꾸는 성질을 이용해 빛을 매우 빠른 속도로 제어하는 소자를 만들기도 하였는데, 이는 미래에 광컴퓨터의 소자로 활용될 것으로 기대된다. 여성용 의류, 스포츠 의류 및 가방, 구두, 커튼과 같은 인테리어 자재, 화장품, 자동차 차체 내외장재, 컴퓨터의 화면 보호 덮개 등 구조색은 지금도, 그리고 가까운 미래에도 다양한 분야에 활발하게 활용될 것이다.

a. 일반적인 카메라로는 왜 빛의 위상을 알 수가 없을까? 일반적인 디스플레이로는 왜 빛의 위상을 제어할 수 없을까?

b. 사람의 피부는 불투명해 보이지만, 피부를 구성하는 각 세포는 투명하다. 이 현상을 산란으로 생각해 보자.

c. 렌즈를 이용하여 초점을 만드는 현상을 파면 광학으로 생각해 보자. 평면파가 렌즈를 통과해서 한 점으로 모이는 과정을 기하 광학으로 생각해 본 뒤, 각 광 경로를 지나는 빛의 간섭을 생각해 보자.

# 4장

# 빛의 생성

앞서 다룬 것처럼 빛은 눈에 보이는 전자기파이다. 눈에 보이기 위해서는 전자기파의 파장이 400~700nm이어야 하는데, 이 영역에 해당하는 전자기파의 발생 원리, 즉 빛을 생성하는 원리는 다른 파장대의 전자기파를 발생하는 것과는 다르다. 파장이 달라지면, 즉 진동수가 달라지면, 에너지도 달라지기 때문이다. 이번 장에서는 이런 가시광선 영역대의 전자기파를 어떻게 발생시킬 수 있는지 각 광원들의 원리에 대해서 자세히 살펴보도록 하자.

**사진 4.1  KAIST 물리학과에서 진행 중인 레이저 연구**
레이저는 유도 방출이라는 물리적 현상을 이용한 빛의 증폭이다. 레이저 물질에 들어온 빛과 똑같은 빛이 복제되어 생성되기 때문에 빛의 성질이 유지되면서 에너지는 증가한다.

# 전자기파 유도

빛이 생성되는 원리를 자세히 이해하기 위해서는 전자기파의 성질에 대해 알고 있어야 한다. 전자기파의 성질은 맥스웰 방정식이라고 불리는 네 가지 수식으로 완벽하게 기술이 된다. 이 중 빛의 생성과 관련이 있는 것은 전자기파 유도이다. 전자기파 유도란, 전기장과 자기장은 서로 연관되어 있기 때문에 전기장이 움직이면 자기장이 유도되고, 자기장이 움직이면 전기장이 유도된다는 원리이다. 우리가 다루는 빛을 포함하는 전자기파는 전기장과 자기장이 서로를 유도해 가면서 공간으로 퍼져 나가는 현상이다.

일반적으로 적절한 에너지를 갖는 전자 $^{Electron}$의 운동이 있으면 빛이 생성된다. 즉 전자의 운동이 빛 방출의 근원이 되는 것이다. 전자의 운동에 의해 만들어진 자기장이 전기장을 유도하고, 이 전기장이 다시 자기장을 유도하는 반복적

**그림 4.2  빛의 생성: 전자의 운동과 전자기파의 상호 유도**
적절한 에너지를 갖는 전자의 운동이 있으면 빛이 생성된다. 전자의 운동에 의해 만들어진 자기장이 전기장을 유도하고, 이 전기장이 다시 자기장을 유도하는 반복적인 상호 유도를 통해 전자기파가 전파된다.

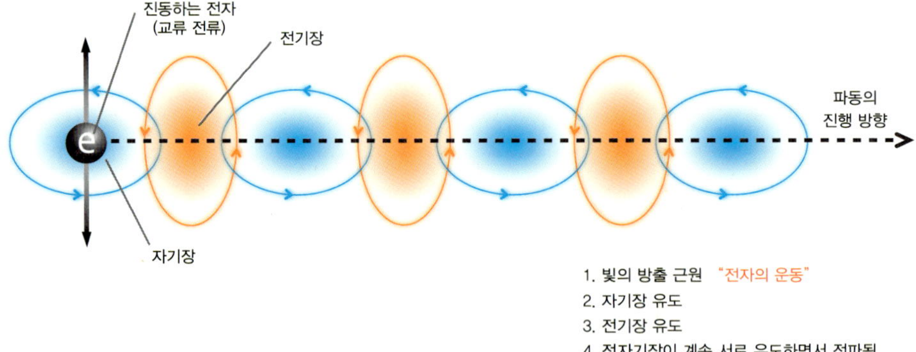

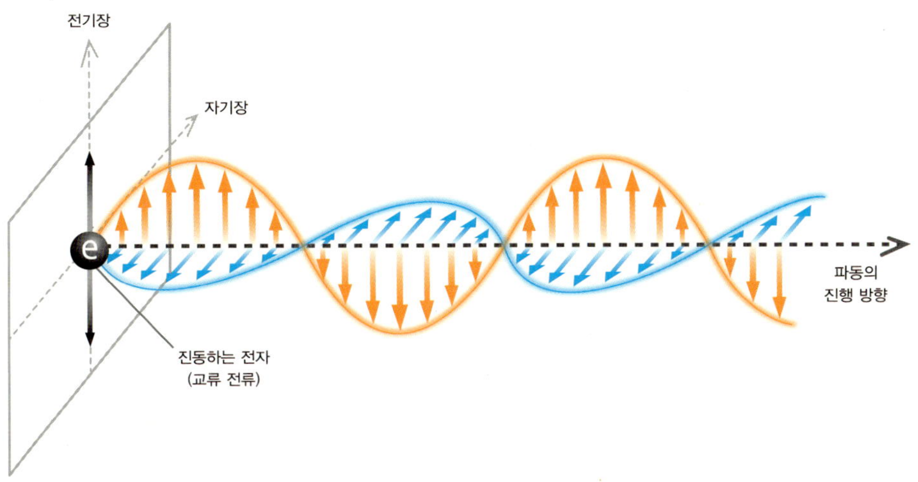


**그림 4.3 빛의 전파와 전자기파의 진동 방향**
전자가 움직이면 전자기파가 유도되어 빛이 발생한다. 위 그림은 빛이 전파하는 경로 위의 각 지점에서 전기장과 자기장의 방향과 세기를 화살표로 표시한 것이다.

인 상호 유도를 통해 전자기파가 전파된다. 전기장과 자기장이 서로 유도를 하면서 전파하기 때문에, 빛은 매질이 있는 곳에서도 전파되고 매질이 없는 진공에서도 전파될 수 있다.

## 자연 방출

전자의 운동에 의해서 빛이 발생하는 가장 간단한 경우를 생각해 보자. 전자는 보통 원자 내부에 갇혀 있다. 음의 전기를 띠는 전자가 양의 전기를 띠는 양성자Proton에서 나오는 전자기적인 인력에 의해서 구속되어 있는 것이다.

전자와 같이 매우 작은 물체의 운동은 우리가 일상생활에서 보는 스케일의 운동과는 완전히 다른 상태로 벌어진다. 이런 작은 물체의 운동을 다루는 것이 양자 역학이다. 양자 역학에 의하면 이런 미시 세계에서는 에너지가 양자화되어 있다. 구체적으로 원자 내부의 전자는 원자핵 주변을 돌고 있는데, 이때 원자핵 주변을 도는 궤도는 임의의 위치가 아닌 특정한 궤도에서만 전자가 발견된다. 전자가 존재하는 궤도는 가장 아래쪽부터 위쪽 궤도까지 여러 개가 있는데, 아래쪽에 있는, 즉 원자핵과 가까이 있는 전자가 위치 에너지가 낮은 안정한 상태이다. 반면에 위쪽에 있는, 즉 원자핵에서 멀어진 전자는 위치 에너지가 높은 불안정한 상태이다. 모든 운동은 위치 에너지가 낮은 쪽으로 이동하려는 성질이 있다. 그래서 전자도 에너지가 낮은 원자핵과 가까운 궤도에 있기를 선호한다. 이렇게 전자가 발견될 수 있는 전자 궤도를 에너지 준위라고도 한다.

이런 원자의 전자 궤도, 다른 말로 에너지 준위에서 전자 1개만 있는 가장 간단한 경우를 생각해 보자. 외부에서 에너지를 받으면 그 원자를 구성하는 전자들은 더 큰 에너지를 가질 수 있는 에너지 준위로 이동하게 된다. 이러한 상태를 들뜬상태 Excited state 라고 한다. 들뜬상태의 전자는 불안정한 상태이므로 다시 에너지를 방출함으로써 에너지는 낮지만 안정된 바닥상태 Ground state 로 돌아가려는 경향이 있다. 이때 전자가 들뜬상태였을 당시 가지고 있던 에너지($E_2$)와 바닥상태로 돌아간 후 가지고 있는 에너지($E_1$)의 차이, 즉 $E_2-E_1$만큼의 에너지가 전자기파의 형태로 외부로 방출된다. 이때 $E_2-E_1$만큼의 에너지 차이가 가시광선 영역대의 전자기파가 가지는 에너지 영역에 있다면 빛이 발생하는 것이다. 이 과정을 자연 방출 Spontaneous emission 이라고 하며 이는 곧 원자 수준에서 빛이 발생하는 기본 원리이다.

그런데 자연 방출된 빛의 스펙트럼을 분석하면 원자를 구성하는 전자들의 에너지 상태를 알 수 있다. 자연 방출을 통해 나오는 광자의 에너지가 전자들이 위치

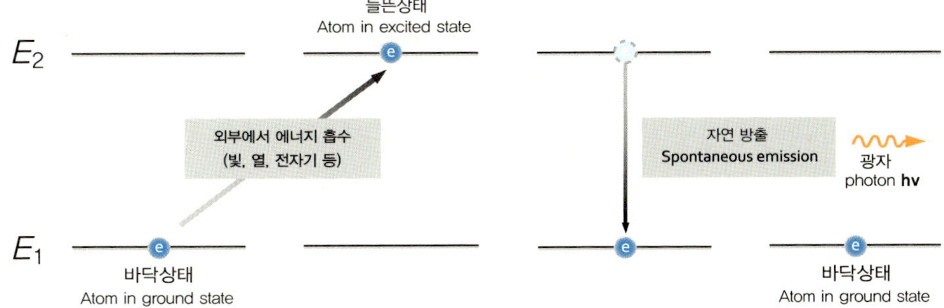


**그림 4.4  원자 내부에서의 자연 방출로 인한 빛의 생성**

외부에서 에너지를 받으면 그 원자를 구성하는 전자들은 바닥상태에서 더 큰 에너지를 가지는 들뜬상태로 이동한다. 들뜬상태의 전자는 불안정한 상태이므로 다시 에너지를 방출함으로써 바닥상태로 돌아가려는 경향이 있다. 이때 전자가 들뜬상태였을 당시 가지고 있던 에너지($E_2$)와 바닥상태로 돌아간 후 가지고 있는 에너지($E_1$)의 차이. 즉 $E_2 - E_1$만큼의 에너지가 전자기파의 형태로 외부로 방출된다.

하였던 에너지 준위의 차이와 동일하기 때문이다.

수소 원자를 예로 들어 설명해 보겠다. 수소 원자가 들어 있는 튜브에 전류를 가하면 전기 에너지를 받은 수소 원자들이 자연 방출을 하면서 사방으로 빛이 발생하게 된다.(네온사인$^{\text{Neon sign}}$의 원리이기도 하다.) 이때 좁고 긴 슬릿을 이용하여 한쪽 방향으로 전파되는 빛만 선택한 후 프리즘을 통과시킨다. 그러면 빛의 파장에 따라 서로 다른 각도로 분산된다. 이 분산된 스펙트럼은 태양 빛처럼 연속적인 무지개 색이 나오는 것이 아니다. 수소 원자의 자연 방출 스펙트럼의 경우 정확하게 4개의 선명한 색을 가진 라인을 관찰할 수 있다. 각각 656nm, 486nm, 434nm, 410nm에 해당하는 스펙트럼이다.

이 네 가지 색의 빛이 뜻하는 바는 수소 원자 내부에 있는 전자가 자연 방출할 때 내보낼 수 있는 빛 에너지가 네 가지로 고정되어 있다는 뜻이고, 이는 수소 원자 내 에너지 준위와 일치함을 알 수 있다. 예를 들어, 세 번째 준위($n$=3)에 있던 들뜬상태의 전자가 두 번째 준위($n$=2)로 내려오면서 생기는 에너지 차이는 656nm 파장의 광자 에너지와 같고, 정확히 이만큼의 에너지를 가지는 전자기파가 자연 방출로 발생하고 있는 것이다. 파장이 짧을수록 진동수가 큰 전자기파이고, 진동수가 클수록 광자 하나당 가지는 에너지가 큰 전자기파이다. 예를 들어 네 번째 준위($n$=4)에 있던 전자가 두 번째 준위($n$=2)로 내려오면서 발생하는 자연 방출 파장은 486nm로, 세 번째 준위에서 두 번째 준위로 내려오면서 발생하는 자연 방출 파장 656nm보다 짧다. 높은 위치 에너지를 가지고 있던 전자가 내려오면서 더 큰 에너지 차이를 만들어 내기 때문이다.

수소 원자의 자연 방출은 가장 간단한 경우이다. 크고 복잡한 원자일수록 전자의 개수가 많아지고 에너지 준위도 복잡해진다. 그리고 이에 따라 더 많은 스펙


튜브 안에 수소 가스를 넣고 외부에서 전기 에너지를 가하면, 수소 원자의 전자들이 들뜬상태가 된다. 이렇게 들뜬 전자들은 자연 방출을 하면서 특정한 색을 띤다. 이 색을 프리즘으로 구분하면 네 가지 색깔의 빛이 보이는데, 이렇게 네 가지 색 빛이 나오는 이유는 수소 원자 내부의 전자 궤도 때문이다.

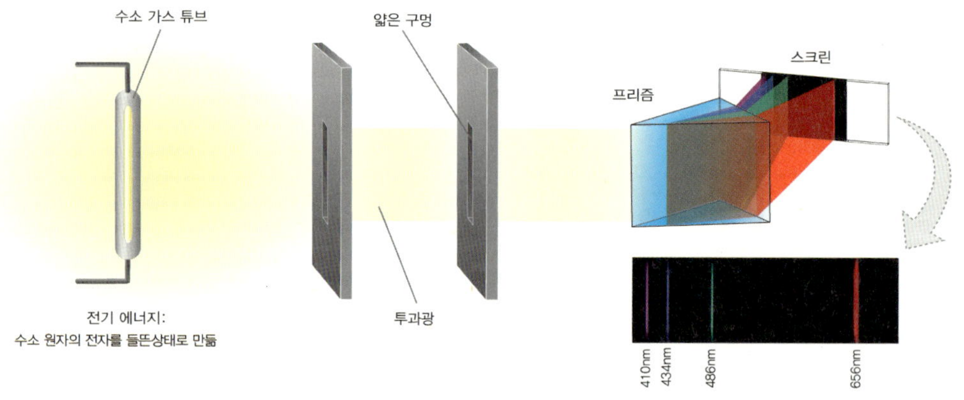

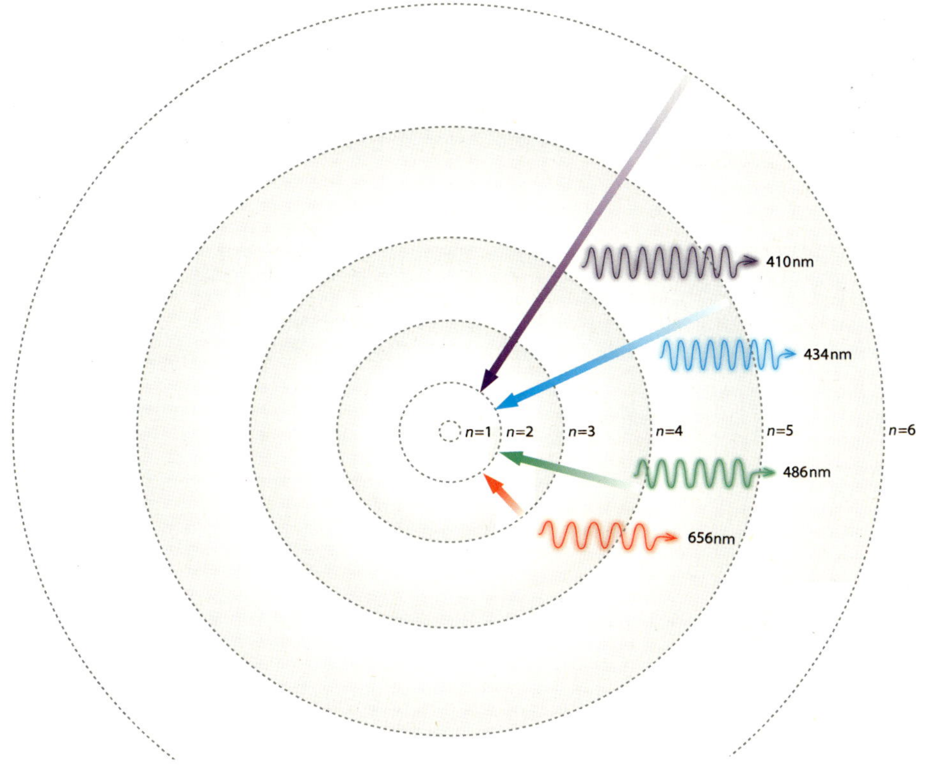


**그림 4.6 빛의 생성과 전자기파**

원자 내에서 전자의 궤도가 낮아지면, 즉 위치 에너지가 낮아지면 그 에너지 차이만큼에 해당하는 전자기파가 발생한다. $n$ 수는 전자의 궤도 위치를 뜻하는데, 높을수록 큰 위치 에너지를 가진다.

트럼 라인들이 관찰된다. 수소 원자와 비교하였을 때 철 원자의 자연 방출 스펙트럼은 훨씬 다채롭다. 중성 원자 상태에서 수소 원자는 1개의 전자만 갖고 있지만, 철 원자는 전자를 무려 25개나 갖고 있다. 25개의 전자들이 자연 방출되었을 때는 다양한 스펙트럼이 나타날 수 있다. 그런데 자연 방출의 과정에서 가시광선 영역대의 빛만 발산되는 것은 아니다. 에너지 차이가 더 큰 경우 자외선이 방출 Lyman series 되고, 에너지 차이가 적은 경우에는 적외선이 방출 Paschen series 된다.

**그림 4.7  수소 원자와 철 원자의 방출 스펙트럼**
중성 원자 상태에서 수소 원자는 1개의 전자만 갖고 있지만 철 원자는 전자를 25개나 갖고 있다. 그래서
25개의 전자들이 자연 방출되었을 때는 다양한 스펙트럼이 나타날 수 있다.

# 흡광 스펙트럼

지금까지는 들뜬상태에 있는 전자가 낮은 준위로 내려오면서 빛이 발생하는 현
상, 즉 자연 방출에 대해서 다루어 보았다. 그러면 자연스럽게 생기는 질문은 거
꾸로 바닥상태의 전자가 어떻게 들뜬상태로 가는지에 대한 것이다. 바닥상태의
전자를 들뜬상태로 만들기 위해서는 외부로부터 에너지를 받아야 한다. 이때 흡
수할 수 있는 에너지는 모든 종류가 가능하다. 열에너지일 수도 있고 빛 에너지
일 수도 있다. 하지만 특정한 크기의 에너지만이 흡수된다. 자연 방출할 때 발
생하는 빛이 정확하게 에너지 준위의 차이에 해당하는 에너지를 가지고 있었던
것처럼, 들뜬상태로 가는 과정에서 바닥상태의 전자는 정확하게 에너지 준위 차
이만큼에 해당하는 에너지만 흡수하여 들뜬상태가 된다.

태양 빛과 같이 연속적인 스펙트럼을 가지는 빛을 원자에 쬐어 주고 난 후 흡수
된 스펙트럼을 조사해 보면 원자의 에너지 준위를 알수 있다. 이를 흡광 스펙

트럼<sup>Absorption spectrum</sup>이라 한다. 앞에서 소개한 수소 원자의 자연 방출 스펙트럼을 관찰하기 위해서 기체 방전관이 사용되는데, 이 기체 방전관으로 전기 에너지를 주입하여 수소 원자를 들뜬상태로 만든 경우가 흡광 스펙트럼에 해당한다.

컴퓨터 마우스에 들어 있는 작은 레이저는 건전지의 전기 에너지로 작동하는 것이며, 성냥불이 탈 때는 연소에 의한 화학적 열에너지의 일부가 빛으로 나타나는 것이다. 이렇듯 외부에서 에너지가 가해지면 바닥상태에 있던 전자가 에너지를 흡수해서 들뜬상태로 되고, 이 과정에서 흡수가 가능한 에너지는 전자의 에너지 준위와 밀접한 관계가 있다. 이 흡광 스펙트럼은 방출 스펙트럼과는 정반대이지만 결과적으로는 전자의 에너지 준위에 대해 동일한 정보를 얻을 수 있

### 그림 4.8  수소의 흡광 스펙트럼

흡광 스펙트럼은 방출 스펙트럼과는 정반대이지만 결과적으로는 전자의 에너지 준위에 대한 동일한 정보를 파악할 수 있다. 즉 넓은 영역의 스펙트럼에 해당하는 에너지를 원자에 쬐어 주거나 주입한 후 어느 파장대의 빛이 흡수되는가를 측정한다면 그 물체를 구성하는 전자의 에너지 준위를 알 수 있다.

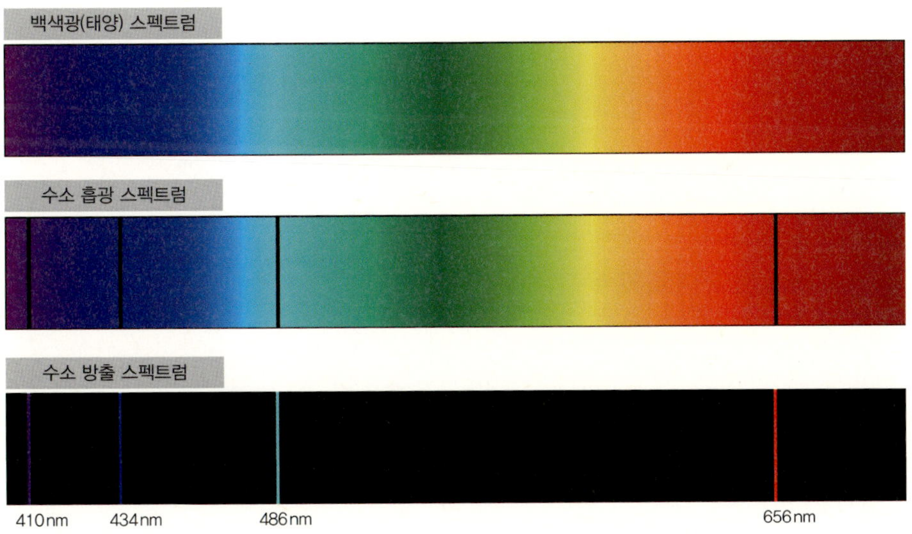

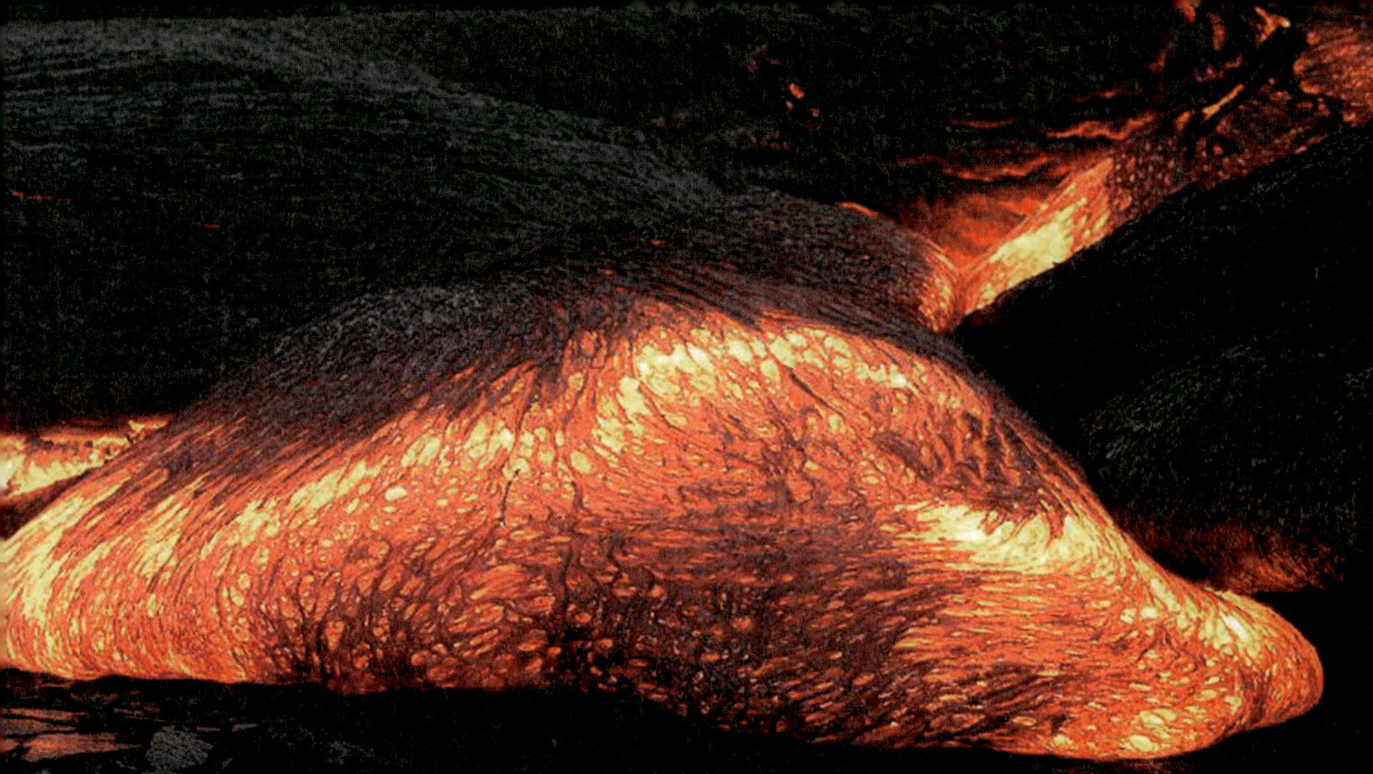



용암을 보면 매우 뜨거운 물체에서 빛이 나온다는 사실을 확인할 수 있다.


다. 즉 넓은 영역의 스펙트럼에 해당하는 에너지를 원자에 쬐어 주거나 주입한 후 어느 파장대의 빛이 흡수되는가를 측정한다면 그 물체를 구성하는 전자의 에너지 준위를 알 수 있는 것이다.


# 열복사


### 열에너지에 의한 전자들의 무질서한 운동

하와이나 알래스카 등지에는 아직도 활동 중인 화산이 있어 용암이 흘러서 바다로 가는 모습을 가까이서 볼 수 있다. 이 용암을 보면 매우 뜨거운 물체는 빛을 낸다는 사실을 확인할 수 있다. 그런데 온도가 올라갈수록 빛의 색은 달라진다. 600°C 이상에는 빨간색, 1,000°C 이상에는 주황색, 2,000°C 이상에는 노란색으

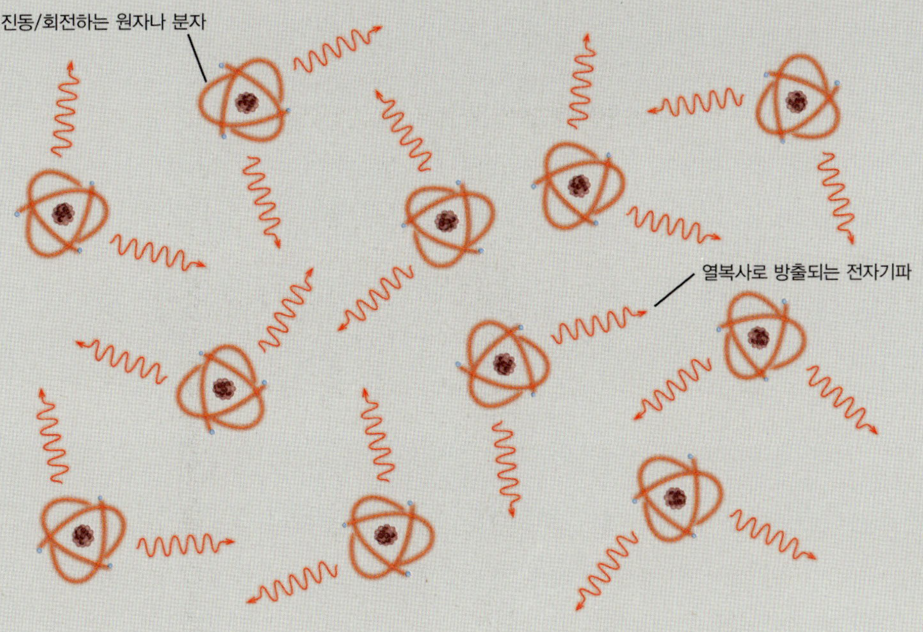



**그림 4.10 열복사의 원리**
뜨거워진 원소들은 무질서하게 진동하는데, 이때 전자들의 활발한 움직임이 생기면서 빛이 발생한다.

로 색이 변화하는 것이다. 제철 공장에서 흔히 볼 수 있는 빨갛게 달구어진 쇠도 적색에서 주황색을 띠는데 이 역시 온도에 따라 다른 색이 나타나는 현상이다.

왜 뜨거워진 물체는 빛을 낼까? 이유는 전자의 움직임 때문이다. 용암과 같이 뜨거운 물체를 구성하는 분자들은 엄청나게 큰 열에너지를 가지고 있다. 열에너지란 본질적으로 분자들의 진동 또는 움직임을 뜻한다. 용암 속에 있는 다양한 분자들은 매우 빠른 열운동을 하는데, 이때 진동 또는 회전하는 분자들 속에 있는 전자들이 전자기파를 발생시킨다. 더 큰 열운동을 할수록 전자는 더 파장이 짧은 전자기파 성분을 많이 방출한다. 이런 현상을 열복사 방출<sup>Thermal radiation emission</sup> 또는 줄여서 열복사<sup>Thermal radiation</sup>라고 한다.

모든 물체는 열을 가지고 있으므로 모든 물체는 열복사를 한다. 즉 모든 물체는 그 온도에 따른 파장을 가지는 전자기파를 방출하는 것이다. 용암의 경우에는 온도가 600℃ 이상이기 때문에 가시광선 영역의 빨간색~노란색을 방출한다. 온도가 훨씬 높은 우주의 별들은 하얀색~파란색의 색을 띠는데 별 표면의 온도가 대략적으로 6,000~10,000℃임을 가리킨다. 그래서 별의 색을 토대로 별 표면 온도를 예측하기도 한다. 색온도 Color temperature에 대한 개념으로 11장에서 조명 광원의 색온도와 그 효과에 대해 설명할 예정이다.

한편 온도가 훨씬 낮은 동물의 피부도 열복사를 한다. 다만 에너지가 낮기 때문에 가시광선보다 광자당 에너지가 낮은 적외선의 형태로 방출한다.

중증 급성 호흡기 증후군SARS, 조류 독감 등이 유행하는 시기에 공항을 통해 들어오다 보면 입국객을 촬영하고 있는 카메라를 볼 수 있다. 바로 열화상 카메라이다. 이 열화상 카메라를 이용하면 사람의 체온을 영상으로 얻을 수 있는데, 사람의 피부에서 방출되는 열복사 전자기파는 파장이 긴 적외선 영역이기 때문에 우리 눈에는 보이지 않는다. 하지만 이런 적외선 영역에 민감하게 반응하는 소재(주로 실리콘 계열)로 만든 열화상 카메라를 이용하면 체온에 의한 피부의 열화상 이미지를 얻을 수 있다. 이 영상을 토대로 피부 표면 온도를 측정할 수 있다.

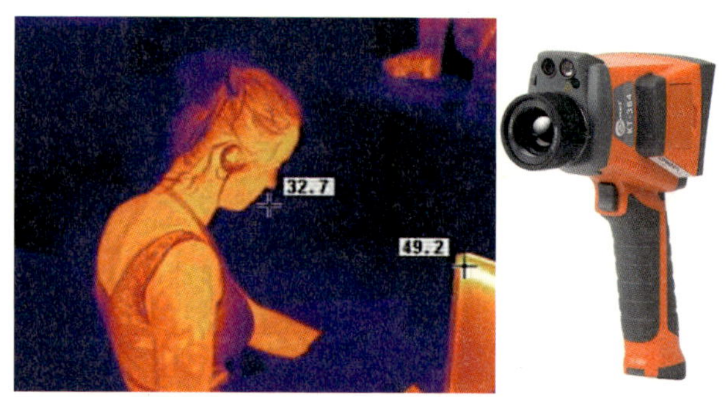

**사진 4.11 열화상 카메라**
사람의 피부에서 방출되는 열복사 전자기파는 파장이 긴 적외선 영역이기 때문에 우리 눈에는 보이지 않지만, 열화상 카메라를 이용하면 체온에 의한 피부의 열화상 이미지를 측정할 수 있고 이로부터 사람의 체온을 영상으로 얻을 수 있다.

## 백열전구: 전자 충돌에 의한 열복사

지금은 에너지 효율이 낮다는 이유로 점차 그 이용이 줄고 있긴 하지만 백열전구는 오랜 시간 동안 훌륭한 조명 광원의 역할을 해 왔다. 백열전구가 작동하는 원리는 열복사이다. 백열전구에는 비활성 가스가 낮은 압력으로 차 있고 그 안에 전기가 통할 수 있는 필라멘트가 들어 있다. 이 필라멘트에 전류를 흘려 주면 매우 많은 전자들이 필라멘트를 타고 흐르는데, 이때 전자들이 텅스텐<sup>Tungsten</sup> 원자들과 엄청나게 많은 충돌을 하게 된다. 이렇게 전기 에너지에 의해 흐르는 전자와 텅스텐 원자가 충돌을 많이 하면 열이 발생한다. 발생하는 열에너지에

### 그림 4.12  백열전구의 구조와 원리

백열전구는 비활성 가스가 낮은 압력으로 차 있는 유리 전구 안에 전기가 통할 수 있는 필라멘트가 들어 있는 구조이다. 이 필라멘트에 전류를 흘려 주면, 매우 많은 전자들이 필라멘트를 타고 흐르는데, 이때 전자들이 텅스텐 원자들과 엄청나게 많은 충돌을 하게 된다. 이렇게 전기 에너지에 의해 흐르는 전자와 텅스텐 원자가 충돌을 많이 하면 열이 발생하고 이 열에너지에 의해 텅스텐 원자가 열복사를 하는 원리이다.

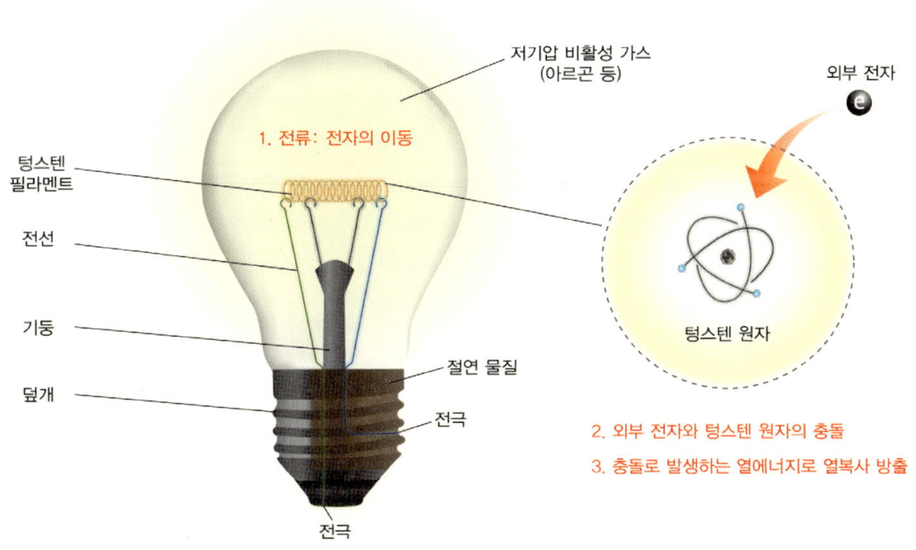

의해서 텅스텐 원자가 열복사를 하고 우리 눈에도 보이는 빛을 발하는 것이다.

비활성 가스로는 아르곤 Argon, 질소, 크립톤 Krypton, 제논 Xenon 등이 주로 사용되었
는데 필라멘트의 산화를 막아 백열전구를 오래 사용하기 위함이었다. 백열전구
가 깨지면 피식 하고 필라멘트가 꺼지는 경우를 볼 수 있다. 필라멘트가 공기 중
산소와 닿으면서 산화되어 못 쓰게 되는 것이다. 필라멘트는 주로 텅스텐을 이
용하는데, 텅스텐은 전류가 잘 흐르면서 가시광선대의 열복사를 하는 물질이다.
백열전구 개발 초기에는 대나무 숯, 백금 등 다양한 재료가 사용되었으나 텅스
텐 필라멘트가 가장 효율이 좋다고 알려지면서 널리 사용되었다.

# 레이저

### 유도 방출 현상에 의한 빛의 증폭

레이저는 우리 일상생활에서 폭넓게 사용되고 있다. 프리젠테이션 때 쓰는 레
이저 포인터에서부터 상점에서 제품에 붙어 있는 바코드를 인식하는 센서, 그
리고 군사용으로는 미사일을 유도하는 목적으로도 사용된다. 과학 기술 분야에
서 레이저는 없어서는 안 될 매우 중요한 장치이다. 세포의 특정 단백질만 발광
시키기 위해 사용하기도 하고 분자들의 화학 반응을 살펴보기 위해 레이저를 이
용하기도 한다.

레이저는 전자기파의 파동이 매우 통일성 있게 나온다는 점에서 특별한 빛이다.
앞서 설명한 바와 같이 파동은 고점과 저점, 다시 말해 한 주기 안에 반복되는 위
상을 가지고 있다. 일반적인 태양 빛이나 형광등에서 나오는 빛은 각 광자의 파

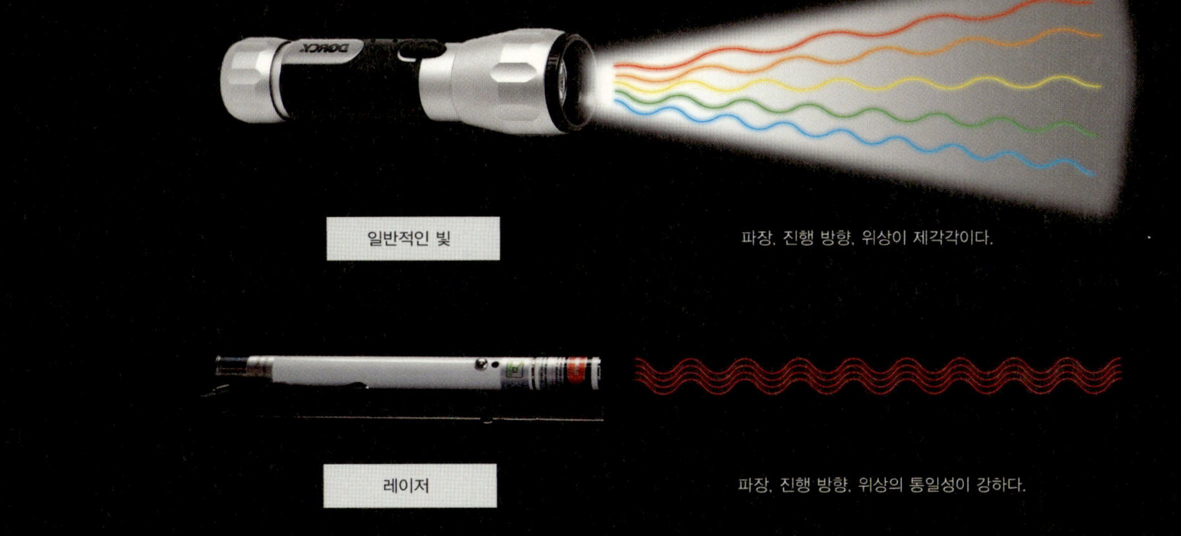



**사진 4.13  일반적인 빛과 레이저**

일반적인 광원에서 나오는 빛은 파장, 진행 방향, 위상이 모두 제각각이다. 레이저에서 나오는 빛은 파장, 진행 방향, 그리고 위상이 모두 통일되어 있다.

동의 위상이 무작위적이다. 하지만 레이저에서 나오는 빛은 모든 파동이 같은 위상을 가지고 있다. 모든 파동의 위상이 동일하기 때문에 빛의 간섭 효과가 매우 강하게 나타난다. 그래서 물리학에서는 레이저를 간섭성이 좋은 빛 Coherent light이라고 한다. 또한 이 때문에 같은 에너지로도 매우 밝은 빛을 만들 수 있다. 집에서 쓰이는 백열전구가 소모하는 전기 에너지는 보통 수십 와트 Watt, W지만, 레이저 포인터가 사용하는 전기 에너지는 백열전구의 수천, 수만 분의 1밖에 되지 않는다.

레이저는 유도 방출 현상에 의해서 증폭된 빛이다. 유도 방출은 레이저를 발명하게 이끈 중요한 물리적 현상이다. 원자가 에너지를 받아 전자가 들뜬상태가 되었을 때, 가만히 두면 에너지가 낮은 바닥상태로 가는 자연 방출이 진행될 것이다. 그리고 이때 특정 파장의 빛이 발생할 것이다. 하지만 들뜬상태에 있는 전자가 자연 방출을 하기 전에, 자연 방출을 할 때 나오는 그 파장과 같은 파장을 가진 빛이 훅 하고 지나가면 재미있는 현상이 일어난다. 빛이 지나가는 동시에 들뜬상태의 전자가 바닥상태로 유도되어 내려오면서 똑같은 파장의 빛을 내게 되는 것이다.

다시 말하면, 유도 방출이란 들뜬상태의 전자가 있을 때, 이 전자가 방출하려는 광자의 파장과 완전히 똑같은 파장의 광자가 이 원자를 지나가게 되면 그 들뜬 전자에서 빛이 유도되어 방출되는 현상을 일컫는다. 이때 방출된 광자는 흡수된 광자와 동일한 파장을 가질 뿐만 아니라 위상도 동일하게 된다. 즉 광자의 복제가 일어나는 것이다. 유도 방출 현상의 발견은 빛을 유도하는 증폭 기술, 즉 레이저의 발명으로 이어지게 되었다.

**그림 4.14  유도 방출의 원리**

유도 방출이란 들뜬상태의 전자가 있을 때, 이 전자가 방출하려는 광자의 파장과 완전히 똑같은 파장의 광자가 이 원자를 지나가게 되면 그 들뜬 전자에서 빛이 유도되어 방출되는 현상을 일컫는다. 이때 방출된 광자는 흡수된 광자와 동일한 파장을 가질 뿐만 아니라 위상도 동일하게 된다. 즉 광자의 복제가 일어나는 것이다.

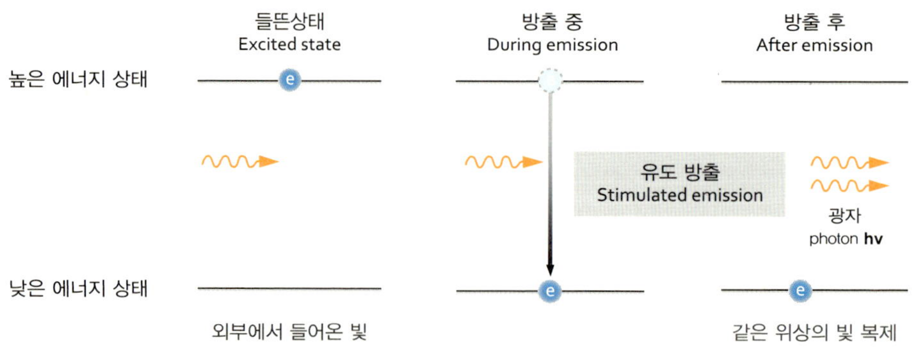

레이저의 이름 철자인 LASER은 Light Amplification by Stimulated Emissin of Radiation의 앞글자를 딴 조합어이다. 이름에서도 표현되어 있듯이 레이저의 핵심 개념은 유도 방출에 의한 빛의 증폭이다.

레이저의 원리를 더 자세히 살펴보자. 2개의 거울을 서로 마주 보도록 두고 그 가운데 광 경로 Laser cravity를 둔다. 그 광 경로는 레이저 물질Active media로 채우는데 주로 빛의 흡수에 의한 손실이 적고 자연 방출이 쉽게 일어나는 물질이 바람직하다. 한쪽 거울은 빛을 모두 반사시키지만, 다른 쪽 거울은 빛을 일부 투과시킨다고 하자. 외부에서 에너지를 가하여 레이저 물질을 들뜬상태로 만들면 레이저 물질 내 일부 원자들이 자연 방출을 하기 시작한다. 이때 자연 방출된 빛이 지나가는 경로에 (아직 방출을 시작하지 않은) 들뜬 원자가 위치한다면 이 원자에서는 유도 방출이 일어나게 된다. 자연 방출된 원자와 유도 방출된 원자의 광자는 파장과 위상이 동일하므로 빛의 세기는 증폭되고, 증폭된 빛에 의해 일어나는 유도 방출의 연쇄 반응은 결국 매우 강력한 빛을 생성하게 된다. 이러한 연쇄 반응은 매 순간 새로 들뜨게 되는 원자의 개수와 유도 방출되는 원자의 개수가 같아질 때까지 증폭된다. 이렇게 발생한 레이저는 한 방향으로 같은 위상을 가지고 전파되게 된다.

그런데 유도 방출 현상을 어떻게 이용해서 레이저를 만들까? 첫 번째로 레이저 물질이 필요하다. 능동 레이저 매질Active laser medium 또는 이득 매질Gain medium이라고도 하는데, 에너지를 받았을 때 열 등으로 손실되는 부분이 적고 빛을 잘 내보내는 물질이어야 한다. 이런 레이저 물질로 널리 사용된 것은 희토류Rare earth ions가 들어 있는 크리스털 물질, 가스, 반도체 등이다. 이런 레이저 물질이 유도 방출을 하기 위해서는 레이저 물질 분자 내부에 있는 전자들을 바닥상태에서 들뜬상태로 끌어올려 줘야 한다. 즉 에너지를 공급해야 하는 것으로, 다양한 방법이 이용된다. 예를 들어 반도체 레이저는 전기 에너지를 사용한다. 빛을 이용하는 경우도 많은데, 가스 방전 광원을 사용하기도 하지만 레이저를 이용해서 에너지를 공급하는 경우도 있다. 강력한 출력의 레이저를 만드는 경우에는 화학 에너지나 핵융합, 고에너지 전자 빔 등으로 에너지를 공급하기도 한다.

이렇게 레이저 물질에 에너지를 공급해 주면 분자 내부에 있는 전자들이 들뜬상태가 되는데 이 전자들이 무작위적으로 자연 방출을 할 수 있다. 자연 방출에 의해 만들어진 빛이 진행해 갈 때, 그 경로에 있는 들뜬상태의 전자와 만나는 경우 앞에서 설명한 유도 방출이 발생하게 된다. 유도 방출로 발생된 빛은 들어온 빛과 비교하여 파장, 진행 방향, 그리고 위상까지 완벽히 같은 복제된 빛이다. 유도 방출이 일어날 때마다 빛은 복제되고, 이렇게 복제된 빛들이 연쇄적으로 유도 방출을 일으키면서 결국 빛 에너지의 증폭이 일어난다.

이 증폭이 더 효과적으로 일어나게 하기 위해 레이저 물질 양쪽을 거울로 막아 매우 긴 광 경로를 만들 수 있다. 이는 마치 레이저 물질을 길게 늘어뜨린 것과 같은 효과를 주며, 엄청난 에너지로 증폭될 수 있다. 빛 에너지는 보통 외부에서 전자를 들뜨게 만드는 에너지와 그 크기가 같아질 때까지 증폭된다.

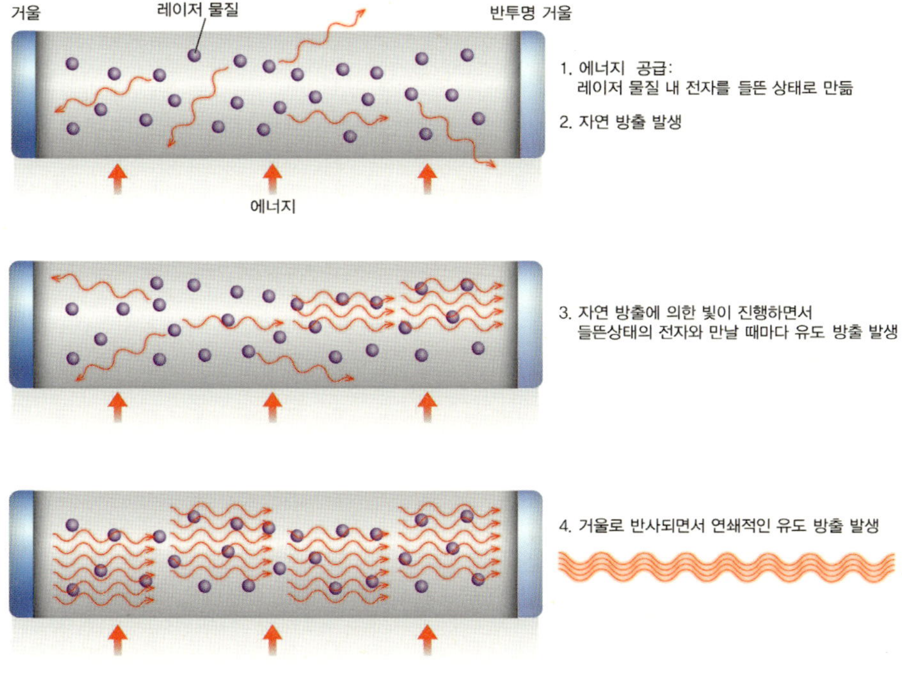


**그림 4.15  레이저의 원리**

레이저 물질에 에너지를 공급해 주면, 자연 방출을 할 수 있다. 이때 만들어진 빛이 진행하는 경로에서 들뜬상태의 전자와 만나는 경우 유도 방출이 발생한다. 유도 방출이 일어날 때마다 빛은 연쇄적으로 복제되고 빛 에너지는 증폭되어 레이저가 발생한다.

## 레이저 다이오드

초창기 레이저는 레이저 물질로서 가스 또는 액체를 사용하였다. 하지만 가스 레이저는 부피가 크고 광 경로를 만들기가 어려웠다. 액체를 사용하는 염료 레이저인 경우에는 염료에 발암성이 있어 사용에 제약이 따랐다. 이와는 대조적으로 반도체 기술을 이용하여 생산하는 레이저 다이오드는 비교적 저렴하여 레이저 물질로 보편적으로 활용되어 왔다. 레이저 다이오드를 이용하면 우선 광 경로를 작게 만들 수 있어 레이저를 소형화할 수 있다. 그리고 다양한 파장과 출력으로 제작할 수 있는 이점이 있다. 레이저 포인터, 레이저 프린터, 바코드 리더 Barcode reader, 스캐너, 의료 수술용 레이저 등이 레이저 다이오드를 이용한 것들로 그 용도는 광범위하다. 구체적인 예로 DVD에 자료를 기록할 때는 657nm의 파장을 가지는 알루미늄갈륨인듐인(AlGaInP) 다이오드 레이저를, 블루 레이 디스크 Blue ray disc에는 405nm의 파장을 가지는 인듐갈륨질소(InGaN) 다이오드 레이저를 이용한다.

### 생각해 보기

**a.** 빛이 생성되는 과정과 안테나에서 전자기파가 발생하는 과정을 비교해서 생각해 보자.

**b.** 100W 백열전구만큼의 광량을 10W LED 전등이 만들어 내는 이유에 대해서 생각해 보자.

**c.** 녹색 레이저 포인터에서 빛이 나오는 과정을 자세히 살펴보자. 가능하다면 녹색 레이저 하나를 분해해서 어떤 구조로 되어 있는지, 레이저가 어느 부분에서 나오는지 확인해 보자.

**d.** 형광등의 작동 원리에 대해 알아보자.

# 광학 영상 표현

사람이 외부에서 받아들이는 정보는 80% 이상이 시각을 통해 들어온다. 의사소통 과정에서도 눈은 끊임없이 외부의 정보를 받아들인다. 정보의 기록 매체도 광학에 기반을 두고 있는데, 벽화, 종이, 컴퓨터 디스플레이 등 인류가 사용한 많은 정보 기록 매체는 최종적으로 광학 영상으로 우리에게 전달된다. 빛을 이용해서 정보나 영상을 만들고 측정하는 광학 기기들은 우리 일상생활에서 쉽게 접할 수 있고, 지금도 끊임없이 진화하고 있다. 스마트폰 디스플레이는 점점 더 선명해지고 있으며, 조만간 3D 영상이 만들어지는 날이 올 것이다.

5장에서는 빛을 이용하여 정보를 생성하는 광학 영상 기술에 대해서 다루어 보고자 한다. 광학 영상 기기들의 기본 원리와 관련된 기술을 제대로 이해하기 위해서는 빛의 물리적인 성질을 정확하게 알고 있어야 한다. 앞 장에서 논의한 빛의 물리적 성질들을 바탕으로 여러 가지 현존하는 광학 기기들의 작동 원리에 대해서 자세히 다루어 보고, 머지 않은 미래에 등장하여 우리의 일상생활에 큰 영향력을 줄 최신 영상 기술들에 대해서 소개하고자 한다.

## 음극선관, CRT

최초의 텔레비전 Television 은 영국에서 개발되었다. 그리스 어로 '멀리'라는 뜻의 Tele와 '보다', '보여 주다'라는 뜻의 Videre의 합성어로 탄생한 텔레비전은 말 그대로 움직이는 영상을 먼 곳에서 보여 주는 장치이다. 한 장소에서 일어나는 광학 정보는 먼 곳까지 전달이 되지 않는다. 텔레비전의 원리는 한 곳에서 측정한 광학 영상을 멀리까지 전파될 수 있는 전자기파에 실어 먼 곳으로 보내면, 거기서 전자기파에 실린 정보를 해독하여 다시 영상 정보로 재생하는 기술이다. 지금은 일상에서 자연스럽게 사용되지만, 텔레비전을 구현하기 위해서는 첫째, 광학 영상을 전기적인 신호로 측정하는 단계, 둘째, 전자기파에 실어 멀리까지 전송하는 단계, 그리고 셋째, 전송된 전기 신호에서 다시 광학 영상을 재생하는 단계까지 세 가지 중요한 기술이 필요하다. 하나하나 살펴보면 결코 쉽지 않은 기술들이다.

텔레비전을 구성하는 각 기술은 19세기 말부터 이론적으로 제시되었고, 여러 가지 기초적인 선행 기술이 개발되기 시작하였다. 실용적인 텔레비전의 탄생을 가

사진 5.1  초기의 텔레비전 수상기
CRT를 이용한 독일 브라운 (Braun) 사의 텔레비전, 1958년 모델.

져온 발명가는 영국인 존 로지 베어드 John Logie Baird 이다. 수많은 시행 착오 끝에, 베어드는 1926년 영국 학술원 인사들을 초청한 자리에서 최초의 영상을 구현함으로써 텔레비전 시대의 막을 올렸다.

초기의 텔레비전은 음극선관 Cathode-ray tube, CRT 기술을 이용해서 영상을 만들었다. 지금은 자취를 감추었지만, 1990년대 초까지만 하더라도 가정에 있는 대부분의 텔레비전은 뚱뚱하고 표면이 둥그렇게 곡면이 진 화면을 가지고 있었다. 음극선관은 기본적으로 진공관 내부에서 전자 빔이 진행하다가 형광 물질이 있는 화면에 충돌해서 빛을 만들어 내는 원리를 이용하는데, 전자 빔이 화면에 충돌하는 위치와 세기를 전기 신호로 제어해 주어 2차원 영상을 표현한다. CRT 기술은 1897년 독일의 물리학자 카를 페르디난트 브라운 Karl Ferdinand Braun 에 의해 개발되었으므로 **브라운관**이라고도 불린다.

CRT의 기본적인 작동 원리는, 화면 각 지점에 스캔된 전자 빔이 형광체를 발광시켜 각 화소에서 빛이 발생하는 것이다. CRT는 보통 깔때기 모양의 진공관을 이용하는데, 화면으로 쓰이는 바닥면에는 형광 물질이 발라져 있고, 깔때기의 목 부분에 해당하는 곳에 전자총이 설치되어 있다. 전자총은 히터로 가열되면 전자를 방출하는데, 진공관 내부에 높은 전압을 걸어서 방출된 전자를 화면까지 가속시킨다. 또한 전자 빔이 화면에서 초점이 맺힐 수 있도록 빛을 모아 주어야 하는데 일반적인 광학 렌즈를 사용할 수는 없고 전기장을 걸어서 렌즈의 역할을 해 주는 코일을 이용한다. 그리고 2차원 영상을 표현할 수 있도록 전자 빔이 형광면 위 여러 위치에 갈 수 있게 해 주기 위해서 또 다른 코일을 이용해 전자 빔의 진행 방향을 구부러뜨린다. 이렇게 화면의 원하는 위치로 전자 빔이 도달하게 되면 구멍이 뚫려 있는 마스크에 의해 특정 화소에만 선택적으로 전자 빔이

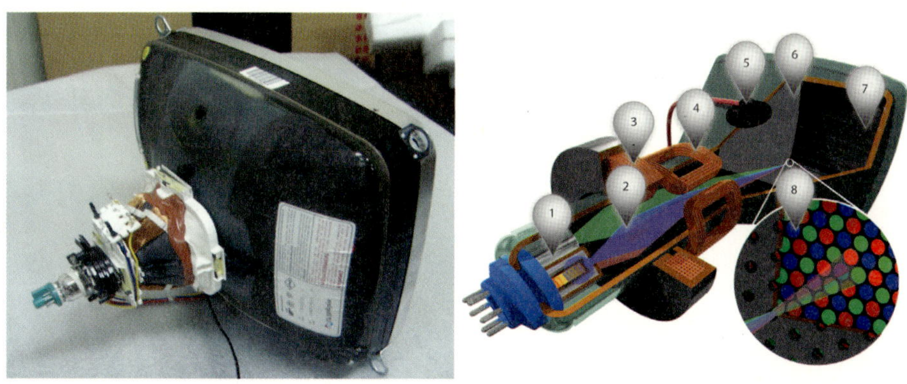



**그림 5.2  CRT의 작동 원리**

(1) 적색, 녹색, 청색을 각각 표현하기 위한 3개의 전자총에서 전자 빔이 발생한다. (2) 전자 빔은 렌즈 역할을 하는 (3) 코일의 자기장에 의해 포커싱이 된다. (4) 포커싱이 되는 전자 빔은 또 다른 코일에 들어오는 전기 신호에 의해, 전파하는 방향이 휘어진다. (6) 각 위치를 표현하기 위한 섀도 마스크를 통과한 전자 빔은 (7) 형광 물질이 묻어 있는 발광면에 도달하게 되는데, 이때 전자 빔의 세기에 따라 적색, 녹색, 청색의 조합으로 한 점의 색이 표현된다. 이렇게 발광을 하는 데 사용된 전자는 (5) 음극을 통해 다시 회로로 들어간다. (8) 마스크의 확대면을 보면 각 화소에 해당하는 위치에 특정 색을 낼 수 있는 형광 물질이 칠해져 있음을 볼 수 있다.

들어갈 수 있게 된다. 화면에는 형광 물질이 발라져 있는데 이 형광 물질은 전자 빔을 받으면 에너지를 받아서 빛을 낸다. 흑백 텔레비전은 하얀색을 낼 수 있는 한 가지 형광 물질만 칠해져 있었다. 컬러 텔레비전은 3개의 전자총이 각각 전자 빔을 만들어 내고, 각 화소당 빨간색, 초록색, 파란색의 세 가지 색을 낼 수 있는 형광 물질이 칠해져 있다.

CRT에서는 섀도 마스크 Shadow mask 의 역할이 매우 중요하다. 형광면이 실제로 빛을 내는 부분이고, 섀도 마스크는 빛을 내지 않지만 전자 빔이 형광면의 원하는 위치로 잘 들어갈 수 있게 해 준다. 섀도 마스크의 구멍이 크면 형광면에서 색이 번져서 선명한 영상을 표현할 수 없고, 섀도 마스크의 구멍이 작으면 충분히 형

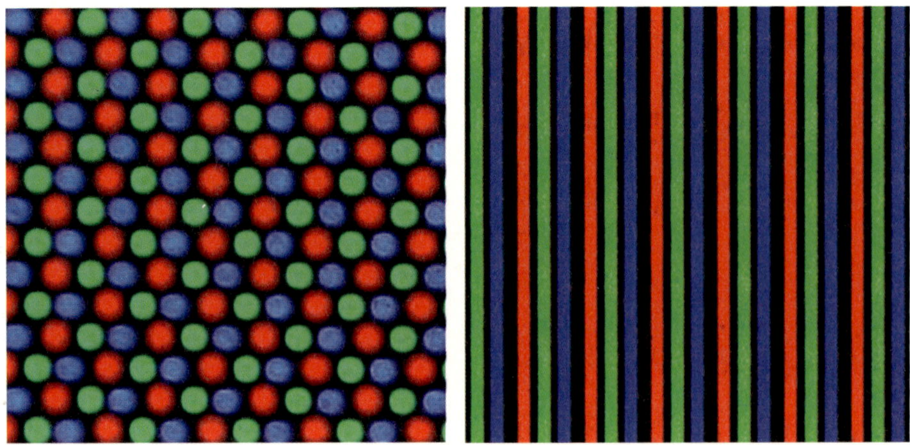



(왼쪽) 컬러 텔레비전 화면을 확대해 보면 발광하는 점들이 보이고, 섀도 마스크에 의해 각 점들 사이 빛이 나오지 않는 부분도 보인다. (오른쪽) 일본 소니 사는 섀도 마스크를 특별하게 설계하여, 화소 간의 경계를 줄인 트리니트론 CRT를 선보였다.

광이 나오질 않아 화면이 어둡게 된다. 컬러 텔레비전을 아주 가까이에서 보게 되면 발광하는 점들이 보이고, 각 점들 사이 빛이 나오지 않는 부분도 보인다. 이는 섀도 마스크 때문인데, 화면의 품질이 저하되는 원인이 되기도 했다. 그래서 일본 소니[Sony] 사는 섀도 마스크를 특별하게 설계하여 화소 간의 경계를 크게 줄인 트리니트론[Trinitron] CRT를 선보이기도 했다. 소니 사의 CRT는 가로 방향의 경계는 남아 있었지만 세로 방향의 경계는 거의 없앨 수 있었고 덕분에 화면의 품질이 매우 좋아졌다. 하지만 가격이 높다는 단점이 있었다.

CRT 기술의 장점으로는 형광 물질을 이용하기 때문에 시야각이 넓고 동영상을 표현할 때 반응 속도가 빠르다는 것이 있다. 하지만 이렇게 텔레비전의 효시가 된 CRT 기술은 여러 가지 문제점도 가지고 있었는데, 우선 CRT를 사용하는 텔레비전은 두꺼웠으며 일반적으로 화면에 굴곡이 있어 영상을 보기 불편했다. 또한 전자총에서 전자 빔을 만들기 위해서는 우선 열이 발생해야 하기 때문에 전력 소모가 컸다. 전자 빔을 사용한 탓에 전자파가 발생하는 문제도 있었다. 결국 액정 디스플레이, LCD가 등장하면서 CRT는 역사 속으로 사라지게 된다.


## 플라즈마 디스플레이

CRT 텔레비전이 처음 나왔을 때의 충격은 대단했다. 직접 가 보지 않고도 먼 곳에서 보낸 영상을 텔레비전 앞에 앉아서 볼 수 있게 된 것은 인류의 삶의 방식을 바꾸어 놓을 만큼 혁신적인 발명이었다. 하지만 곧 텔레비전이 널리 보급되면서 다시 사람들은 새로운 영상 기술을 갈망하게 되었다. 더 얇고 큰 텔레비전을 원했으며, 더 선명한 영상을 원했다. 그래서 등장한 기술이 플라즈마 디스플레이 패널, PDP Plasma displa panel 와 액정 디스플레이, LCD 기술이다.

먼저 PDP 기술에 대해 살펴보자. PDP 영상 기술은 플라즈마 방전을 통해 빛이 발생하는 원리를 이용한다. 플라즈마 방전은 네온, 아르곤, 제논 등의 방전 가스에 열을 가하면 가스가 이온화 Ionization 되면서 빛을 내는 현상이다. 이런 플라즈마 방전 현상을 이용해 디스플레이를 만들기 위해서 투명 전극이 붙은 유리관에 방전 가스를 채운 구조를 사용한다. 이 구조 양 끝에 있는 전극에 전류를 흘려 주어 전기장을 형성하면 이로부터 방전된 기체들이 빛을 내는 것이다.

PDP 텔레비전은 방전 가스와 형광 물질이 들어 있는 픽셀들을 양쪽에서 투명 전극이 감싸고 있는 구조이다. 그리고 전기가 다른 곳으로 흐르지 못하도록 이 투명 전극을 다시 유전체층이 감싸고 있다. 앞쪽 유전체를 유리가 다시 보호하고 뒤쪽 유전체 바깥쪽에는 거울이 달려 있어 빛의 손실을 최소화한다.

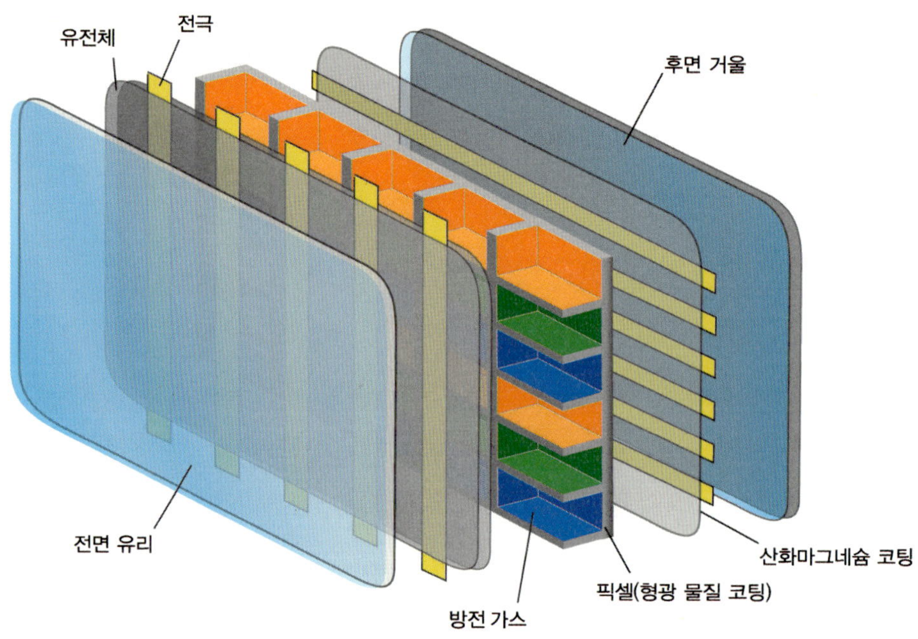


**그림 5.4  PDP의 구조**

기본적으로 방전 가스와 형광 물질이 들어 있는 픽셀들을 양쪽에서 투명 전극이 감싸고 있는 형태이다. 그리고 전기가 다른 곳으로 흐르는 것을 막기 위해 이 투명 전극을 다시 유전체층이 감싸고 있다. 앞쪽 유전체를 유리가 다시 보호하고 있고, 뒤쪽 유전체 바깥쪽에는 거울이 달려 있어 빛의 손실을 최소화한다.

PDP의 주요 장점은 CRT 텔레비전과는 비교도 안 되는 얇은 두께의 평면 디스플레이를 만들 수 있다는 데 있었다. 그리고 PDP 기술은 화면 크기를 쉽게 확대할 수 있었다. PDP의 경쟁 기술이었던 LCD는 화면 크기가 커질수록 가격이 큰 폭으로 상승하는 데 반해 PDP는 거의 비슷한 단가로 큰 화면을 만들 수 있어 대형 디스플레이 시장에서 큰 주목을 받았다. 또한 PDP는 넓은 시야각을 가지고 있으므로 정면에서뿐만 아니라 옆에서나 위에서 화면을 보더라도 밝고 선명한 영상을 볼 수 있었다.

PDP 기술은 LCD 기술과 비슷한 시기에 등장하였으므로 두 기술은 2000년대 중

후반까지 CRT 텔레비전을 대체할 기술로써 치열한 경쟁이 불가피했다. 당시만 해도 PDP 텔레비전과 LCD 텔레비전 중 어떤 제품을 구입할지 고민하는 소비자가 많았다. 하지만 최근 몇 년 사이 PDP 기술은 LCD 기술에 밀려 고전을 면치 못하다가 급기야는 디스플레이 시장 주도권을 LCD 텔레비전에 내주고 말았다. 1990년대 초 한국의 삼성전자는 PDP를 포기하고 LCD에 과감한 투자를 하여 이후 10년 넘게 전 세계 디스플레이 시장에서 독보적인 위치를 차지하고 있다. 하지만 당시 PDP에 승부를 걸었던 일본 가전 업계는 큰 위기에 직면한 상태이다.

PDP 텔레비전이 LCD 텔레비전에 밀린 이유는 여러 가지가 있지만, 가장 큰 원인은 기체 방전 방식이 근본적으로 전력 손실이 매우 심하다는 데 있었다. 전기로 열을 발생시키고 그 열로 플라즈마를 만들어야 하는데 결국 많은 에너지가 필요했다. 그 과정에서 부차적으로 발생하는 열과 열을 식히기 위한 냉각 팬의 소음도 심각한 단점이었다. 또한 PDP 텔레비전으로 오랜 시간 동일한 화면을 재생시키면 화면에 잔상이 영구적으로 남는 번인Burn-in 현상도 한몫을 하였다. 같은 화면을 장시간 보여 주어야 하는 문서 작업용 디스플레이로서는 치명적인 문제였던 것이다.


## 액정 화면


디스플레이 시장에서 PDP 텔레비전을 밀어내고 가장 널리 사용되고 있는 LCD 텔레비전에 대해서 자세히 알아보자. LCD는 액정이라고 하는, 액체이면서도 고체와 같이 방향성을 가지는 재미있는 재료를 이용한다. 원래 액정은 생명 과학 분야에서 먼저 발견되었고 이후 물리 분야에서 연구가 되었다. 융합 연구의 멋진 예이기도 하다.

오스트리아 식물학자인 프리드리히 라이니처 Friedrich Reinitzer 가 콜레스테롤 화합물의 상 Phase 변화 연구를 하다가 재미있는 현상을 발견한다. 녹는점이 한 곳인 일반적인 물질과는 달리 이 물질은 녹는점이 두 곳인데, 첫 번째 녹는점을 지나면 액체와 같이 흐르는 상태이면서도 분자 구조들은 고체와 같이 특정한 방향성을 가지고 있었다. 이러한 현상은 온도를 더 높여 주어 두 번째 녹는점을 지나기 전까지 지속되었다. 이 사실을 접하게 된 독일 물리학자 오토 레만 Otto Legmann 은 물리적인 분석을 통해 고체와 액체의 성질을 동시에 갖는 이 물질의 성질을 규명하고, 액정이라는 이름을 붙인다. 이 연구는 큰 반향을 불러일으켰고, 다양한 분야의 많은 연구자들이 이 신물질을 어떻게 응용해 볼 수 있을까에 대해 고민하였다.

20세기 초반에 액정을 이용해 디스플레이를 만들려는 연구가 활발히 진행되었다. 기본 원리는 액정 분자들이 전기장에 반응해 정렬될 수 있다는 점과 정렬된 액정 분자들이 빛의 방향, 즉 편광을 돌릴 수 있다는 점에 있었다. 편광이란 빛의 진동 방향을 말하는데, 일반적인 광원에서 나오는 빛은 모든 방향으로 편광이 되어 있다. 하지만 편광판을 두면 특정한 편광의 빛만 투과하게 된다. 예를 들어, 수직 편광판을 두면 수직 방향 편광 빛만 투과하는데, 이 앞에 수평 편광판을 두면 빛이 전혀 투과하지 못한다.

즉, 잘 정렬되어 있는 액정 분자로 구성된 픽셀이 있을 때 이 픽셀에 전압을 가하면 전압의 크기에 따라 빛의 투과도를 변화시킬 수 있다. 액정 분자의 배열 방향에 따라 여러 가지 액정 방식이 있지만, 일반적으로 사용하는 방식은 TN Twisted neumatic 방식이다. TN 액정 픽셀 안에는 액정 분자들이 나사처럼 축의 방향이 조금씩 돌아가는 궤적을 그리면서 서로 뒤틀려 있다. 이러한 액정 뒷면에 위치한

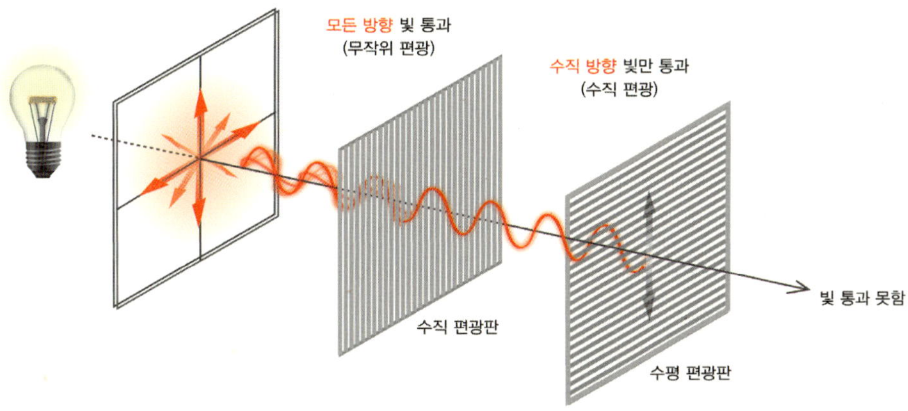


**그림 5.5 편광의 원리**

편광이란 빛의 진동 방향을 말하는데, 일반적인 광원에서 나오는 빛은 모든 방향으로 편광이 되어 있다. 하지만 편광판을 두면 특정한 편광의 빛만 투과하게 된다. 예를 들어, 수직 편광판을 두면 수직 방향 편광 빛만 투과하게 되는데, 이 앞에 수평 편광판을 두면 빛이 전혀 투과하지 못한다.

광원이 수직 편광판을 통과하고 나면 수직 방향으로만 진동하는 빛, 수직 편광된 빛이 액정 픽셀로 들어오는데, 서로 조금씩 뒤틀린 액정 분자들을 통과하면서 빛의 편광이 90° 돌아가게 된다. 즉, 액정 픽셀로 들어간 빛은 수직 편광이었는데, 액정을 나오는 빛은 수평 편광으로 나온다. 액정의 앞면에는 다시 수직 편광판이 있어서, 빛이 투과해서 나오지 못하고 어둡게 보인다.

이 액정 픽셀에 전압을 가하면 액정 분자들이 회전해서 분자의 축이 돌아간다. 각 액정 분자들은 모두 빛이 들어오는 방향과 평행하도록 돌아가는데, 이 때문에 빛이 액정 픽셀을 통과하면서 편광이 돌아가지 않게 된다. 즉, 전압을 걸어준 액정 픽셀에서 빛이 나오게 되는 것이다. 이런 액정 픽셀들을 가지고 2차원 배열을 만든 후, 영상 장비로 이용하는 것이 바로 LCD이다. 흑백 LCD는 빛의 세기만 조절하지만, 컬러 LCD는 적색, 녹색, 파란색의 픽셀들이 하나로 묶여서 각 지점에서의 색을 표현한다. LCD 패널에는 수많은 액정 픽셀들이 있다. LCD

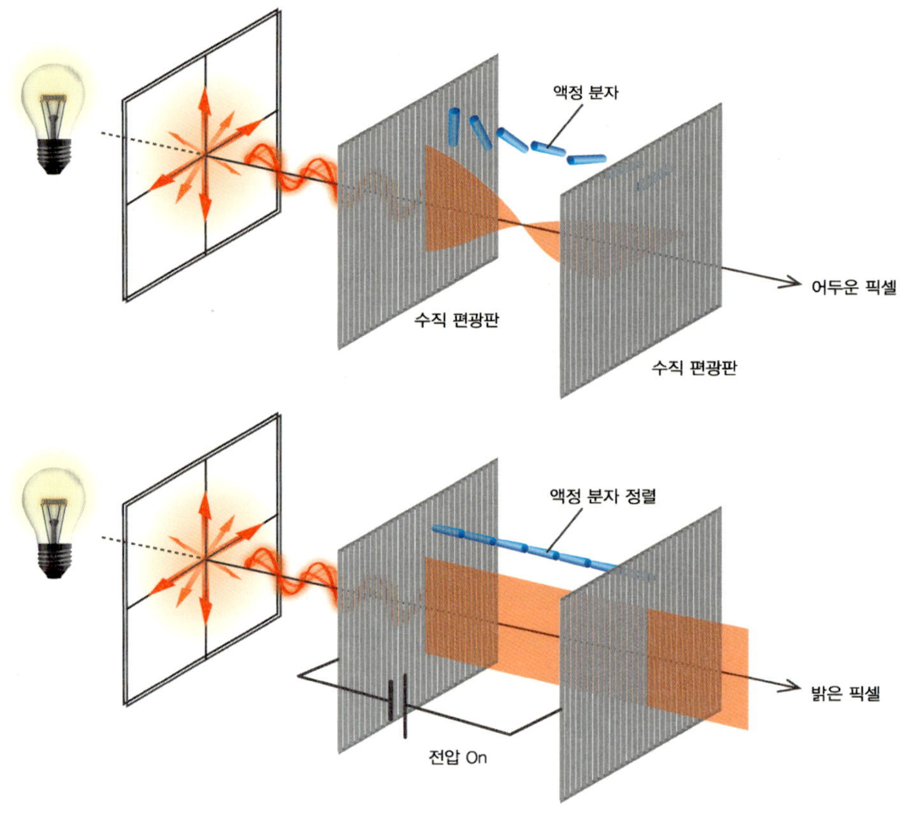



**그림 5.6 편광을 이용한 LCD의 원리**

이 액정 픽셀에 전압을 가하면 액정 분자들이 회전해서 분자의 축이 돌아간다. 각 액정 분자들은 모두 빛이 들어오는 방향과 평행하도록 돌아가는데, 이 때문에 빛이 액정 픽셀을 통과하면서 편광이 돌아가지 않게 된다. 즉, 전압을 걸어 준 액정 픽셀에서 빛이 나오게 되는 것이다. 이런 액정 픽셀들을 가지고 2차원 배열을 만든 후, 영상 장비로 이용하는 것이 바로 LCD이다.

의 가장 큰 장점은 전력 소모가 적다는 것이다. LCD는 액정 픽셀 뒤에 BLU라 불리는 광원을 따로 두는데 이 광원의 전력 소모는 매우 작은 편이다. 그리고 액정을 구동하는 과정에서도 적은 양의 전력이 소모되기 때문에 전체적으로 전력 소모가 CRT나 PDP에 비해서 낮다. 최근에는 발광 다이오드, LED를 BLU

로 사용한 LED 텔레비전이 시장을 점차 넓혀 가고 있다. LED 텔레비전은 LED가 LCD를 대체한 것이 아니라 LCD 패널을 사용하되, 액정 픽셀 뒤에 있는 광원이 LED인 것이다.

LCD는 전력 소모가 적다는 큰 장점에도 불구하고, 초기에는 몇 가지 단점들로 인해 널리 사용되지 못했다. 액정을 이용한 초기 디스플레이는 전자 계산기에 주로 이용되었는데, 당시는 제어 가능한 픽셀의 수가 수십 개에 불과했다. 초기 액정 기술은 픽셀 개수를 증가시킬수록 가격이 급상승하는 문제가 있었기 때문이었다. 상대적으로 제작 단가가 저렴했던 PDP 기술에 비하면 치명적인 약점이었다. 하지만 박막 트랜지스터 기술<sup>Thin film transistor, TFT</sup>이 적용되면서, LCD 가격이 급격히 떨어지게 되었다. 최근에는 매우 많은 픽셀을 가진 LCD 디스플레이가 널리 보급되고 있다. 고화질 텔레비전<sup>High-definition TV</sup> 에는 보통 1920×1080개의 액정 픽셀이 들어간다.

LCD의 상용화 초기에 발생한 또 다른 문제점으로는 액정 분자들의 반응 속도가 느리다는 데 있었다. 동영상을 볼 때 잔상이 남는 문제가 있었던 것이다. 초기 액정 픽셀은 전압을 걸었을 때 액정 분자들이 재배열되기까지 1초 정도나 소요되었다. 그러나 이 문제는 액정 제작 기술의 발달로 해결이 되었다. 현재 판매되는 LCD는 분자 재배열에 걸리는 시간이 1,000분의 1초 수준이다. 최근에는 초고화질 LCD라고 해서 3840×2160개의 액정 픽셀로 85인치 대화면 디스플레이를 만든다.

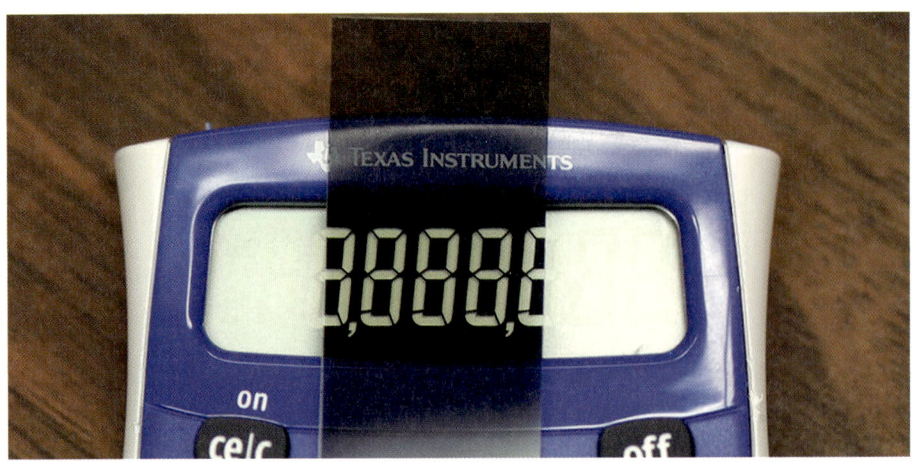



**사진 5.7 초기의 LCD와 편광판의 역할**

액정을 이용한 초기 디스플레이는 전자 계산기에 주로 이용되었는데, 이때는 제어 가능한 픽셀의 수가 수십 개에 불과했다. 액정 앞에 붙어 있는 수직 편광판을 떼어 내면 하얀 액정만 보이고 글자가 보이지 않는다. 각 액정 픽셀에 따라 빛의 편광이 바뀌었지만, 빛의 세기는 같기 때문이다. 하지만 여기에 다시 액정판을 갖다 대면, 특정 방향의 편광만 통과시키기 때문에 액정 픽셀로 표현된 숫자를 읽을 수 있다.


## 화소와 색

LCD 텔레비전 화면을 돋보기로 크게 확대해서 보면 무수히 많은 화소로 이루어져 있다. 그리고 각 화소는 색을 표현하기 위해서 빨강, 초록, 파랑 이렇게 세 가지 부분으로 구성되어 있다. 결국 빨강(R), 초록(G), 파랑(B)의 **세기**만을 잘 조절하면 우리가 보는 다채로운 화면을 만들 수 있다.

LCD 화면에서 이미지를 본다고 하자. 빨강, 노랑, 초록의 파프리카, 그리고 하얀 배경이 한 화면 속에 있을 때, 빨간 파프리카를 구성하는 화소는 R 부분에서만, 노란 파프리카 이미지를 보여 주는 화소들은 R과 G 부분에서만, 그리고 하얀색은 R, G, B 모두가 빛을 내고 있는 것이다. 이렇게 우리가 빨강과 초록은

각 화소는 색을 표현하기 위해서 빨강, 초록, 파랑 이렇게 세 가지 부분으로 만들어져 있다. 결국 빨강(R), 초록(G), 파랑(B) 부분의 세기만을 잘 조절하면 우리가 보는 다채로운 화면을 만들 수 있다. 빨강, 노랑, 초록의 파프리카, 그리고 하얀 배경이 한 화면 속에 있을 때, 빨간 파프리카를 구성하는 화소는 R 부분에서만, 노란 파프리카 이미지를 보여 주는 화소들은 R과 G 부분에서만, 그리고 하얀색은 R, G, B 모두가 빛을 내고 있는 것이다.

노랑으로, 그리고 빨강, 초록, 파랑은 하양으로 지각하는 현상은 색채 동화 Color assimilation 현상에 기인한 것으로 13장 색채 심리에서 자세히 설명하고 있다.

최근 LCD 기술 개발은 얼마나 선명한 영상을 표현하는가라는 요구에 답하기 위한 방향으로 가고 있다. 이를 위해 더 밝은 광원을 BLU로 사용하여 영상의 음영비를 키운다. 예전에는 BLU로 형광등을 사용했지만, 최근 제품들은 LED를 사용하므로 LCD의 밝기가 훨씬 밝아졌다.

그리고 선명한 영상을 표현하기 위해서는 LCD 화소의 크기가 작아야 한다. 애플<sup>Apple</sup> 사의 아이폰<sup>iPhone</sup> 3는 아이폰 4로 업그레이드되면서 레티나 디스플레이<sup>Retina display</sup>를 소개하였다. 이 디스플레이는 330ppi<sup>Pixel per inch</sup>에 이르는 매우 작은 LCD 화소를 갖고 있다. 1인치당 몇 개의 화소가 있는지를 ppi라는 단위로 표현하는데, 현재 사용되고 있는 LCD의 ppi 수치는 대략 100~300ppi 수준이다. Full-HD LCD 텔레비전의 경우 약 100ppi 값을 가진다. 아이폰 3의 LCD는 165ppi였지만, 최신형 아이폰 5의 LCD는 326ppi에 달한다.

## 3차원 영상 기술

### 2차원 디스플레이의 한계: 빛의 세기만 표현

LCD의 화소들은 세 가지 색의 세기를 조절해서 영상을 만든다. 하지만 액정 화면은 2차원 평면에 있고, 액정 화면의 화소들은 빛의 세기만 조절하기 때문에 결국 2차원 영상만 만들 수 있다. 최근 유행처럼 보급되고 있는 3차원 텔레비전은 왼쪽 눈과 오른쪽 눈에 들어가는 영상을 다르게 해 주어 마치 3차원 물체를 보는 것처럼 **착시**를 일으키는 기술이다. 결국 눈에 들어가는 영상은 2차원 정보이다. 진정한 3차원 정보가 아닌 착시 효과이기 때문에 현재 3차원 텔레비전에서 보는 영상은 뭔가 어색하고, 오래 보면 어지러움을 느끼는 경우도 있다.

지금 시판되고 있는 3차원 텔레비전이 착시를 어떻게 이용해서 3차원 정보를 흉내 내는지 살펴보자. 여러 가지 기술이 사용되고 있지만, 가장 흔한 것은 왼쪽 눈과 오른쪽 눈으로 다른 영상이 전달되게 하는 기술이다. 사람의 시각으로 실제 3차원 영상을 보는 것을 생각하면 쉽게 이해가 갈 것이다. 왼쪽 눈을 가리고 보는 풍경과 오른쪽 눈을 가리고 보는 풍경은 서로 다르다. 이 다른 2개의 영상이 뇌에 전달되면 뇌는 순식간에 3차원 지도를 그려서 3차원 공간을 지각하게 된다. 그래서 왼쪽 눈으로 들어가는 영상과 오른쪽 눈으로 들어가는 영상을 달리 하면 3차원처럼 느낄 수 있겠다라는 발상이 제품에 구현된 것이다. 3차원 텔레비전을 볼 때에는 특수한 안경을 써야 한다. 이 특수 안경을 쓰지 않은 채 텔레비전을 3차원 모드로 설정하고 보면 희한한 영상이 나타난다. 오른쪽 눈과 왼쪽 눈으로 각각 들어가야 할 정보가 동시에 보이기 때문이다. 오른쪽 눈으로 들


특수 안경을 쓰지 않은 채 텔레비전을 3차원 모드로 설정하고 보면 희한한 영상이 나타난다. 오른쪽 눈과 왼쪽 눈으로 각각 들어가야 할 정보를 동시에 보여 주기 때문이다. 오른쪽 눈으로 들어갈 정보는 한 편광으로 실어서 보내고, 왼쪽 눈으로 들어가야 할 정보는 다른 편광에 실어서 보낸다. 그리고 특수한 안경을 쓰게 되면 좌우 각 안경에는 편광 필름이 있어서 한쪽 눈에 한 가지 정보만 들어오게 해 주는 것이다.

어갈 정보는 한 편광으로 실어서 보내고, 왼쪽 눈으로 들어가야 할 정보는 다른 편광에 실어서 보낸다. 그리고 특수한 안경을 쓰게 되면 안경의 좌우 각각에 편광 필름이 있어서 한쪽 눈에 한 가지 정보만 들어오게 해 주는 것이다.

이 책을 방에서 읽는 상황에 대해 설명해 보자. 여러분이 앉아서 책을 보는 자리에서 보면 이 책은 바로 앞에 있고, 그 뒤에 책상 같은 가구들이 있을 것이고, 그리고 더 멀리 창문 너머 바깥 풍경이 보일 것이다. 여러분은 지금 눈앞에 펼쳐진 실제 3차원 영상을 그대로 느끼고 있다. 그런데 여러분이 그 자리에서 사진을 찍고 들여다보면, 책, 책상, 바깥 풍경이 모두 다 사진 속에 고스란히 들어 있지만, 사진은 2차원 평면에 영상 이미지가 기록된 결과이다. 사진을 보면서

**사진 5.10  2차원 사진에 기록된 3차원의 기억**
실제 그 자리에 서서 눈앞에 펼쳐지는 모습을 보는 것과 사진을 찍어서 보는 것은 정말 다르다.(사진: KAIST 학부 기숙사 앞)

머릿속에서 3차원 공간을 인지해 낼 수는 있지만, 실제 3차원 영상을 보는 것은 아니다. 실제로 그 자리에 서서 눈앞에 펼쳐지는 모습을 보는 것과는 다른 것이다. 여행을 가서 멋진 풍경을 눈으로 볼 때의 감흥과 그 경관을 사진으로 찍어서 보는 것이 정말 다른 것처럼 말이다.

### 현재의 3차원 텔레비전 기술: 좌우 눈의 시각 차이와 편광 기술 이용

그럼 우리가 일상생활에서 다루는 기기들은 빛을 불완전하게 다루는가? 그렇다. 지금 사용되는 거의 모든 전자 기기들은 빛의 세기만을 다룬다. CRT, PDP, LCD로 보는 영상은 빛의 세기만을 조절하여 만들어진 정보다.

실제와 똑같은 3차원 영상을 만들기 위해서는 3차원 정보가 필요한데, 지금 시판되고 있는 3차원 텔레비전들은 2차원 정보 두 가지만으로 3차원 착시 효과를 주려다 보니 한계점이 많이 지적되고 있다. 예를 들어, 텔레비전을 정면에서 볼 때만 3차원 효과를 느낄 수 있고 옆에서 보면 효과가 사라진다. 일부 사람들은 선천적으로 이런 3차원 착시 효과를 느끼지 못하기도 하고 어지럼증이 생기기도 한다.

진정한 3차원 영상이란 야외에서 우리가 멋진 자연 풍광을 보았을 때 눈으로 들어오는 빛과 같은 정보이다. 창문을 통해 밖을 내다볼 때 얻는 이미지, 아니 창문을 통해 들어오는 광학 정보는 자연이 만들어 주는 완벽한 3차원 영상이다. 각 지점에서 세기도 있고, 방향도 있는 진정한 홀로그래피인 것이다. 아무리 크고 좋은 LCD 텔레비전을 창문에 붙여 놓고 야외 풍경의 영상을 보여 주더라도, 2차원 텔레비전 프레임 안의 각 지점에서 빛의 세기만을 조절하는 장치로는 3차원 영상을 만들 수 없다. 실제 창문을 통해 보면 바로 앞 가로등과 멀리 떨어진 아파트, 그리고 훨씬 더 멀리 있는 산에서 오는 빛은 분명히 다르게 눈으로 들어온다. 출발하는 점이 달라서 빛의 방향 정보가 다른 위상 정보로 들어오는데, 이것이 바로 진정한 3차원 정보이다.

일상생활에서 보는 빛은 어떤 물체에서 출발을 한 후 넓게 퍼지면서 전파되는 데, 빛이 얼마나 넓게 퍼져 있는가라는 위상 정보는 바로 그 빛이 얼마나 멀리에서 출발했는가를 알려 주는, 즉 빛의 방향을 나타내는 정보이다. 이것이 3차원 정보를 제공한다. 예를 들어 창문 바로 앞에 있는 가로등에서 출발한 빛들은 전파된 거리가 가깝기 때문에 좁게 퍼져 있을 것이고, 저 멀리 산에서 보이는 보이는 빛들은 많이 퍼져서 들어오게 된다. 우리 눈은 가까이서 출발한 빛과 멀리서 출발한 빛을 바로 3차원적으로 느낄 수 있다. 그러나 일반적인 카메라로는 빛의 방향 정보를, 즉 어디에서 출발한 빛인지를 알 수 없고, 빛의 세기만을 사진에 담기 때문에 2차원 정보만을 가진다.

# 홀로그래피

### 홀로그래피 TV: 궁극의 3차원 영상 기술

진정한 3차원 영상을 구현해 내기 위해서는 어떤 기술이 필요한가?

실제 풍경을 볼 때의 우리 눈, 특히 동공의 작은 구멍으로 들어오는 빛과 동일하게 만들어 줄 수 있다면 가능하다. 이를 위해서는 빛의 세기와 방향을 모두 제어해야 한다. 궁극의 3차원 영상 기술을 만들기 위해서는 빛의 세기와 방향을 완벽하게 측정하고 재현해 내는 기술이 필요한 것이다. 현재 시판되고 있는 영상 기기는 빛의 세기는 매우 정교하고 정확하게 제어하지만 빛의 방향을 제어하지는 못한다. 빛의 방향을 제어한다는 것은 곧 빛의 위상을 제어한다는 것이다. 빛의 속도를 일반적인 전자 기기가 따라갈 수 없는 탓에 빛의 위상을 측정하고 제어하는 것은 결코 쉽지 않다. 일반적으로 전자 기기가 데이터를 다루는 속도보다 빛이 진동하는 속도가 수만 배 빠르다.

2000년 이후 빛의 위상을 제어하는 여러 기술들이 속속 개발되고 있다. 앞서 설명했듯이 현재 시중에 나와 있는 3차원 텔레비전은 양쪽 눈에 다른 영상을 보여주어 착시로 인해 3차원 이미지를 구현하고 있지만 머지않은 미래에는 빛의 세기와 위상을 완벽히 제어하는 홀로그래피 기술을 사용한 진정한 3차원 디스플레이가 나타날 것이다.

## 광학 기술과 정보의 양

아직까지 홀로그래피 3차원 텔레비전이 시중에 나와 있지 않은 이유는 무엇일까? 홀로그래피는 이미 1950년대에 기본 기술이 개발되었다. 핵심 기술을 최초로 개발한 데니스 가버Dennis Gabor 에게는 노벨 물리학상이 돌아갔다. 여러 가지 홀로그래피 기술과 원리가 알려져 있고, 실험실 수준에서는 많이 개발되고 있다. 하지만 문제는 정보의 양이 엄청나게 많다는 것이다. 3차원 영상은 2차원 영상에 비해서 훨씬 많은 정보를 담고 있기 때문에 처리하기가 쉽지 않다.

점을 찍어 그림을 그리는 점묘화에 비유해서 정보의 양을 생각해 보자. 예를 들어 2차원 그림을 점묘화처럼 표현한다고 생각하면, 가로로 100개, 세로로 100개의 점을 찍어서 2차원 그림을 그릴 때 모두 필요한 정보의 개수는 100×100, 즉 1만 개이다. 그런데 가로, 세로, 깊이로 각 100개의 점을 찍어서 3차원 영상을 만든다고 생각하면, 필요한 정보의 양은 100×100×100, 그러니까 100만 개의 정보가 필요하게 된다. 비슷한 상황에서 2차원 영상은 1만 개의 정보가 필요했는데, 3차원 영상은 정보 100만 개가 필요하니 3차원 영상을 표현하기 위해서는 2차원 영상을 찍고 표현하는 기술과는 전혀 다른 훨씬 뛰어난 성능의 기술이 나와야 하는 것이다. 3차원 영상으로 움직이는 동영상을 만들려면 훨씬 더 문제가 어려워진다.

하지만 현재 세계 여러 나라에서 활발히 연구 중에 있고 조만간에는 홀로그래피 3차원 텔레비전을 집에서 볼 수 있는 날이 올 것이다. 만약 홀로그래피 3차원 텔레비전으로 영화를 본다면, 배우가 실제로 내 눈앞에 서 있는 듯이, 총알이 바로 곁을 지나가는 듯이 생생하게 느끼며 영화를 볼 수 있을 것이다. 이러한 홀로그래피 텔레비전으로 게임을 한다면 더욱 실감이 날 것이다. 실제로 홀로그래피 기술을 이끄는 중요한 응용 분야 중 하나가 바로 비디오 게임이기도 하다.

## 홀로그래피 미술 작품

홀로그래피 3차원 동영상을 볼 수 있는 디스플레이 기술은 지금 연구 중이지만, 홀로그래피 사진은 오래전부터 상당히 기술 개발이 이루어져 특정 분야에서 사용되고 있다. 대표적인 것이 홀로그래피 미술 작품이다. 과학 박물관에 가면 홀로그래피 미술 작품들이 전시된 것을 볼 수 있다.

예를 들어, 다람쥐의 홀로그래피 사진의 경우, 정면에서 보면 다람쥐의 앞 모습이 보이는데, 한 발자국 옆으로 움직여서 같은 사진을 보면 다람쥐의 옆 모습을 볼 수 있다. 일반적인 2차원 사진은 정면에서 보나 옆에서 보나 같은 영상을 주지만, 홀로그래피 사진은 빛의 3차원 정보를 가지고 있기 때문에 보는 지점에 따라서 다른 영상을 볼 수 있는 것이다.

홀로그래피 사진이 보는 각도에 따라 다른 정보를 주는 점을 이용하면, 사진을 보는 각도에 따라서 사진 속 대상물이 움직이는 듯한 효과를 줄 수도 있다. 한

다람쥐의 홀로그래피 사진의 경우, 정면에서 보면 다람쥐의 앞 모습이 보이는데, 한 발자국 왼쪽으로 움직여서 같은 사진을 보면 다람쥐의 옆 모습을 볼 수 있다. 일반적인 2차원 사진은 정면에서 보나 옆에서 보나 같은 영상을 주지만, 홀로그래피 사진은 빛의 3차원 정보를 가지고 있기 때문에 보는 지점에 따라서 다른 영상을 볼 수 있다.

신용 카드는 위조 방지 목적으로 비둘기 영상이 담긴 홀로그래피 사진을 카드에 붙여 놓았는데, 보는 각도에 따라서 조금씩 다른 영상들을 볼 수 있어서 카드를 조금씩 들어 보면 비둘기가 날개짓을 하는 것처럼 보이기도 한다. 이런 홀로그래피 사진 기술은 미술 분야에서 새로운 미디어로 최근 사용이 늘고 있고, 건축물과 같이 입체감 있는 영상을 보여 줄 필요가 있는 분야에서도 일부 사용되고 있다.

이런 홀로그래피 사진은 보통 약간 금속성 색을 띠는 얇은 필름에 기록된다. 최근에는 말랑말랑한 반투명 플라스틱 재료도 많이 사용되고 있다. 이 홀로그래피 필름에는 물체의 3차원 영상을 기록할 수 있어서 영상이 기록된 필름을 앞에서 보면 마치 실제 물체가 눈앞에 떠 있는 것처럼 보이고, 3차원 형상이 정말 실감이 나서 손으로 잡을 수 있을 것 같기도 하다.

홀로그래피 필름을 만들기 위해서 광각 물질이라는 특수한 재료를 사용한다. 이

홀로그래피는 일반적으로 빛의 간섭을 이용하여 빛의 세기와 방향 정보를 얇은 홀로그래피 필름에 기록한다. 빛의 간섭성이 좋은 레이저가 광원으로 주로 사용된다.

재료는 빛에 노출되면 재료의 광학적인 성질이 변한다. 노출될 때 빛의 방향을 기록해 놓았다가, 다시 빛이 들어오면 그 방향대로 빛을 틀어서 보내 주기 때문에 빛의 3차원 정보, 즉 세기와 방향 정보를 기록하고 재생할 수 있는 것이다. 다시 말해서 이러한 홀로그래피 필름의 원리는 빛의 세기와 방향을 모두 기록하는 것이 핵심이다.

예를 들어 도자기의 홀로그래픽 필름을 만들겠다고 하면, 도자기를 앞에 두고 카메라와 같은 영상 장치를 통해 도자기에서 산란된 빛을 홀로그래피 필름에 쬐어 3차원 빛 정보를 기록한다. 복잡한 현상 과정을 거쳐야 하는 필름 카메라와는 달리, 홀로그래피 필름은 빛만 다시 쬐어 주면 원래 기록되었던 3차원 빛이 그대로 다시 만들어지는 신기한 성질을 지녔다. 그래서 이렇게 만들어진 홀로그래피 필름을 미술관 벽에 걸어 두면, 관람객은 홀로그래피 사진이 찍힌 물체의

3차원 영상을 볼 수 있게 되는 것이다.

홀로그래피 사진은 아직 미술 작품과 같은 일부 분야에서만 사용되고 있는데, 널리 사용되지 못하고 있는 가장 큰 이유는 일반 필름 사진과는 달리 레이저와 같은 특수한 빛을 사용해서 오랜 시간 동안 노출을 해야 사진이 기록된다는 단점 때문이다.

최근에는 이런 문제점을 해결하기 위해서 완전히 새로운 개념의 카메라가 나오기도 했다. 미국 스탠퍼드 대학교 Stanford University 에서는 3차원 영상을 기록할 수 있는 카메라, 리트로 Lytro 를 개발해서 판매하고 있다. 이 카메라의 원리를 이용하면 한 번 찍은 사진을 초점을 바꾸어 가면서 재생할 수도 있다. 일반 카메라로는 한 번 사진을 찍고 나면 초점을 바꿀 수 없지만 리트로를 사용하면 사진을 찍고 나서도 초점을 마음대로 바꾸어 가면서 볼 수 있다. 이 신기한 카메라가 바로 홀로그래피 기술을 이용한 것으로, 일반적인 디지털 카메라 앞에 빛을 특정 방향으로 산란시킬 수 있는 필름을 넣고 사진을 찍은 다음, 컴퓨터로 수학적인 계산 처리를 해서 원래 들어오던 빛의 세기와 방향을 알아내는 방식을 그 원리로 하고 있다.

## 홀로그래피 기술의 응용

홀로그래피 기술은 다양한 분야에 응용되고 있는데 그중 하나가 위조 방지 기술이다. 앞에서 설명한 것처럼 신용 카드에 붙어 있는 위조 방지용 스티커가 바로 홀로그래피 필름이다. 신용 카드에 홀로그래피 스티커를 사용하는 이유는 복제가 어렵기 때문이다. 2차원 라벨은 쉽게 따라 만들 수가 있지만, 홀로그래피 스티커를 만들기 위해서는 3차원 정보, 즉 홀로그래피 스티커 사진을 찍기 위해

**사진 5.13 위조 방지 홀로그램**

영국 파운드 지폐에 있는 위조 방지 홀로그램은 보는 각도에 따라 다른 이미지가 보인다. 여러 가지 이미지가 다른 각도에서 홀로그램으로 기록된 탓에 빛이 반사되면 홀로그램에 기록된 이미지들이 각기 다른 각도로 나오게 된다.

사용된 그 실제 대상물이 없으면 위조하기가 매우 어렵다. 3차원 영상이므로 정보의 양이 훨씬 많은 것이다. 그래서 홀로그래피 스티커는 위조가 의심되는 값비싼 물품에 주로 사용된다. 1만 원권 지폐를 보면 세종대왕 초상화 왼쪽에 은색 딱지가 붙어 있는데, 이것 또한 위조 방지용 홀로그래피 사진이다. 신용 카드나 지폐뿐만 아니라, 가짜를 가려내기 위해서 고급 양주 라벨을 홀로그래피 사진으로 만들기도 한다.

이 홀로그래피 필름 기술은 곧 머지않은 미래에 암호화 용도로도 사용될 수 있다. 예를 들어, 현재 인터넷 뱅킹 보안을 위해 주로 사용되는 장치인 보안 카드가 있다. 이 보안 카드는 숫자들의 조합으로 이루어져 있어서 다른 사람에게 노출되면 쉽게 복제가 될 수 있다. 아무리 복잡한 암호화 기술이라고 해도 해독키는 일정한 양의 정보만을 가지고 있기 때문이다. 그러나 어떤 정보를 암호화하고 그 암호를 해독하는 데 필요한 해독키를 홀로그래피 필름으로 사용한다면, 그 홀로그래피 필름을 똑같이 복제하기는 매우 힘들기 때문에 매우 효과적으로 정보를 지킬 수 있게 된다. 예를 들어, 나쁜 의도를 가진 사람이 어깨 너머로 내 보안 카드를 보고 있다면 그 숫자들을 옮겨 적기만 해도 동일한 보안 카드를 만들 수 있다. 하지만 홀로그래피 보안 카드를 복사해서 만들기는 정말 어렵다. 각도에 따라 다른 정보가 기록되어 있기 때문이다. 보는 각도를 다 바꾸어 가면서 영상을 기록하고, 또 그렇게 기록된 영상들을 만들어 낼 수 있는 홀로그래피 필름을 복제하려면 매우 많은 정보를 기록해야 한다.

또한 3차원 정보를 기록할 수 있는 홀로그래피의 특성을 활용하여 데이터 저장 장치로 쓸 수도 있다. 예를 들어, CD나 DVD에는 2차원 디지털 정보가 기록되는데 홀로그래피 데이터 저장 기술은 정보를 3차원으로 기록하기 때문에 같은 크기의 저장 매체에 훨씬 더 많은 정보를 기록할 수 있다.

## 디지털 홀로그래피

홀로그래피 필름은 물체의 3차원 영상을 기록하고 재생할 수 있지만 해결해야 할 몇 가지 중요한 문제점들이 있다. 가장 중요한 문제는 동영상 기록이 안 된다는 점이다. 한 번에 하나의 영상만을 기록할 수 있기 때문에, 3차원 물체의 동영상을 기록하기는 어렵다. 그리고 3차원 영상 기록을 위해서는 대부분의 경우 특수한 레이저를 사용하기 때문에 디지털 카메라로 사진을 촬영하듯이 손쉬운 일은 아닌 것이다.

이러한 홀로그래피 기술의 문제점들을 해결하기 위해서 홀로그래피 필름의 대안으로 개발된 것이 바로 디지털 홀로그래피이다. 디지털 홀로그래피는 빛의 세기와 방향을 디지털 영상 기록 장치로 저장했다가, 다시 디지털 기기로 빛의 세기와 방향을 재현해 내는 기술이다. 홀로그래피 필름은 보통 한 번만 기록할 수 있다. 일부 필름은 여러 번 사용이 가능하긴 하지만, 이전 정보를 계속 지워 가면서 다시 기록하는 과정이 광학적으로 그리 간단하진 않다. 이렇게 불편한 홀로그래피 필름 대신 디지털 영상 기술을 이용하자는 아이디어가 바로 디지털 홀로그래피의 시작이다.

디지털 카메라 같은 일반적인 디지털 영상 측정 장치를 빛의 세기와 방향까지 모두 측정하는 홀로그래피 기술에 접목시키려면 빛의 간섭을 이용해야 한다. 그런데 일반적인 디지털 카메라로는 빛의 세기만 측정하지 방향 정보는 측정할 수가 없다. 디지털 기기로 빛의 방향 정보를 직접 측정하기 어려운 이유는 빛의 방향 정보가 담겨 있는 빛의 파동의 진동 속도가 전자 기기의 속도보다 수천 배에서 수십만 배 빠르기 때문이다. 디지털 카메라로 아무리 짧은 시간 동안 측정을 하더라도 그 시간 동안 빛은 이미 수천 번 이상 진동하였으므로 방향 정보는 모두 사라져 버린 것이다.

그래서 빛의 방향 정보는 간접적으로 측정할 수밖에 없는데, 이때 사용하는 원리가 바로 빛의 간섭이다. 빛을 직접 카메라로 찍으면 빛의 속도를 카메라가 도저히 따라갈 수 없지만, 비슷한 빛을 다른 방향에서 오게 해 주면, 두 빛이 만나서 밝은 점들과 어두운 점들로 이루어진 특정한 빛의 세기 패턴을 가진 그림을 만들어 낸다. 이런 패턴을 앞에서도 설명했듯이 간섭무늬라고 하며 이를 토대로 빛의 세기와 방향 정보를 알아낼 수 있다. 호수 위에 물결 2개가 서로 만나면서 상호 작용으로 물결이 더 높아지는 점과 낮아지는 점이 생기는 패턴을 보고 물결이 어디에서 시작해서 왔는지 알 수 있는 것과 같은 원리이다.

a. 액정 디스플레이의 구조를 알아보자. 가능하다면 사용하지 않는 LCD 모니터를 분해해서, 앞의 편광 필름을 떼어 내 액정과 편광의 원리를 확인해 보자.

b. 디스플레이의 픽셀 사이즈가 얼마나 작아져야 사람의 눈이 그 차이를 느끼지 못할까?

c. 삼성과 LG는 각각 다른 방식으로 3차원 TV를 구현하는데 그 차이를 알아보자.

d. 다양한 체적 표시 3차원 TV 구현 방식에 대해 알아보자.

# 6장

# 빛의 측정

광학 영상을 기록하고 측정하는 기술은 지난 수십 년간 급격히 진보해 왔다. 불과 100여 년 전만 해도 눈으로 보는 영상을 기록하기 위해서는 그림을 그려서 남길 수밖에 없었다. 1880년 필름 기술이 등장하면서 물체의 영상을 흑백으로 기록해 두었다가 나중에 다시 볼 수 있게 되었다. 이후 CCD가 개발되면서 광학 영상을 최초로 디지털 정보로 기록하게 된 것이 불과 40여 년 전의 일이다. 그런데 지금은 인공위성에서 지상에 있는 차량 번호판 숫자를 읽을 수 있고, 시각을 잃은 사람에게 시각을 뇌로 전달해 주는 기기를 이식<sup>Implant</sup>하는 기술도 개발되었다.

**사진 6.1  형광 현미경**
KAIST 생명 과학과의 실험 진행 모습. 세포 내부 측정 단백질에서 나오는 미세한 빛을 현미경으로 확대시키고, 이를 디지털 카메라를 이용해 기록한다.

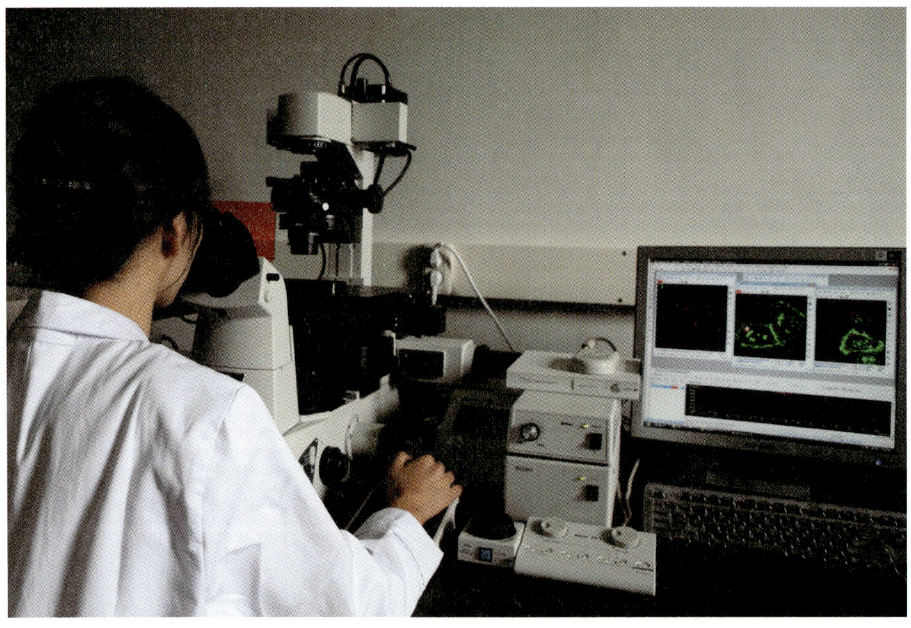

## 광학 영상 시스템

지금 여러분은 이 책의 글자들을 보고 있다. 글자들의 광학 정보들은 망막에 영상으로 맺히고, 이 빛의 신호들이 망막 세포를 통해 뇌에 전달되어 정보로써 이해되는 것이다. 이 과정 중 물체의 상이 맺히는 것을 광학 영상이라고 한다.

2장에서 설명하였듯이 광학 영상을 위해서는 우선 물체가 있어야 한다. 물체가 빛을 받으면 물체의 각 지점들은 빛을 산란시킨다. 각 지점에서 산란된 빛들은 구면파의 형태로 공간을 통해 전파되어 나가는데, 이때 전파되어 나가는 공간에 스크린을 갖다 놓으면 이미지가 보이지 않는다. 빛이 없기 때문이 아니라 구면파로 전파되고 있는 빛의 에너지 밀도가 낮기 때문에 스크린에서 확실하게 보이지 않는 것이다. 이렇게 구면파로 퍼져 나가는 정보를 한 점으로 다시 모아 주어야 우리 눈으로 볼 수 있고 또한 측정이 가능하게 되는데, 우리 눈의 수정체가 이런 역할을 한다. 퍼져 나가던 구면파들은 수정체를 통과하고 굴절되면서 모여드는 구면파들로 변환된다. 이 구면파들이 망막의 각 지점에서 광 초점을 만들게 된다. 각기 다른 위치에서 산란된 구면파들은 망막 면에서도 서로 다른 지점들에 맺히고 결과적으로는 원래의 물체가 상하좌우가 역전된 형태로 망막에 맺히게 된다.

광학 영상의 핵심은 퍼져 나가는 빛들을 모아 주는 역할을 하는 렌즈이다. 한 점에서 출발한 점들이 다른 공간에서 한 점으로 맺혀야 광학 영상을 만들 수 있다. 가장 간단한 광학 영상을 렌즈를 사용하여 만들 수 있다. 렌즈는 굴절의 원리를 이용해서 빛을 모아 준다. 평면파가 초점 거리 $f$인 볼록 렌즈를 지나가면, 빛이 모이다가 렌즈 앞쪽 $f$ 위치에서 광 초점이 생긴다. 그리고 초점이 생긴 이후 빛

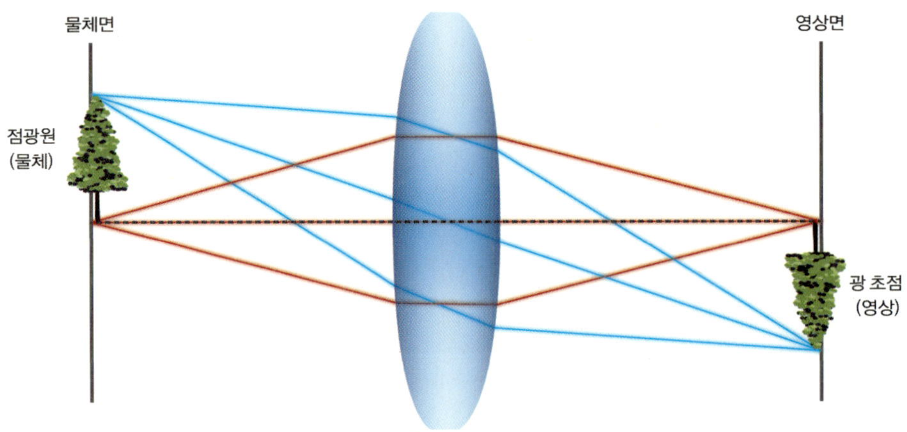


**그림 6.2  단일 렌즈에 의한 광학 영상**

광학 영상의 핵심은 퍼져 나가는 빛들을 모아 주는 역할을 하는 렌즈이다. 한 점에서 출발한 점들이 다른 공간에서 한 점으로 맺혀야 광학 영상을 만들 수 있다. 가장 간단한 광학 영상을 렌즈를 사용하여 만들 수 있다. 렌즈를 이용하면 한 지점에서 출발한 빛을 다른 지점에서 초점으로 만들 수 있다.

은 다시 퍼져 나간다. 평면파가 초점 거리 $f$인 오목 렌즈를 지나가면, 렌즈 뒤쪽 $f$ 위치에 점광원이 있는 것처럼 빛이 퍼져 나간다.

**그림 6.3  렌즈의 역할**

평면파가 초점 거리 $f$인 볼록 렌즈를 지나가면, 빛이 모이다가 렌즈 앞쪽 $f$ 위치에서 광 초점이 생긴 이후 다시 퍼져 나간다. 평면파가 초점 거리 $f$인 오목 렌즈를 지나가면, 렌즈 뒤쪽 $f$ 위치에 점광원이 있는 것처럼 빛이 퍼져 나간다.

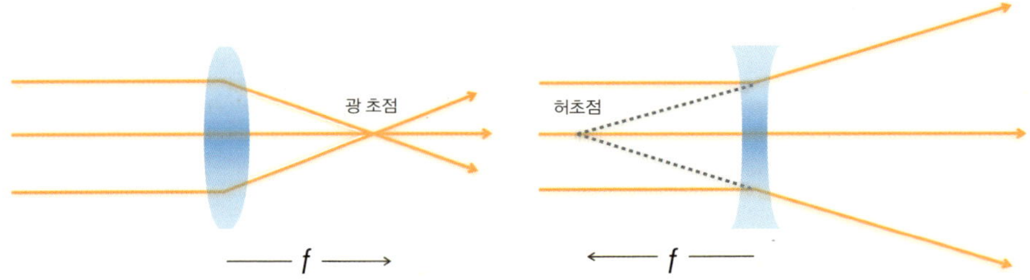

# 렌즈를 사용한 영상

## 단렌즈를 사용한 영상

우선 렌즈를 이용해 광학 영상 시스템을 이해하고 제작하는 데 매우 유용한 몇 가지 기본적인 광학 배치를 다뤄 보기로 하자. 가장 간단한 광학 시스템은 단렌즈를 이용하는 것이다. 단렌즈를 사용하면 물체의 광학 영상을 쉽게 얻을 수 있다.

초점 거리가 $f$인 단렌즈에서는, 렌즈에서 왼쪽으로 $S_1$만큼 떨어진 물체의 영상이 렌즈에서 오른쪽으로 $S_2$만큼 떨어진 곳에 맺히게 된다. 이 경우 렌즈의 초점 거리와 $S_1$, $S_2$ 사이에는 다음 관계식이 성립한다.

(식 6.1)
$$1/S_1 + 1/S_2 = 1/f$$

위 관계식을 단렌즈에 의한 영상 조건 Imaging condition 이라고 한다. 여기서 물체에서 산란된 광학장 Optical field 은 렌즈를 지나 굴절되면서 한 점에 모여 광 초점을 형성

그림 6.4  단렌즈를 이용한 영상 조건

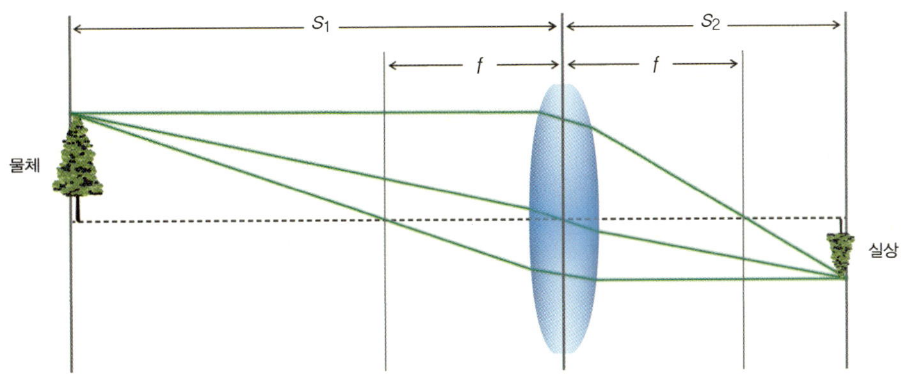

하게 되는데, 이를 실상$^{Real\ image}$이라고 한다. 실제로 높은 광학 에너지 밀도를 가지는 광 초점이 존재하기 때문에, 이 위치에 스크린을 위치시키면 물체의 상을 볼 수 있다. 그리고 이 수식은 렌즈가 오목 렌즈인 경우에도 성립한다. 오목 렌즈의 경우 관용적으로 초점 거리를 음수로 사용하면 영상 조건 수식을 그대로 사용할 수 있다.

오목 렌즈를 사용한 영상 시스템에서, $S_2$ 값, 즉 렌즈로부터 이미지까지의 거리가 음수가 나오는 경우가 있다. 이때 렌즈를 통과한 빛을 시각과 같은 다른 영상 시스템으로 보게 되면, 마치 허상$^{Virtual\ image}$이 렌즈로부터 $S_2$만큼 떨어진 왼쪽에 있는 것처럼 보인다. $S_2$ 위치에 스크린을 갖다 대면 이미지가 맺히지는 않는다. 실제 $S_2$ 위치에서 측정되는 빛은 물체에서 산란된 빛, 즉 실선으로 표시된 에너지 밀도가 낮은 구면파들이다. 따라서 빛이 아주 약간 스크린에 맺힐 뿐이고 물체의 영상을 볼 수는 없다. 하지만 렌즈 건너편 오른쪽에서 보면, 마치 빛이 $S_2$ 위치에서 산란되어 나오는 것처럼 보이기 때문에 이를 **허상**이라고 한다.

## 2–*f*와 4–*f* 영상 시스템

대부분의 영상 시스템은 단렌즈들의 조합으로 구성된다. 이때 많이 사용하는 것이 2–*f* 또는 4–*f* 영상 시스템이다. 2–*f* 시스템에서는 초점 거리 *f*를 가지는 볼록 렌즈 앞 2*f* 거리만큼에 위치한 물체의 상이 렌즈 뒤 2*f* 거리에 맺히게 된다. 물체의 상은 위와 아래가 역전되며, 이때 확대 배율은 1이다. 즉, 물체의 상이 그대로 1배율로 전달되는 것이다. 2–*f* 시스템은 단렌즈를 이용한 영상 조건 중 한 가지이다. $S_1 = 2f$이고 $S_2 = 2f$일 때 영상 조건이 만족된다.

4–*f* 시스템은 2개의 볼록 렌즈를 이용하는 영상 조건인데, 여러 가지 장점이 있어서 거의 모든 광학 장비에 4–*f* 시스템이 사용된다. 초점 거리가 각각 $f_1$과 $f_2$

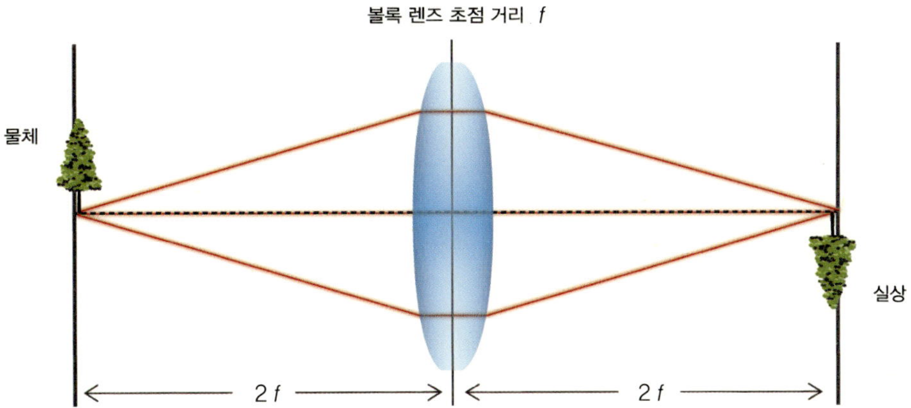


**그림 6.5  2–$f$ 영상 시스템**

초점 거리 $f$를 가지는 볼록 렌즈 앞 $2f$ 거리에 위치한 물체의 상이 렌즈 뒤 $2f$ 거리에 맺히게 된다. 물체의 상은 위아래가 역전되며, 확대 배율은 1이다. 즉 물체의 상이 그대로 1배율로 전달된다. 2–$f$ 시스템은 단 렌즈를 이용한 영상 조건 중 한 가지이다.

인 볼록 렌즈를 준비하여 렌즈 사이의 거리를 $f_1 + f_2$가 되도록 배치한다. 그리고 물체를 첫 번째 렌즈의 앞쪽으로 $f_1$ 떨어진 위치에 놓으면, 물체의 상은 두 번째 렌즈의 뒤쪽으로 $f_2$만큼 떨어진 위치에 맺히게 된다.

4–$f$ 시스템은 다음과 같은 장점들로 인해 다양한 분야에 응용되고 있다. 첫째, 4–$f$ 영상 시스템은 빛의 세기뿐만 아니라 빛의 파형을 그대로 전달한다. 일반적인 영상 시스템은 빛의 세기만을 영상화하지만, 4–$f$ 시스템은 파동으로서의 빛, 즉 광학장을 구현한다. 예를 들어, 점광원을 다시 광 초점으로 영상화하는 데에는 2–$f$ 영상 시스템과 4–$f$ 영상 시스템 모두 문제가 없다. 하지만 다른 극단의 경우인 평면파를 생각해 보자. 평면파를 4–$f$ 영상 시스템을 이용하여 전달하면, 우선 첫 번째 렌즈를 통과하여 $f_1$인 위치에 광 초점이 생긴다.(렌즈의 초점 거리 정의) 광 초점은 두 번째 렌즈에서 앞쪽으로 $f_2$만큼 떨어져 있기 때문에, 이 광 초점이 두 번째 렌즈를 통과하면 다시 평면파가 되어 전파된다. 4–$f$ 영상 시

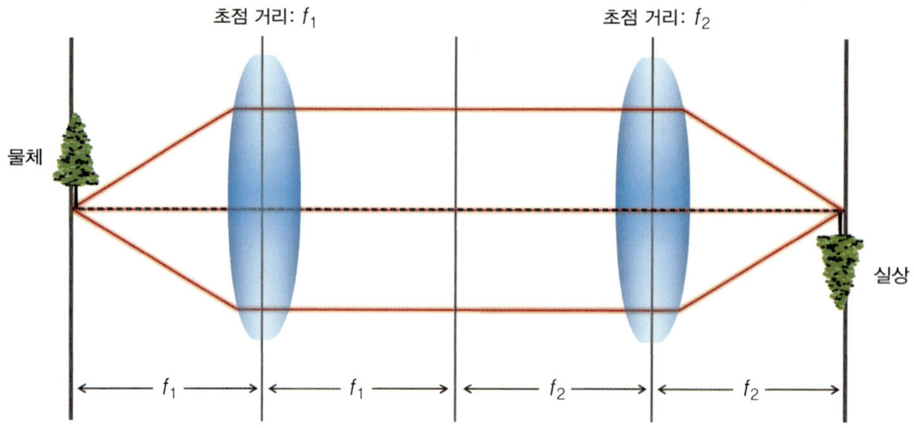


**그림 6.6  4–$f$ 영상 시스템**

4–$f$ 영상 시스템은 2개의 볼록 렌즈를 이용하는 영상 조건인데, 여러 가지 장점이 있어서 거의 모든 광학 장비에 사용되고 있는 기술이다. 초점 거리가 각각 $f_1$과 $f_2$인 볼록 렌즈를 준비하여 렌즈 사이의 거리를 $f_1 + f_2$가 되도록 배치하고, 물체를 앞쪽 렌즈 왼쪽으로 $f_1$ 떨어진 위치에 놓게 되면, 물체의 상은 뒤쪽 렌즈 오른쪽으로 $f_2$만큼 떨어진 위치에 맺히게 된다.

스템에서는 점은 점으로, 평면파는 평면파로 영상화가 된다. 일반적으로 임의의 광학 파동은 4–$f$ 영상 시스템으로 그대로 전달할 수 있다. 이에 반해 2–$f$ 시스템에서는 점광원은 무리 없이 광 초점으로 영상화할 수 있지만 평면파가 2–$f$ 시스템을 통과하고 나면 렌즈의 초점 거리 $f_1$ 위치에 초점광이 되고, $2f$ 위치에서는 평면파가 아닌 이 초점광에 전파되는 구면파를 관측하게 된다.

두 번째 특징은 4–$f$ 영상 시스템에서는 확대 배율을 렌즈의 초점 거리를 이용하여 정할 수 있다는 점이다. 4–$f$ 영상 시스템으로 전달되는 광학 영상의 가로 확대 비율<sup>Lateral magnification</sup>은 $f_2/f_1$로 정해진다. 각 확대율<sup>Angular magnification</sup>은 $f_1/f_2$이다. 일반적인 영상 시스템에서 가로 확대 비율과 각 확대율의 곱은 1로 정해진다.

# 필름 현상의 원리

디지털 카메라를 사용하게 되면서 지금은 필름 카메라를 거의 사용하지 않지만, 얼마 전까지만 하더라도 사진을 찍는다고 하면 필름 카메라 외에는 대안이 없었다. 카메라에 쓰인 필름은 빛의 세기에 따라서 필름의 광학 성질이 바뀌는 것을 이용한다. 이렇게 성질이 바뀐 필름에 현상과 인화 처리를 하면 2차원 사진을 얻을 수 있다. 구체적으로는 필름 속에 은 화합물이 들어 있는데 이 물질은 빛에 아주 예민하게 반응한다. 그래서 사진을 찰칵 하고 찍는 그 짧은 시간 동안, 필름에 빛이 들어가면 은 화합물은 필름의 각 지점에 들어온 빛의 세기에 따라서 성질이 변하게 된다. 이렇게 변화된 은 화합물은 눈에 바로 보이지 않는다. 하지만 현상이라는 과정을 통해 이 은 화합물을 검정색으로 변색시키고 은 화합물이 변색된 필름을 사진 용지에 옮겨 담는 인화를 거치면, 드디어 카메라에 담긴 인물이나 광경이 우리 눈에 보이게 된다.

지금은 대부분 디지털 카메라를 사용하고 있지만, 수년 전만 해도 필름 카메라로 사진을 찍어서 동네 사진관에서 현상과 인화를 맡긴 후 며칠을 기다렸다 설레는 마음으로 사진을 찾아오곤 했다.

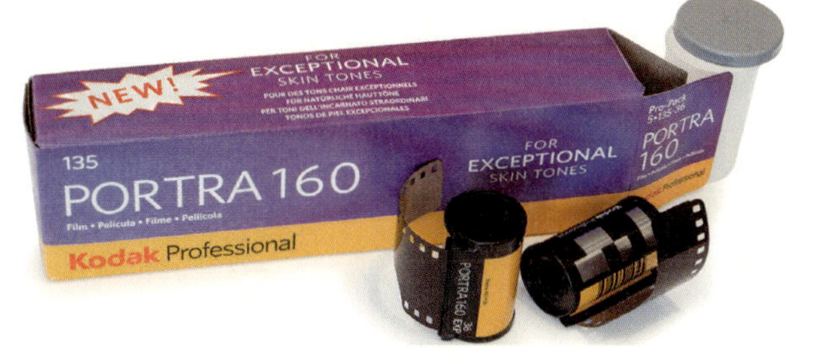


**사진 6.7  카메라 필름**
카메라에 사용되는 필름은 빛의 세기에 따라서 필름의 광학 성질이 바뀌는 것을 이용한다. 이렇게 성질이 바뀐 필름에 현상과 인화 처리를 하면 2차원 사진을 얻을 수 있다. 사진은 이스트만 코닥(Eastman Kodak) 사의 필름.

# 디지털 이미지 디바이스의 원리

## CCD

이제 디지털 카메라를 살펴보자. 예를 들어 휴대 전화에 부착되어 있는 카메라를 생각해 보면 된다. 휴대 전화의 카메라는 외부에서 들어오는 빛을 렌즈를 사용해서 카메라의 화소로 모아 영상을 기록한다. 카메라의 화소는 각 지점에서 들어온 빛의 **세기**만을 측정해서 2차원 영상을 얻을 수 있게 한다. 카메라 렌즈를 통해 외부에서 들어온 빛은 카메라 화소들이 있는 곳에서 물체의 영상으로 맺히게 된다. 예를 들어, 사과를 카메라로 찍으면, 사과 표면에서 빛이 강하게 산란된 지점은 센 신호로 빛의 세기가 기록된다. 반면 빛이 약한 배경에서는 빛이 약하므로 카메라 화소에는 약한 신호로 기록되는 것이다.

1969년 미국 벨Bell 연구소에서 윌러드 보일Willard S. Boyle과 조지 스미스George E. Smith가 개발한 CCD는 이미지를 디지털 방식으로 측정하는 최초의 기기였으며, 현재까지도 일반적인 디지털 카메라에 널리 사용되는 광학 영상 측정 기기이다. 이후 보일과 스미스는 CCD 개발의 공로를 인정받아 2009년 노벨상을 수상했다.

CCD 표면에는 수많은 포토다이오드Photodiode들이 붙어 있는데, 외부에서 들어온 광자들이 포토다이오드에 들어오면 광자의 양에 비례해 전자들이 발생한다. 각 포토다이오드 픽셀에 들어온 광자의 양은 빛의 세기에 비례하므로 CCD는 빛의 세기를 전자의 개수로 변환하여 광학 영상 정보를 얻는다. 이렇게 포토다이오드 내에서 광자가 전자로 변하는 현상을 광전 효과Photoelectric effect라고 하는데, 아인슈타인이 빛의 입자성을 가정해 이 광전 효과를 설명하여 그 공로로 1921년에 노

**사진 6.8  CCD 개발자**

1969년 미국 벨 연구소에서 보일과 스미스가 개발한 CCD는 이미지를 디지털 방식으로 측정한 최초의 기기이며, 현재까지도 일반적인 디지털 카메라에 널리 사용되는 광학 영상 측정 기기이다. 이후 보일과 스미스는 CCD 개발의 공로를 인정받아 2009년 노벨상을 수상했다.

벨 물리학상을 받았다. 광전 효과에 대해서는 7장에서 자세히 설명하고 있다.

CCD 내 포토다이오드 물질에 따라 다른 파장의 빛에 민감한 CCD를 만들 수 있다. 가시광선대에서 사용하는 CCD는 주로 실리콘 계열의 포토다이오드를 많이 쓰는데, 작동 파장대가 190~1,100nm이기 때문이다. 적외선 영역에서 영상을 측정하기 위해서는 게르마늄(800~1,700nm)이나 인듐갈륨비소 화합물(InGaAs, 800~2,600nm)로 만들어진 포토다이오드를 사용한다.

구체적으로 각 포토다이오드에 들어온 광자들은 우선 전하들로 변환되어 임시 저장되어 있는데, 이렇게 각 픽셀에 저장되어 있는 전하들은 포토다이오드 사이에 배치되어 있는 게이트$^{Gate}$들의 전기 제어를 통해 순차적으로 전하를 측정하는 위치로 이동하고 측정된다. 각각의 포토다이오드들을 작은 물컵으로 생각하고 광자를 빗물 방울로 생각하면, 빛의 노출 시간 동안 도달한 광자들은 전자들로 변환되어 각각의 물컵에 차곡차곡 쌓이게 된다. 이후 측정을 위해서는 맨 오른쪽에 있는 물컵에서 측정단에 있는 물컵들로 수평 방향으로 물이 이동하고, 이들이 다시 수직 방향으로 이동하면서 얼마만큼의 물이 들어 있었는지 측정된다. 이렇게 한 열의 물컵들이 다 측정되면, 마치 컨베이어 벨트가 움직이듯이 물컵들이 모두 수평 방향으로 한 칸 이동하면서 순차적으로 물의 양을 측정하는 원리이다. 이러한 순차적인 신호 검출 과정을 통해 2차원 광학 정보가 순차적인 전기 신호로 효과적으로 변환되지만, 동시에 CCD는 측정 속도의 제약을 받는다.

민감도가 매우 높은 고성능 CCD는 의료, 국방, 정밀 측정 등 다양한 분야에 파급력이 크다. 고성능 CCD 중에 대표적인 기술로 Cooled CCD와 EM-CCD Electron multiplying CCD 가 있다. Cooled CCD는 CCD 센서 칩의 온도를 낮추어, 반도체에서 발생하는 노이즈를 줄이는 원리로 작동한다. EM-CCD는 광자에서 변환된 전자를 바로 측정하는 것이 아니라, 전자의 개수를 증폭시킨 후 측정하는 방식을 이용한다. 하나의 광자가 들어왔을 때 전자가 발생하는 효율을 양자 효율 Quantum efficiency, QE 이라고 하는데, 일반적인 CCD는 500nm 파장대에서 60%대의 QE를 갖는 반면, EM-CCD는 90% 이상의 QE를 갖는다. 좋은 성능의 EM-CCD 한 대는 가격이 고급 중형차와 맞먹는다.

## CMOS

CCD 센서의 가장 큰 단점은 느린 속도이다. 수많은 2차원 포토다이오드들에서 변환된 전자들을 하나의 증폭기와 변환기를 통해 데이터를 얻기 때문에 시간이 많이 걸린다. 이러한 문제를 극복하기 위해 개발된 것이 CMOS Complementary metal oxide 센서이다. CMOS 센서는 CCD 센서와 마찬가지로 포토다이오드를 사용하지만, 제조 과정과 데이터를 얻는 과정이 다르다. CMOS 센서에서는 각 포토다이오드

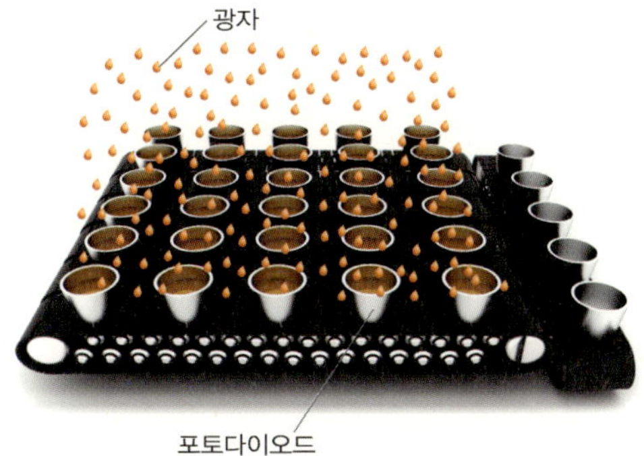


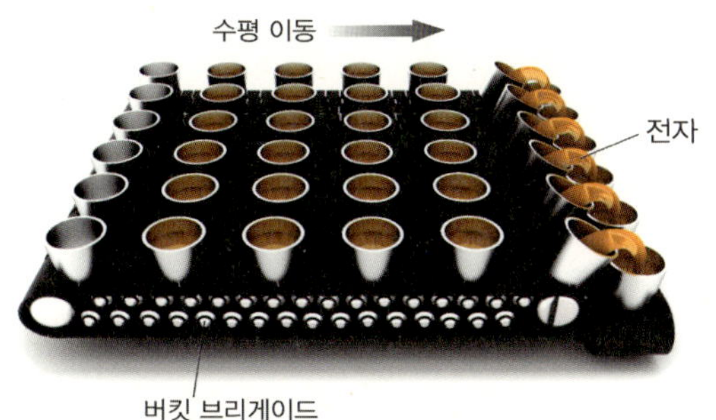

*CCD 버킷 브리게이드 비유 이해

**그림 6.9  CCD의 원리**

CCD 표면에는 수많은 포토다이오드들이 붙어 있는데, 외부의 광자들이 포토다이오드에 들어오면 광자의 양에 비례하여 전자들이 발생한다. 각 포토다이오드 픽셀에 들어온 광자의 양은 빛의 세기에 비례하므로, CCD는 빛의 세기를 전자의 개수로 변환하여 광학 영상 정보를 얻게 된다.

들에서 개별적으로 신호가 증폭되어 개별적으로 읽히기 때문에 이미지 저장 속도가 매우 빠른 장점이 있다. 또한 범용 반도체 제작 공정을 그대로 이용하기 때문에 제조 단가가 낮고, 포토다이오드의 크기가 작아서 전체 소비 전력이 적다. 그리고 대면적 영상 센서로 만들기가 용이하다.

하지만 몇 가지 단점들도 가지고 있는데, 우선 빛의 세기가 낮은 곳에서 소자가 불안정하여 노이즈가 많이 발생하면서 화질이 떨어지기 때문에 의료용이나 정밀 측정용 영상 센서로 이용되기 어렵다. 또한 각 소자들이 가지고 있는 증폭기의 특성 차로 인해 균일하지 않은 영상을 얻을 수도 있다. 이러한 단점들 때문에 CMOS는 주로 저가 영상 센서로 사용되어 왔다. 그렇지만 최근 기술 개발 덕분에 CMOS의 성능이 비약적으로 향상되어 대부분의 단점이 극복되었다. 요즘 시중에 판매되는 대부분의 DSLR 카메라들은 CMOS 영상 센서를 이용하며, 정밀 측정용 sCMOS <sup>scientific CMOS</sup> 영상 센서는 EM-CCD 수준의 높은 민감도를 가지면서도 빠른 속도로 영상 측정이 가능하여 차세대 영상 센서로 각광을 받고 있다.

**사진 6.10  CMOS 영상 센서**
CMOS 센서는 각 포토다이오드들에서 개별적으로 신호가 증폭되어 개별적으로 읽히기 때문에 이미지 저장 속도가 매우 빠른 장점이 있다. 또한 범용 반도체 제작 공정을 그대로 이용하기 때문에 제조 단가가 낮고, 포토다이오드의 크기가 작아서 전체 소비 전력이 적다. 그리고 대면적 영상 센서로 만들기가 용이하다.

밝은 빛을 내는 물체를 CCD 카메라로 측정하면 빛의 세기가 매우 센 픽셀을 포함한 한 열 모두에서 높은 신호가 읽혀서 마치 줄을 그어 놓은 듯한 현상이 생기는데, 이를 스미어<sup>Smear</sup> 현상이라 한다. 스미어 현상이 생기는 이유는 CCD의 측정 방식이 각 열에 저장된 신호를 순차적으로 읽기 때문이다. 신호가 매우 센 픽셀을 포함한 열에서는 증폭기와 검출기가 정상적으로 작동하지 않고, 그 열에 있는 다른 픽셀들 모두에 영향을 주는 것이다. 각 픽셀에 개별적인 증폭기와 검출기가 있는 CMOS 영상 센서는 이러한 문제가 발생하지 않는다.

## 왜 일반 영상 센서로는 빛의 세기만 측정되는가?

사람의 눈뿐만 아니라 일반적인 광학 영상 센서로는 빛의 세기만을 측정할 뿐 빛의 위상 정보는 측정할 수 없다. 그 이유는 빛이 너무 빨라서이다. 사람의 눈은 약 30Hz의 속도로 영상을 인지할 수 있다. 일반적인 CCD 영상 센서로는 최대 100Hz의 속도로 영상을 측정할 수 있고, 현존하는 가장 빠른 포토다이오드의 속도는 10GHz 정도이다. 10GHz의 속도로도 빛의 파형을 직접 측정하는 것은 불가능하다. 빛이 훨씬 더 빠르기 때문이다.

1장에서 다룬 것처럼 빛의 진동수는 수백 THz이기 때문에, 하나의 영상을 가장 빠른 포토다이오드로 한 번 측정해도 빛은 이미 수만 번 진동을 한 상태이다. 포토다이오드가 측정한 시간은 수만 번 반복된 진동 시간 동안 평균적인 빛의 세기만을 측정할 수 있을 뿐이다. 즉 시판되고 있는 가장 빠른(그리고 매우 비싸고, 한 점에서 빛의 세기만 측정 가능하다.) 포토다이오드를 사용하더라도, 가장 빠른 속도로 한 장의 영상을 찰칵 하고 찍는 동안 빛은 벌써 수만 번 진동해 버린다는 뜻이다. 따라서 전자 기기를 이용해 빛의 위상을 직접 찍는 것은 기술적으로 불가능하다.

**사진 6.11  CCD에서 발생하는 스미어 현상**

밝은 빛을 내는 물체를 CCD 카메라로 측정하게 되면, 마치 줄을 그어 놓은 듯한 스미어 현상이 생긴다. CCD 카메라는 측정 방식이 각 열에 저장된 신호를 순차적으로 읽기 때문인데, 신호가 매우 센 픽셀을 포함한 열에서는 증폭기와 검출기가 정상적으로 작동하지 않고, 그 열에 있는 다른 픽셀들 모두에 영향을 준다. 각 픽셀에 개별적인 증폭기와 검출기가 있는 CMOS 영상 센서는 이러한 문제가 발생하지 않는다.


# 현미경

## 최초의 현미경

현미경<sup>Microscope</sup>을 사용하면 매우 작은 물체의 광학 영상을 얻을 수 있다. 현미경은 세포와 단백질 등을 연구하는 생물학 연구실에서 생체 조직을 영상화하는 병원 실험실, 그리고 반도체에 이르기까지 μm 크기의 미세 구조를 관찰하고 조작하는 연구에 필수적이다. 현대적인 현미경은 복잡한 내부 구조를 가지고 있다.

현대 현미경은 다양한 기능을 위해서 복잡한 구조를 띠고 있지만, 광학 영상 부분은 일반적으로 4-$f$ 영상 시스템으로 구성되어 있다. 초점 거리가 매우 짧은 대물렌즈와 초점 거리가 매우 긴 튜브 렌즈<sup>Tube lens</sup>가 4-$f$ 영상 시스템을 구성한다. 4-$f$ 영상 시스템의 영상면<sup>Image plane</sup>에 스크린 또는 카메라를 위치시키면, 시편의 영상이 확대되면서 전달되어 영상을 측정하고 기록할 수 있게 된다.

상용 현미경에서는 대물렌즈만 교체하면 다른 부분을 변경하지 않고도 물체의 영상을 얻을 수 있다. 일반적으로 대물렌즈에는 ×40, ×60, ×100과 같은 배율이 적혀 있다. 그리고 현미경 제조사들마다 사용하는 튜브 렌즈의 길이가 정해져 있는데, 일본 올림푸스<sup>Olympus</sup> 사의 경우에는 180mm, 니콘<sup>Nikon</sup> 사의 경우 200mm를 사용한다. 예를 들어 올림푸스 사의 ×60 대물렌즈를 사용하는 경우, 같은 회사의 튜브 길이 규격인 180mm 초점 거리를 가진 튜브 렌즈를 사용할 때 횡배율<sup>Lateral magnification</sup>이 60배가 된다는 뜻이다.

4-$f$ 영상 시스템을 생각해 보면, ×60의 배율은 $f_2/f_1$의 관계에서 도출된 것이기 때문에 대물렌즈의 초점 거리는 $f_1$=180mm/60=3mm 정도임을 알 수 있다. 같은 대물렌즈를 사용하고, 초점 거리가 360mm인 튜브 렌즈를 사용하는 경우에는 횡배율이 120배에 달한다. 이 경우 각배율<sup>Angular magnification</sup>은 1/120배가 된다. 예를 들어, 1μm 정도 크기의 박테리아 세포는 현미경의 영상면에서는 약 120μm 크기의 상으로 맺히고, 박테리아의 한 지점에서 약 60°로 산란된 빛은 영상면에서 약 0.5° 각도로 들어오게 된다.

광학 현미경을 사용하여 눈으로 영상을 관찰하는 경우에는 4-$f$ 영상 시스템이 하나 더 추가되는 것으로 이해할 수 있다. 현미경의 튜브 렌즈를 통과한 후 생기는 중간 영상면까지가 하나의 4-$f$ 영상 시스템이 되고, 여기서부터 접안렌즈<sup>Eye</sup>

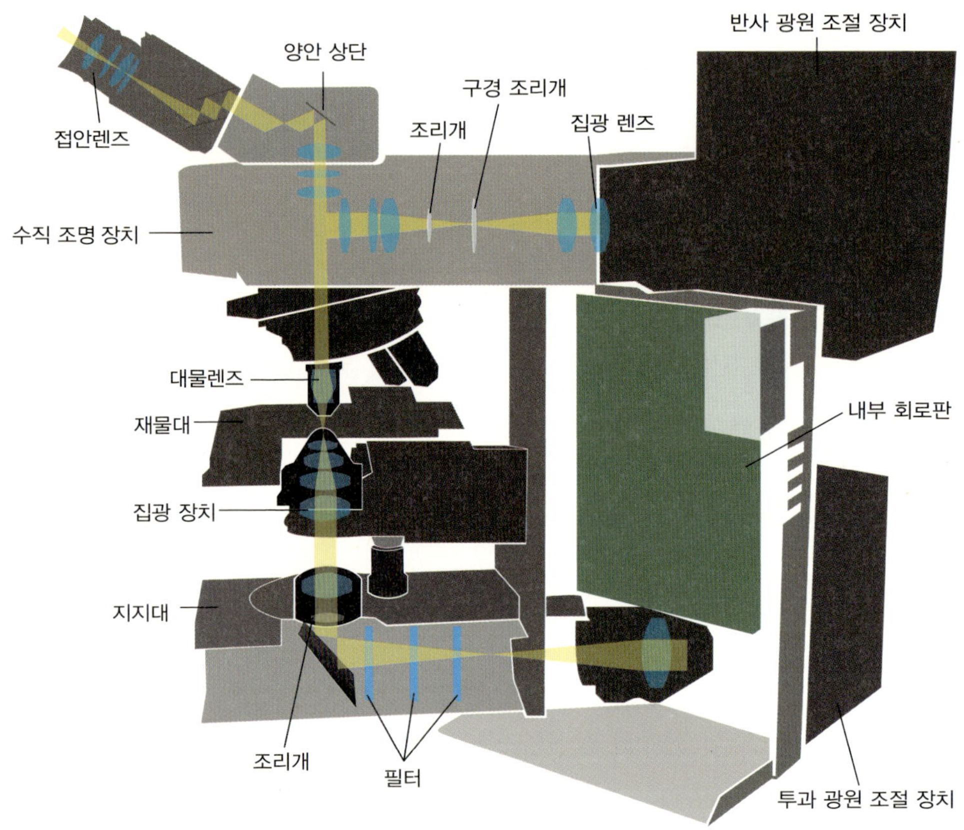


**그림 6.12  현미경 내부 구조**

현미경을 사용하면 매우 작은 물체의 광학 영상을 얻을 수 있다. 현미경은 세포와 단백질 등을 연구하는 생물학 연구실에서 생체 조직을 영상화하는 병원 실험실. 그리고 반도체까지 μm 크기의 미세 구조를 관찰하고 조작하는 연구에 필수적이다.

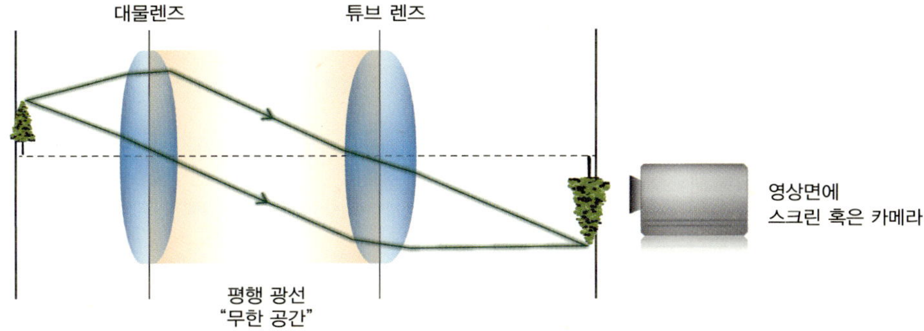



**그림 6.13 현미경 영상 부분**

대물렌즈와 튜브 렌즈로 구성된 4−$f$ 영상 시스템을 이용한다.

piece lens 와 사람 눈의 수정체를 지나 망막까지 오는 것이 또 다른 4−$f$ 영상 시스템이 되는 것이다. 대물렌즈와 튜브 렌즈에 의한 첫 번째 영상 시스템을 통해 형성된 상을 다시 한번 접안렌즈와 눈의 수정체를 통해서 전달받으면 처음 물체의 상이 망막에 정확히 맺히게 된다.

## 현미경의 분해능과 회절 한계

두 물체 간의 거리가 빛의 파장 길이보다 짧을 때 광학 현미경을 사용하면 두 물체를 분해Resolve할 수 없다. 가시광선 영역대를 사용해 얻을 수 있는 최대 분해능은 250nm 근방이다. 이러한 문제를 현미경의 분해능Resolving power이라고 한다.

분해능이 생기는 원인은 렌즈의 회절 한계 때문이다. 그 크기가 무한히 작은 이론적인 점광원을 생각해 보자. 이 점광원을 현미경과 같은 광학 영상 시스템을 통해 공간적으로 다른 지점에서 광 초점을 맺게 해 준다면, 이 광 초점의 크기는 무한히 작지 않고 특정한 크기를 가진다. 광 초점의 크기는 점광원에서 얼마나 많은 정보를 얻었는가에 비례한다. 많은 각도의 빛을 모을수록 점광원에 대한 더 많은 정보를 가지고 있기 때문에 작은 광 초점을 만들 수 있다. 그리고 성능이 뛰어난 대물렌즈를 이용하여 더 많은 각도에서 빛을 모아서 영상화를 해야 더 작은 광 초점을 만들 수 있다. 이때 모으는 빛의 양을 정량적으로 나타내기 위해 개구수, NA<sup>Numerical aperture</sup> 란 단위를 사용한다. NA의 정의는 다음과 같다.

(식 6.2)

$$NA = n \sin\theta_{max}$$

여기서 $n$은 샘플과 대물렌즈 사이 매질의 굴절률이고, $\theta_{max}$는 대물렌즈를 통해 전달할 수 있는 최대 각도이다. 따라서 광 초점의 크기는 빛의 파장에 비례하고, NA 값에 반비례한다. 점광원에 대한 광 초점의 형태는 수학적으로 jinc 함수로


광 초점의 크기는 점광원에서 얼마나 많은 정보를 얻었는가에 비례한다. 많은 각도의 빛을 모을수록 점광원에 대한 더 많은 정보를 가지고 있기 때문에 작은 광 초점을 만들 수 있다. 이때 모으는 빛의 양을 정량적으로 나타내기 위해 개구수 NA를 사용한다.

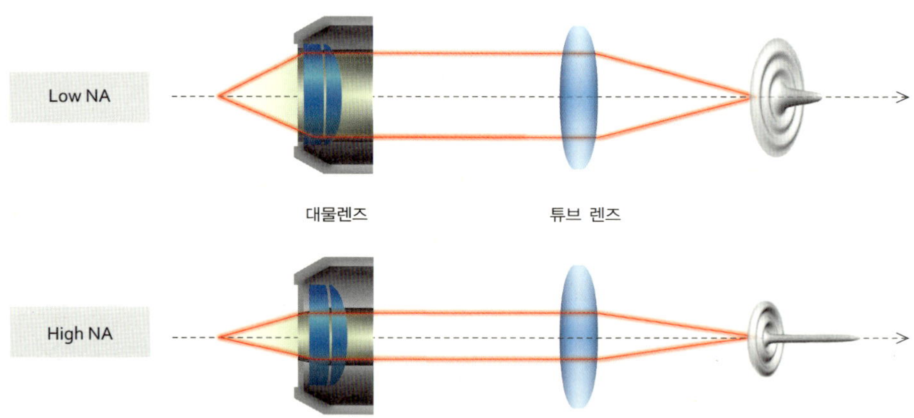

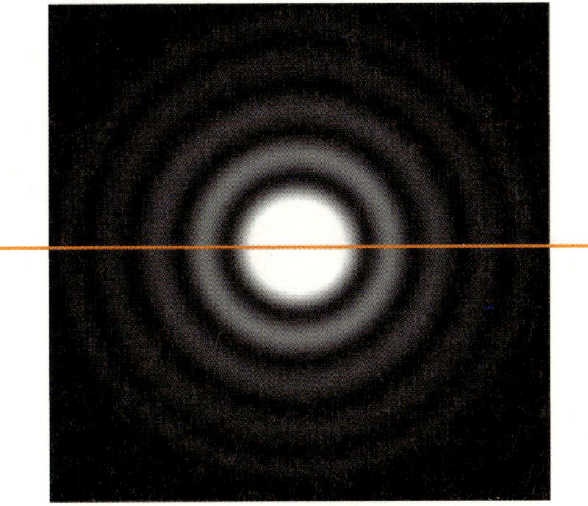



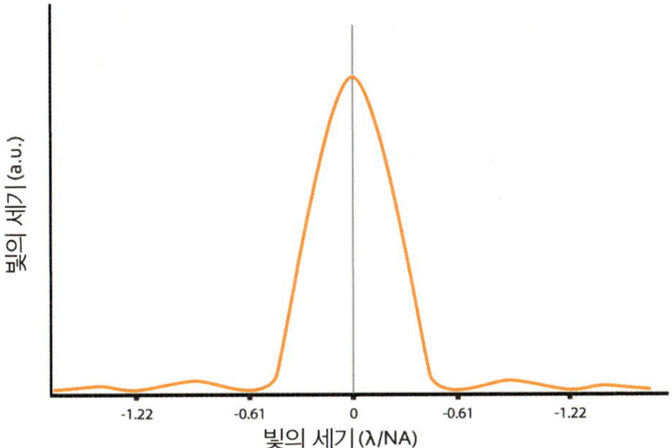



표현되고, 이 형태를 에어리 원반Airy disk이라고 부른다. 에어리 원반의 중앙에서 시작해서 첫 번째 최젓값Minimum이 되는 지점이 0.61λ/NA가 된다.

일반적으로 두 점광원 사이의 거리가 0.61λ/NA보다 멀면 분해가 가능하다고 말하며 이를 레일리 기준Rayleigh criterion이라고 한다. 두 물체가 레일리 기준을 만족하는 경우는 두 점광원 사이의 거리가 0.61λ/NA보다 큰 경우이다. 이때는 두 물체가 광학 영상으로 2개로 구분이 가능하다. 하지만 두 물체 사이의 거리가 0.61λ/NA이거나 더 작은 경우는, 2개의 물체가 있는지 하나가 있는지 분간

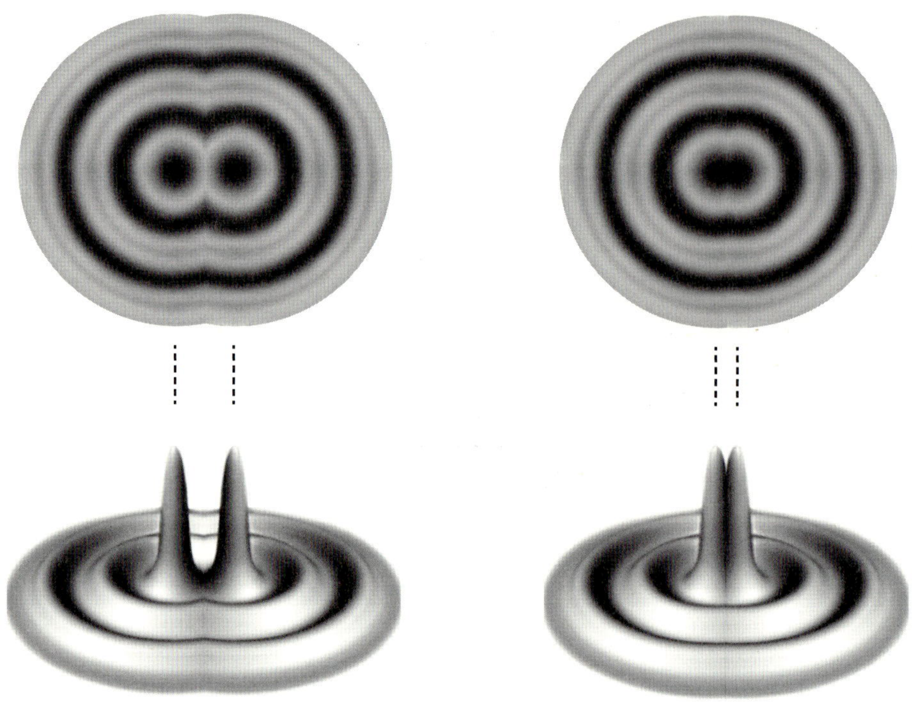



**그림 6.16  두 점광원 사이의 거리에 따른 분해 가능 여부**

왼쪽은 레일리 기준을 만족하는, 즉 두 점광원 사이의 거리가 $0.61\lambda/NA$보다 큰 경우이고, 오른쪽은 두 물체 사이의 거리가 정확히 $0.61\lambda/NA$인 경우로, 이 조건에서는 두 물체를 분간할 수 없다.

할 수 없게 된다.

## 디지털 홀로그래피 현미경

디지털 홀로그래피 기술을 이용하면 물체의 3차원 영상을 찍을 수 있다. 세포와 같이 작은 물체를 보는 현미경에 디지털 홀로그래피를 접목하면 세포의 3차원 영상을 볼 수 있다. 그 원리는 앞에서 다룬 홀로그래피 카메라와 비슷하다. 일반적인 현미경에 빛의 간섭을 일으킬 수 있는 부분을 추가해 주면 디지털 홀로그래피 현미경을 만들 수 있다. 이 기술은 최근 10년 사이에 연구가 진행되어 온

최신 기술인데, 이러한 디지털 홀로그래피 현미경을 이용해서 적혈구나 신경 세포 등 다양한 세포를 대상으로 연구가 이루어지고 있다.

예를 들어 사람이 말라리아에 감염되면 그 환자의 적혈구 안으로 말라리아 기생충이 들어갔다가 번식한 후에 적혈구를 찢고 나오는 것으로 알려져 있다. 그런데 그 구체적인 내용, 즉 기생충이 어떻게 적혈구 안으로 들어가서 그 안에서 어떤 일을 하고 그 후에 적혈구를 어떻게 찢고 나오는지에 대한 부분은 거의 알려진 바가 없다. 여기서 디지털 홀로그래피 현미경을 이용하면, 말라리아에 걸린 적혈구의 3차원 영상을 실시간으로 볼 수 있기 때문에 말라리아 질병을 연구하는 데 큰 도움이 될 수 있다.

또한 디지털 홀로그래피는 머지않은 미래에 피부 속을 들여다볼 수 있는 기술로도 사용될 수 있으리라 예상된다. 피부 조직에 암이 생겼을 때 지금은 의심 부위를 칼로 떼어 내어 염색하고 현미경을 보면서 암인지 아닌지 판독하는 생검<sup>Biopsy</sup> 조직 검사에 의존하고 있다. 만약 조직을 떼어 내지 않고 바로 볼 수 있다면 여


디지털 홀로그래피 현미경을 이용하면, 말라리아에 걸린 적혈구의 3차원 영상을 실시간으로 볼 수 있기 때문에 말라리아 질병을 연구하는 데 큰 도움이 된다.

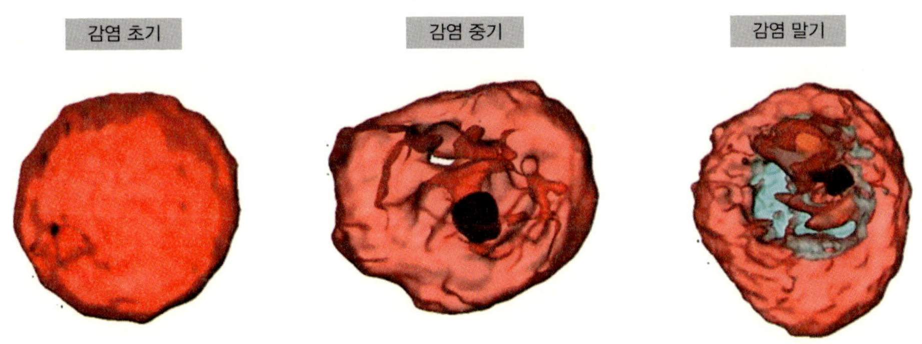

러 가지 장점이 있을 것이다. 문제는 현미경을 바로 피부에 갖다 대면, 피부 조직에서 빛이 너무 많이 산란되어서 속에 있는 세포가 보이지 않는다는 점이다. 피부 조직은 빛을 거의 흡수하지 않기 때문에 빛 에너지는 충분히 투과하지만, 문제는 빛의 방향 정보가 산란 때문에 너무 많이 일그러지게 되어 피부층 아래의 영상은 다 망가져 버린다. 최근에 개발되고 있는 홀로그래피 기술들은 이러한 빛의 산란에 따른 문제를 해결하고 있다. 빛의 방향이 일그러지는 정도를 정확히 알고 있다면, 그 뒤에 어떤 영상이 있었는지 유추가 가능한 것이다. 머지않아 홀로그래피 기술은 피부 속을 들여다보고 바로 레이저로 치료할 수 있도록 하는 의료 기술로도 사용되리라 기대한다.

## 생각해 보기

**a.** 렌즈 메이커의 공식이 어떻게 유도되었는지 알아보자. 이를 위해 기하 공학의 ABCD 행렬을 이해해 보자.

**b.** 지금 사용하는 휴대 전화 디스플레이의 액정 크기를 확인할 수 있는 실험을 해 보자.(힌트: 물방울 렌즈, $4-f$ 영상 시스템, 빛의 회절 등)

**c.** 사람 시각의 NA와 이에 따른 회절 한계를 알아보자. 그리고 사람 시각의 회절 한계와 망막 세포의 크기를 비교해 보자.

2부

# 빛의 생물학

# 7장

# 빛과 물질의 상호 작용

우리는 다양한 감각을 통해 끊임없이 변하는 외부 환경을 인지한다. 그리고 동시에 내부 환경의 항상성<sup>Homeostasis</sup>을 유지한다. 주위 환경은 계속해서 변화하기 때문에 생명체가 정상적인 기능을 수행하기 위해서는 자신의 내부 환경을 최적의 상태로 일정하게 유지해야 할 필요가 있다. 항상성은 생존을 위해 반드시 필요한 부분이다. 외부 환경의 변화를 인지하기 위해서 중요하지 않은 감각은 없지만, 그중에도 특히 빛을 감지하는 시각이 가장 중요하다.

일부 미생물은 지구의 열에너지나 온천수의 화학 에너지로부터 필요한 생체 에너지를 얻기도 한다. 그러나 지구 상에 존재하는 대다수 생명체가 생존을 위해 사용하는 에너지의 대부분은 태양의 복사 에너지<sup>Solar radiation energy</sup>로부터 기원한다. 한낮의 뜨거운 태양 아래에서 잠시 일광욕을 즐기다가 어느 틈에 화상을 입은 경험이 누구나 한 번쯤은 있을 것이다. 자외선에 오랜 기간 노출되면 피부암이 발생할 위험이 증가하는 것도 잘 알려진 사실이다. 이러한 현상들은 빛과 물질, 특히 생체 분자 사이에서 일어나는 다양한 상호 작용에 의해 발생한다.

우리가 사물을 식별할 수 있는 것은 태양의 빛이나 다른 광원에서 기원한 빛이 물체에 부딪치며 반사되거나 혹은 산란된 일부가 우리 눈의 망막에 맺혀 시신경을 거쳐 뇌로 전달되기 때문이다. 물체에 부딪친 빛의 일부는 그대로 물질을 투과하고 일부는 원래 빛의 경로와 다른 방향으로 산란 혹은 반사된다. 또 일부는 물질에 흡수되어 다른 형태의 에너지로 변환되기도 한다. 이러한 일련의 현상들은 어느 정도 큰 물체에 빛을 비추었을 때 나타나는데, 큰 물체와 광자 사이의 상호 작용이라 할 수 있다. 이렇게 물체와 빛의 상호 작용을 거시적인 측면에서

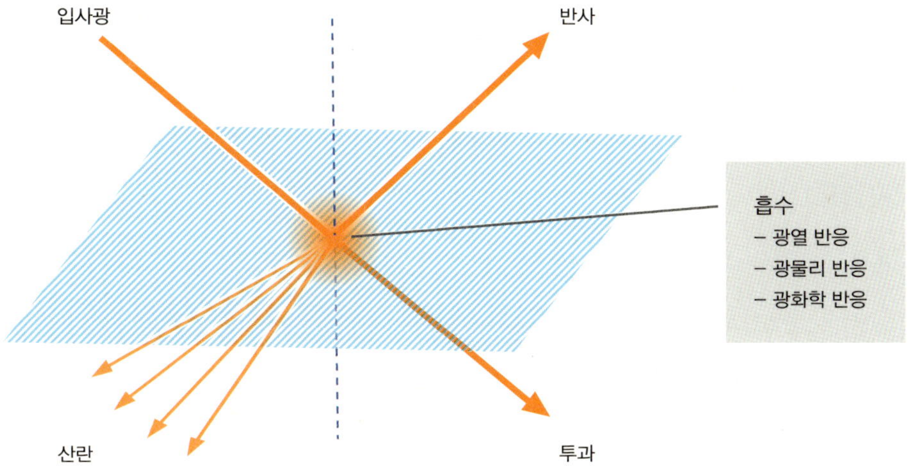


**그림 7.1 빛의 투과, 산란, 흡수**

물체에 부딪친 빛의 일부는 그대로 물질을 투과하기도 하고 일부는 원래 빛의 경로와 다른 방향으로 진행하는 산란 혹은 반사 현상을 나타내기도 하며 또한 일부는 물질에 흡수되어 다른 형태의 에너지로 변환된다. 이러한 일련의 현상들은 어느 정도 큰 물체에 빛을 비추었을 때 나타나는 것들로 큰 물체와 광자 사이의 상호 작용이라 할 수 있다.

본다면 투과, 산란, 흡수 등으로 표현할 수 있다.

더 자세히 들여다보면 광자와 물질 간 상호 작용은 물질을 구성하는 기본 단위인 분자나 원자 수준에서 일어나는 것을 알 수 있다. 흥미로운 것은 물질을 구성하는 원자와 빛을 구성하는 광자는 공통적으로 입자성<sup>Particulate theory</sup>과 파동성<sup>Wave theory</sup>을 동시에 가지고 있어서 그 성질이 마치 서로 형제처럼 비슷하다는 사실이다. 따라서 물질과 빛의 상호 작용을 이해하기 위해서는 원자와 광자 사이의 반응을 이해하는 것이 매우 중요하다.

원자나 분자 단계에서 발생하는 빛과 물질의 상호 작용에서 가장 중요한 역할을 하는 것은 물질을 구성하는 분자의 **전자**들이다. 1장을 시작하면서 설명하였듯이 빛은 전자기파이며 근본적으로 전기장과 자기장을 동시에 갖고 있다. 일부 자성 물질을 제외한 대부분의 물질은 전기장의 성질만을 가지고 있으므로 음전하를 띠고 있는 전자가 빛과 상호 작용을 하는 과정에서 가장 중요한 역할을 담당한다.

물론 원자의 핵을 구성하는 양성자와 빛이 반응할 수도 있지만, 이는 광자의 에너지가 매우 높은 경우이다. 가시광선과 같은 비교적 낮은 에너지의 전자기파는 물질의 전자와 주로 상호 작용을 한다. 금속과 같은 전기의 도체 속에서는 자유롭게 떠다니는 자유 전자들이 원자에 잡혀 있는 전자들에 비하여 많은 비중을 차지하는 반면, 플라스틱이나 목재 같은 부도체 속에서는 모든 전자들이 원자에 강하게 잡혀 있기 때문에 빛에 대한 반응이 다르게 나타난다.


물질에 흡수된 빛은 물질을 구성하는 분자의 전자를 들뜬상태로 활성화시키고, 이에 들뜬상태로 활성화된 전자는 그 자체로는 불안정하기 때문에 다시 안정한 상태인 원래의 바닥상태로 돌아가게 된다. 전자가 원래의 바닥상태로 돌아가면서 방출하는 여분의 에너지는 광물리, 광화학 혹은 광유도–전자 전이 등과 같은 다양한 과정을 통해 소진된다. 특히 광물리 효과는 다양한 형태로 나타난다. 광자의 형태로 방출되는 복사 Radiation, 대부분 열로 방출되는 비복사 형태의 방출 Non-radiative emission, 주위 분자로 에너지가 전이되는 에너지 이동 등이 있으며 주위 분자와 복잡한 활성화 과정을 구성하기도 한다.

## 빛과 물질의 이중성

전자기파는 에너지를 갖고 있어서 물질과 반응하면 다양한 효과를 유발할 수 있다. 전자기파가 보이는 흥미로운 현상 중 하나로서 에너지가 일정 수준 이상인 빛을 금속 표면에 쬐어 주면 금속 표면에서 전자가 방출되는 광전 효과를 살펴보도록 하자.

광전 효과는 19세기에 이미 여러 과학자들에 의해 발견되었다. 그러나 빛을 파장으로만 이해하던 기존의 개념으로는 설명할 수 없는 부분이 있었는데, 광전 효과가 일어나기 위해서는 빛의 파장이 일정 파장보다 짧아야 한다는 사실이었다.(이런 한계 파장은 물질마다 다르다.) 또한 광전 효과는 빛을 쬐어 줌과 동시에 발생했는데 이런 현상은 빛을 파동으로만 이해해서는 설명할 수 없는 측면이었다. 아인슈타인은 이를 설명하기 위해 빛이 양자화되어 있는 광자로 이루어져

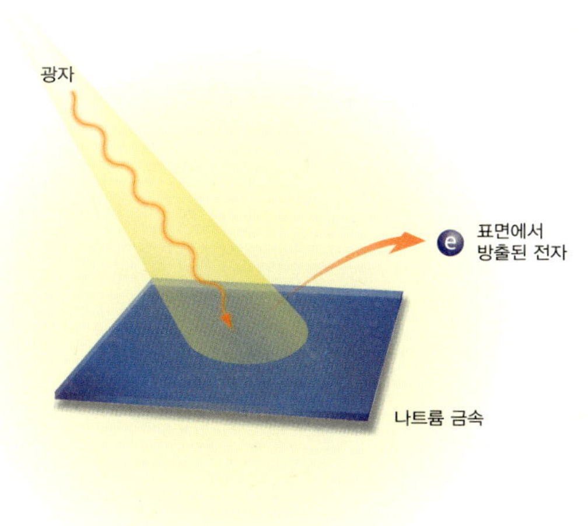


**그림 7.2  광전 효과**
에너지가 일정 수준 이상인 빛을 금속 표면에 쬐어 주면 금속 표면에서 전자가 방출되는 효과를 말한다.

있으며, 광전 효과는 각 광자의 에너지에 의해 결정된다고 설명하였다. 아인슈타인의 이러한 이론은 현대 양자 물리학 Quantum physics을 여는 계기가 되었으며, 그는 바로 이 공로를 인정받아 1921년 노벨 물리학상을 수상했다.

아인슈타인은 광자의 에너지 $E$가 진동수 $v$ 및 플랑크 상수 $h$와 비례한다는 바를 밝혀내고 $E=hv$의 식으로 정리하였다. 아인슈타인에 이어 루이 드브로이 Louis De Broglie는 광자뿐 아니라 모든 입자가 빛과 마찬가지로 파동 함수 Wave function로 나타날 수 있다는 가설을 발표하였다. 드브로이는 이 가설을 통해 $E=hv$는 광자뿐만 아니라 모든 입자에 대해 성립한다는 것을 증명하였다. 우리가 측정할 수 있는 모든 물리량 Physical quantity이 양자화되어 있고 빛이나 전자와 같은 입자들이 파동과 입자의 성질을 모두 가진다는 것이 받아들여지면서 자연스럽게 입자들을 파동으로 나타내려는 시도가 이루어졌다. 빛이 파동성과 입자성의 두 성질을 가지고 있는 것에 착안하여 1924년 드브로이는 전자뿐 아니라 명백하게 입자라고 이해되었던 물질들도 물질파로서 파동의 성질을 가지고 있다는 것을 제안하였다. 에르빈 슈뢰딩거 Erwin Schröedinger는 1926년 일련의 논문을 통해 전자의 상태를 나타내는 파동 함수를 수식화한 방정식을 제안하였다.

이후 독일의 막스 보른 Max Born은 슈뢰딩거의 파동 함수가 전자가 가질 수 있는 에너지의 확률을 나타내는 확률 함수 Probability function라는 새로운 해석을 내놓았다. 그러나 보른과 같은 소위 코펜하겐 학파로 분류되었던 학자들이 제시한 양자 물리학의 확률적 해석에 대해 양자 물리학을 개척한 장본인이기도 한 슈뢰딩거와 아인슈타인은 동의하지 않고 현대 양자 물리학을 부정하는 입장을 고수한 것으로 전해진다.

이러한 양자 물리학의 발전을 통해 우리는 빛뿐만 아니라 물질도 입자성과 파동성을 모두 가진다는 것을 알게 되었다. 즉 미시적인 세계에서는 빛과 마찬가지로 물질 입자도 파동과 입자의 이중적인 성질을 나타낸다. 그러나 물질 입자의 이러한 이중성이 동시에 나타나는 경우는 없으며 입자성과 파동성 중 어느 쪽이 관찰되는가는 공간의 크기와 입자의 드브로이 파장에 따라 정해진다. 고전 물리에서 입자로 고려되었던 물체는 드브로이 파장에 비해 대단히 크기 때문에 고전 뉴턴 역학으로도 충분히 설명될 수 있었다. 그리고 전자가 진공관 속을 진행할 때 일반적인 진공관의 크기는 전자의 드브로이 파장에 비해 대단히 크기 때문에 전자의 움직임을 뉴턴 역학을 토대로 완벽히 설명하는 것이 가능했다. 그러나 전자가 원자의 궤도를 움직이고 있을 때 전자의 물질 파장은 원자의 크기와 비슷하다. 그러므로 전자의 운동이나 원자와의 상호 작용을 기술하기 위해서는 고전 뉴턴 역학으로는 설명이 불가능하다. 즉 원자 수준에서 전자의 움직임을 표현하려면 결국 전자의 파동성을 고려해야 하는 것이다.

## 전자 에너지 준위

원자 혹은 분자를 이루는 전자는 마치 태양계의 행성이 정해진 궤도를 유지하듯이 에너지 준위에 따라 양자화된 전자 궤도, 즉 오비탈Orbital에 존재한다. 그러나 실제로 행성이 태양 주위를 돌듯이 전자가 궤도를 회전한다는 의미는 아니다. 양자화되어 있다는 것은 에너지 준위가 연속적인 값을 가지는 것이 아니라 자의 눈금처럼 정해진 값만을 가질 수 있음을 의미한다. 빛도 광자라는 양자화된 단위로 구성되므로 빛의 에너지는 광자 단위만큼씩 증가할 수 있다. 즉 광자의 1/2 혹은 1/3과 같은 소수 값을 가질 수 없는 것이다.

원자 내에서 전자는 마치 구름처럼 분포하면서 원자핵을 감싸며 돌고 있는데,

이것을 전자구름 Electron cloud이라 한다. 그렇지만 전자구름이 공간적인 위치를 나타낸다는 의미에서 일반적으로 궤도 함수 Orbital function라고 부르기도 한다. 원자 또는 분자 내에서 전자의 위치를 나타내는 것은 개별 원자의 파동 함수로서 입자가 공간적으로 위치할 수 있는 확률을 표현하는 것이다. 즉 양자 역학적인 궤도 함수이며 이는 고전적인 의미의 궤도와는 다르다.

원자 오비탈 Atomic orbital은 원자 주위에서 전자를 발견할 수 있는 공간을 의미한다. 원자 오비탈과 전자의 위치는 파동 함수로 표현될 수 있으며, 파동 함수로부터 전자를 발견할 확률 분포를 3차원 공간으로 그려 낼 수 있다. 파동 함수는 세 가지 양자수 Quantum number인 주 양자수 Principal quantum number $n$, 방위 양자수 Azimuthal quantum number $l$, 자기 양자수 Magnetic quantum number $m$에 의해 결정된다.


전자가 위치할 수 있는 궤도는 원자 혹은 분자에 따라 다양하다. 물질은 원자로 이루어져 있으며, 원자는 원자핵과 전자로 이루어져 있다. 앞서 소개한 슈뢰딩거 방정식에 의해 양자수를 도출할 수 있고, 양자수에 따라 다양한 원자 오비탈이 결정된다. 둥근 $s$ 오비탈, 2개의 전자구름이 마치 꽈배기처럼 모여 있는 $p$ 오비탈, $d$ 오비탈, $f$ 오비탈 등이 가능하다. 예를 들어, 수소 Hydrogen나 헬륨 Helium 원자와 같은 1주기 원소는 $s$ 오비탈만 가지고 있다. 2주기 원소의 경우, 안쪽 껍질에는 하나의 $s$ 오비탈이 있고 두 번째 껍질에 $s$ 오비탈 하나와 3개의 $p$ 오비탈을 가지고 있다. 두 번째 껍질 이상, 즉 2주기 원소 이상부터는 껍질당 8개의 전자가 들어갈 수 있다.


단일 원자가 아닌 여러 원자로 이루어진 분자의 경우 전자의 분포는 원자의 오비탈보다 더 복잡하며 이를 설명하는 데는 다양한 이론이 있다. 이들 이론의 하나인 분자 오비탈 Molecular orbital, MO은 원자 오비탈과 혼성 오비탈을 절충한 형태이

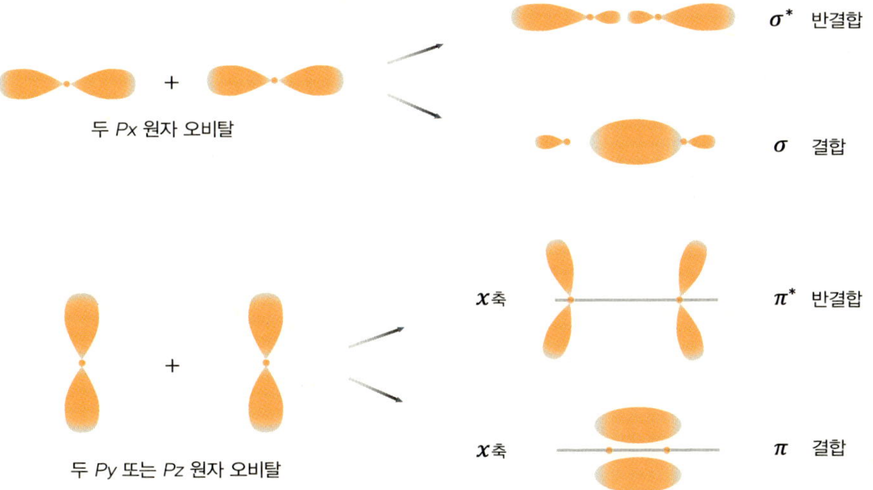


**그림 7.3 두 원자의 $p$ 오비탈 전자들이 시그마(σ) 분자 오비탈과 파이(π) 분자 오비탈을 이루는 결합**
$2p$ 오비탈은 $1s$, $2s$와 유사하게 시그마 결합을 이룬다. $2p$에 위치한 전자들은 시그마 결합 궤도 중에 전자구름의 위상이 같아 하나로 합쳐진 궤도와 위상이 틀려 반발력이 있는 반결합(시그마(σ)로 표시됨.) 궤도를 형성하게 된다. 각 분자 오비탈에서 반결합의 에너지 준위는 결합 분자 오비탈에 비해 높아서 조금 더 위쪽으로 표시하였다. $s$ 오비탈이 시그마 궤도만을 형성하는 데 반해 $p$ 오비탈 전자구름은 파이(π) 궤도를 형성할 수도 있으며, 역시 에너지 준위가 다른 결합/반결합 궤도를 형성한다.

다. 2개 이상 원자가 결합하여 분자가 될 때에는 화학적으로 결합이 이루어져야 하는데, 이러한 화학적 결합에는 크게 극성이 있는 두 원자가 만나서 이루어지는 이온 결합과 극성을 띠지 않은 물질이 만나 서로의 전자를 공유하는 공유 결합이 있다. 공유 결합은 두 물질이 가지는 전자의 파동 함수로 표현이 가능한데 두 전자의 파동 함수가 중첩되는 보강 간섭을 이루는 상태는 결합<sup>Bonding</sup> 분자 오비탈을 형성하고, 상쇄 간섭이 되면 반결합<sup>Anti-bonding</sup> 분자 오비탈을 이루며 * 표시를 추가한다. 반결합 분자 오비탈은 결합 분자 오비탈에 비해서 에너지 준위가 높고 화학적으로 불안정하다.

수소 원자 2개가 이루는 수소 분자($H_2$)를 예로 들어 보자. 이 분자는 양성자 2개와 전자 2개로 이루어져 있다. 만약 두 전자의 위상이 같다면, 두 전자구름은 하나로 합쳐지고 이에 따라 다른 새로운 전자구름을 형성하게 된다. 이 전자구름의 궤도 함수를 **시그마 1σ 결합 궤도 함수**라 한다. 만약에 두 전자의 위상이 다르다면, 두 전자구름 사이에는 반발력이 있어 마디가 있는 전자구름 형태를 이루게 될 것이다. 이 전자구름의 궤도 함수를 **시그마 1σ* 궤도 함수**라고 한다. 이와 유사하게 $p$ 오비탈 전자구름 사이의 결합은 **파이 π 궤도 함수**를 이루며 역시 위상이 같은 π 결합 궤도 함수와 위상이 반대인 π* 궤도 함수를 가지게 된다.

또 다른 예로 산소를 살펴보면, 산소 원자를 이루는 8개의 전자는 $1s2$, $2s2$, $2p4$의 궤도에 존재한다. 2개의 산소 원자가 결합하여 형성하는 산소 분자($O_2$)의 전자는 σ1s에 2개, σ*1s에 2개, σ2s에 2개, σ*2s에 2개, σ2pz에 2개, π2px에 2개, π2py에 2개씩 위치하고 나머지 2개가 π*2px와 π*2py에 각각 나누어 위치한다. 즉 가장 외각에 홀 전자가 2개 있게 되어 상자기성을 띠게 된다. 이렇게 스핀 양자수가 1이 되는 산소를 삼중항 <sup>Triplet</sup> 산소라고 부르는데, 이것이 바로 우리가 알고 있는 일반적인 산소에 해당한다. 따라서 액체 산소는 자석을 갖다 대면 끌려오는 성질을 가지고 있다.

자블론스키 다이어그램 <sup>Jablonski Diagram</sup>은 이러한 복잡한 원자 및 분자의 전자 에너지 상태를 모식도로 표현한 것으로, 분자가 갖는 각종 전자 에너지 준위의 상대적 관계를 나타낸다. 자블론스키에 의해 제안된 에너지 준위 도표는 전자의 바닥상태, 첫 번째 들뜬상태, 두 번째 들뜬상태를 각각 $S_1$, $S_2$, $S_3$라 하며 이들 전자 에너지 준위는 다시 많은 수의 진동 에너지 차이에 의한 준위로 나누어진다. 이러한 다이어그램은 뒤에서 언급할 광자와 물질 간의 상호 작용을 이해하는 데 매우 유용하다. 전자는 에너지 양자를 흡수하거나 방출하거나 하면서 하나의 에너지 준위에서 다른 에너지 준위로 이동할 수 있다. 파울리 배타 원리 때문에, 하나의 원자 궤도에는 2개 이상의 전자가 존재할 수 없다. 그러므로 전자는 빈 공간이 있을 때에만 다른 궤도로 이동할 수 있다. 가장 높은 점유 분자 궤도 함수 Highest occupied molecular orbital, HOMO 는 전자가 채워진 오비탈 중 가장 높은 곳에 위치한 오비탈을 의미하고, 가장 낮은 비점유 분자 궤도 함수 Lowest unoccupied molecular orbital, LUMO 는 전자가 채워지지 않은 오비탈 중 가장 낮은 곳에 위치한 오비탈이다. HOMO 와 LUMO의 에너지 차이가 다음에 설명할 형광 Fluorescence 의 원리가 된다.

**그림 7.4 자블론스키 다이어그램**

전자에 흡수된 광자 에너지의 복사 및 비복사 형태의 광물리 효과를 나타내는 자블론스키 다이어그램. $S$와 $T$는 각각 일중항과 삼중항 상태를 나타낸다.

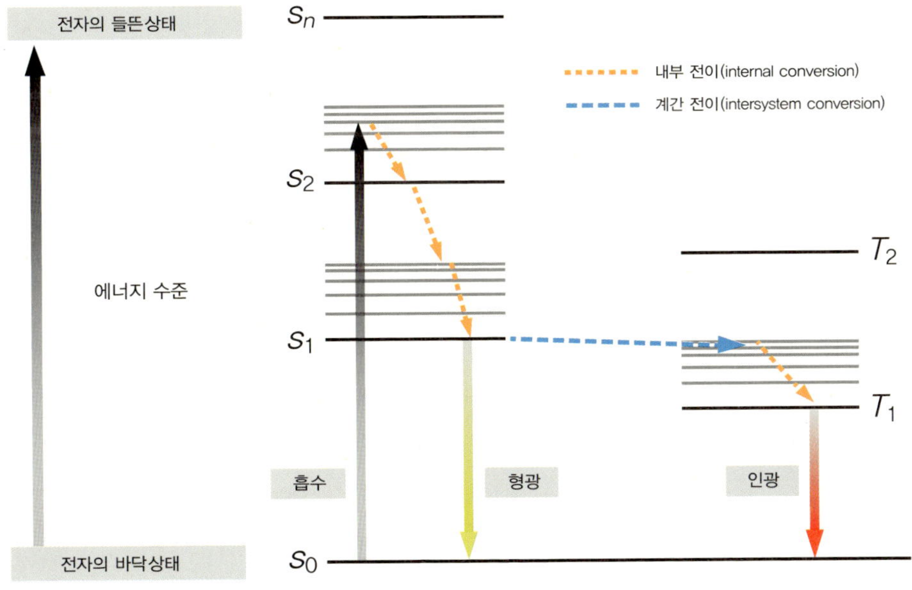

# 빛과 물질의 상호 작용

물질과 빛의 반응은 결국 물질을 이루는 원자와 광자 간의 상호 작용으로 볼 수 있다. 빛은 자기장과 전기장의 성질을 모두 갖고 있지만, 물질의 구성 성분과 반응할 때에는 대부분 빛의 전기장이 물질과 상호 작용한다.

그리고 물질을 이루는 분자에서 전기적인 성질은 전자와 핵의 양성자에 의해 결정된다. 빛과 흔히 동일시되는 개념인, 가시광선으로 형성되는 낮은 에너지 영역대의 전자기장은 원자의 핵보다는 전자와 주로 상호 작용한다. 빛이 원자의 핵과 반응하기 위해서는 엑스선이나 감마선과 같이 파장이 매우 짧아야 하며, 이는 빛의 에너지가 높은 전자기파인 경우이다.

물질을 이루는 전자는 양자화되어 있는 에너지 준위를 가진다. 특정 에너지 준위를 가진 전자는 복사 에너지, 즉 전자기파와 반응하여 그 에너지를 흡수하고 흡수한 만큼 더 높은 에너지 준위를 가질 수 있다. 그런데 이미 언급한 대로 전자는 양자화되어 있는 에너지 준위만을 가질 수 있다. 따라서 흡수한 전자기파의 에너지가 양자화되어 있는 에너지 준위에 정확하게 일치하는 경우에만 전자는 에너지를 흡수한 후 높은 에너지 준위로 이동할 수 있다. 전자기파의 에너지가 양자화된 에너지 준위와 일치하지 않는 경우 전자는 순간적으로 높은 에너지를 얻게 되지만 안정된 에너지 준위에 도달하지 못하고 곧바로 대부분 수 펨토 초 <sup>Femtosecond, fs</sup> 이내에 다시 원래의 궤도 혹은 다른 궤도로 복귀한다. 여기서 1fs는 1000조 분의 1초($10^{-15}$초)에 해당한다. 일반적으로 머리카락 하나의 두께는 약 100nm인데, 100fs 동안 빛이 머리카락 두께의 반도 진행하지 못한다고 하니 상상하기 힘들 정도로 짧은 시간이다.

복사 에너지가 전자를 안정적인 오비탈로 이동시키기에 충분한 경우 복사 에너지를 흡수한 전자는 새로운 오비탈로 이동한 후 일정 시간 동안은 궤도를 유지한다. 그러다가 자발적으로 에너지를 방출하면서 다시 원래의 바닥상태로 되돌아갈 수 있다. 이때 방출되는 에너지는 복사 에너지의 형태로 빛이나 다른 전자기파로 방출되기도 하고, 분자의 운동에너지로 바뀌어 결과적으로 물질의 온도를 상승시키기도 한다. 혹은 분자 간의 결합을 바꿈으로써 화학적인 변화를 유발하기도 한다.

그러나 광자의 에너지가 전자의 양자화된 에너지와 일치하지 않으면 에너지를 흡수한 전자는 오비탈에 위치하지 못하기 때문에 높아진 에너지 준위를 안정적으로 유지하지 못한다. 이는 마치 기타의 줄을 튕겨 소리를 낼 때 기타의 몸체와 음파가 공명을 이루면 소리가 오래 지속되는 반면 공명을 이루지 못하는 소리는 곧 사라지는 것과 같은 이치이다. 따라서 전자의 에너지 궤도와 공명되지 않는 복사 에너지는 전자를 아주 짧은 동안 가상의 에너지 준위로 올린 후 바로 방출되는데 이것이 산란의 기본이 된다. 산란 현상에 대해서 3장에서 이미 다루었지만 여기서는 보다 구체적인 내용을 살펴보자.

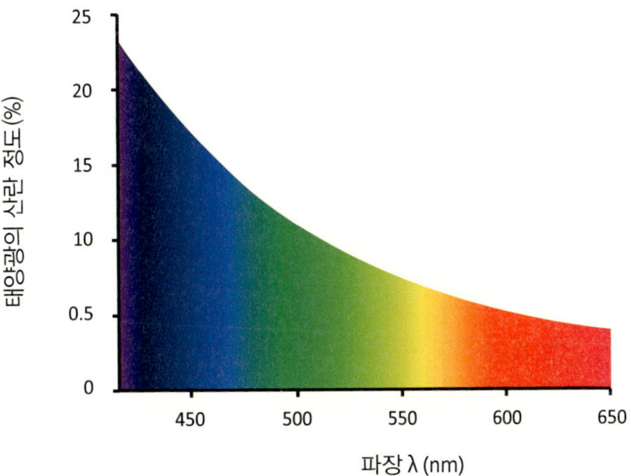



**그림 7.5  대기 중의 공기 입자에 의한 가시광선의 산란**
입자의 크기가 빛의 파장에 비해 충분히 작을 때는 파장 길이의 4승에 반비례하여 레일리 산란이 주로 발생한다. 따라서 자외선이나 파란색 계열의 빛은 공기 입자에 의한 산란이 빨간색 빛에 비해 더 잘 일어나기 때문에 하늘이 파란색으로 보이는 것이다.

산란이란 빛이 매질을 지나면서 진행 경로가 바뀌는 현상을 의미한다. 산란광이 입사광과 방향만 바뀌고 파동 에너지는 동일하게 유지되는 경우를 탄성 산란<sup>Elastic scattering</sup>이라 하며, 입자의 크기에 따라 레일리<sup>Rayleigh</sup> 산란과 미<sup>Mie</sup> 산란으로 나뉜다. 레일리 산란은 입자가 파장에 비해 충분히 작을 때 나타나는 현상이다. 레일리 산란이 일어날 확률은 파장 길이의 4승에 반비례하기 때문에 가시광선 중 파장이 가장 짧은 청자색 계열의 빛은 파장이 긴 빨간색 계열의 빛에 비하여 공기 입자로부터 더 많이 산란된다. 그래서 태양 빛이 대기를 지나며 산란된 청자색의 빛이 우리 눈에 들어와 하늘이 파랗게 보이는 것이다. 저녁 노을의 경우에는 태양 빛이 대기를 더 길게 통과하는 빨간색 계열 빛이 눈에 들어오기 때문에 붉게 보이는 것이다.

반면 미 산란은 입자가 충분히 큰 경우에 발생하는 현상으로 파장의 길이와 상관이 없다. 그래서 모든 빛을 비슷한 정도로 산란시키고 결과적으로는 하얀색으로 나타나게 된다. 우유나 안개가 하얗게 보이는 이유는 우유에 포함된 지방과 단백질의 콜로이드 입자와 안개의 물방울 입자가 미 산란을 일으킬 만큼 충분히 크기 때문이다.

한편 입자와 부딪쳐 산란되어 나오는 빛은 탄성 산란과 비탄성<sup>Inelastic</sup> 산란으로 나뉘어진다. 탄성 산란의 경우는 입사광과 같은 양의 에너지를 가지는 데 반하여 비탄성 산란은 입사광의 극히 일부분($10^{-8}$)만이 원래와는 다른 에너지, 즉 다른 파장의 빛으로 산란된다. 이는 전자가 빛을 흡수하여 가상의 에너지 준위에 도달한 후, 다시 바닥상태로 돌아올 때 원래의 궤도보다 높거나 낮은 에너지 준위의 오비탈로 내려오면서 에너지를 주고받아 입사광보다 파장이 더 길거나 짧은 빛을 내는 것으로, 바로 라만<sup>Raman</sup> 산란에 해당한다.

이러한 비탄성 산란이 일어날 때 산란광의 파장이 길어지는 경우를 스토크

**사진 7.6 파랗게 보이는 하늘**

하늘이 파랗게 보이고 저녁노을이 붉게 보이는 것은 레일리 산란 때문이다. 레일리 산란은 입자가 파장에 비해 충분히 작을 때 나타나는 현상으로 가시광선 중 파장이 짧은 청자색 계열의 빛은 공기 입자에 더 잘 산란되고 빨간색 계열의 빛은 상대적으로 산란이 적게 된다. 그런 이유로 태양광이 대기를 지나며 산란된 청자색의 빛이 우리 눈에 들어와 하늘이 파랗게 보이는 것이다.(사진: KAIST 기숙사 신뢰관의 전경)

스 Stokes 산란이라고 하고 반대로 파장이 짧아지는, 즉 산란광의 에너지가 더 커지는 경우를 반스토크스 Anti-Stokes 산란이라 한다. 이러한 반스토크스 산란이 일어나려면 분자의 전자가 바닥상태보다는 에너지 준위가 높은 오비탈에 존재하다가 빛과 부딪쳐야 한다. 그런데 대부분의 분자는 정상 상태에서 전자가 바닥상태에 있기 때문에 스토크스 산란이 반스토크스 산란에 비하여 강도가 세다. 그래서 일반적으로는 스토크스 산란 현상이 주로 관찰된다.

정리하자면 단일 원자나 분자보다 훨씬 큰 덩어리의 물질이 빛과 상호 작용을 하면 물질과 주위 환경의 굴절률 차이에 따라 반사, 굴절, 산란, 혹은 흡수의 형태로 결정된다.이에 반해 단일 원자나 분자 단계에서 물질과 빛의 상호 작용은 물질을 이루는 전자의 에너지 준위를 올리게 된다. 그리고 활성화된 전자의 에너지는 광물리, 광화학 혹은 광유도-전자 전이 과정을 통해 소진된다.
복잡한 구조를 띠는 분자에서 나타나는 이러한 다양한 복사 및 비복사 형태의 광물리 효과는 자블론스키 다이어그램으로 비교적 간단하게 나타낼 수 있다.

원자나 분자 단계에서 물질과 빛의 상호 작용은 기본적으로 광자의 흡수, 광자의 자발적인 방출, 광자의 유도된 방출 그리고 라만 산란의 형태로 나타난다. 분자에 흡수된 광자는 분자 혹은 원자의 전자 에너지 준위를 바닥 수준에서 들뜬 수준으로 상승시킨다. 에너지를 흡수한 들뜬상태의 전자는 자발적으로 광자를

**그림 7.7  원자와 광자의 상호 작용**
레일리 산란이나 라만 산란은 비공명 에너지에 해당하는 광자와 전자가 상호 작용을 일으켜 발생하는 현상이다. 라만 산란 역시 흡수되는 광자와 방출되는 광자의 에너지가 다른 점에서는 형광과 같지만, 라만 산란시 흡수된 광자에 의해 활성화된 전자의 에너지 준위는 원자 고유의 전자 궤도가 아닌 비공명 현상이라는 점에서 차이가 있다. 따라서 라만 산란은 매우 빠르게 일어나며 그 크기가 형광에 비해 작다.

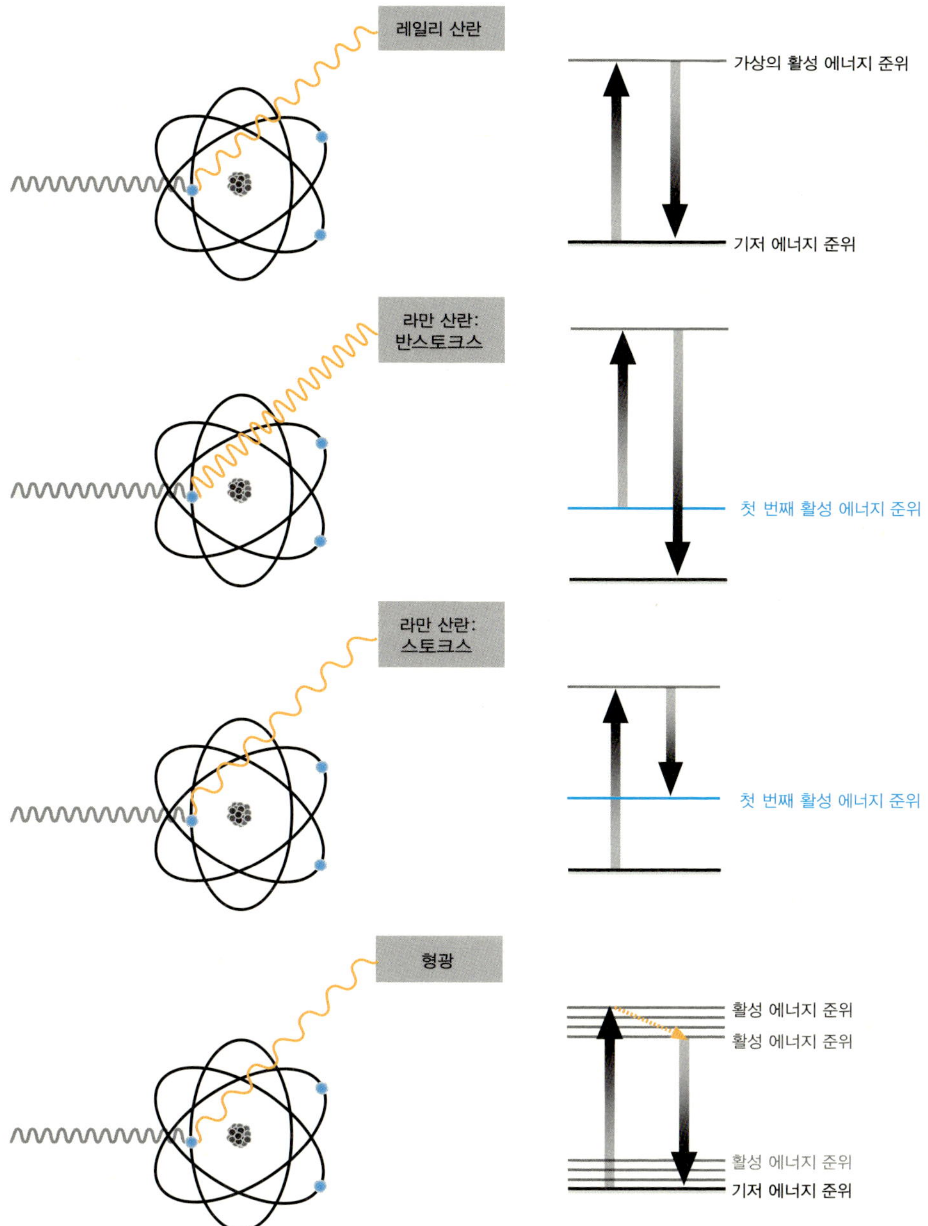

레일리 산란
가상의 활성 에너지 준위
기저 에너지 준위
라만 산란:
반스토크스
첫 번째 활성 에너지 준위
라만 산란:
스토크스
첫 번째 활성 에너지 준위
형광
활성 에너지 준위
활성 에너지 준위
활성 에너지 준위
기저 에너지 준위

방출하면서 원래의 바닥상태로 돌아간다. 만일 주위에 들뜬상태의 전자를 가지는 분자가 물질 내에 더 많을 경우 유도 방출이 발생할 수 있다. 이러한 유도 방출이 일어나려면 같은 주파수를 가지는 광자에 의한 촉발이 필요하며, 이는 레이저의 기본 발생 원리가 된다.

에너지가 다른 상태로 전이되는 과정 역시 광자의 형태로 에너지 차가 방출되는 형태와 복사 에너지가 아닌 다른 형태의 에너지로 전환되는 비복사형Non-radioactive 전이가 있다. 복사형 전이 형태로서 에너지가 전이되는 과정에서 스핀 상태가 유지되면 형광 현상이, 그리고 스핀 상태가 바뀌면 인광Phosphorescence 현상이 나타난다. 비복사형 전이의 예로는 원자핵의 에너지가 들뜬상태에서 바닥상태로 바뀌면서 전자를 방출하는 현상을 살펴볼 수 있다. 비복사형 전이에서 전자의 스핀 상태가 유지되는 내부 전환Internal conversion 및 스핀의 상태가 바뀌는 계간 전이Intersystem crossing가 있다.


## 형광으로 밝히는 생물학


형광펜이나 형광등 같이 일상에서 형광이라는 단어는 심심찮게 사용되지만, 실제 이 현상을 제대로 이해하고 사용하는 경우는 거의 없다. 형광 물질은 16세기에 나무에서 처음 발견된 바 있다. 그러나 19세기에 들어와서야 화학자들이 형광을 나타내는 핵심 물질Fluorescein을 합성해 내었고 물리학자들은 형광의 원리를 밝혀내었다. 형광을 띠는 물질들은 단순히 산업적 활용에 한정되지 않는다. 생물학에서는 특정 분자에 형광 물질을 결합시킴으로써 분자의 유무나 생체 내에서 특정 분자의 이동 방식과 경로를 살펴보는 데 활용될 수 있다. 최근 형광을 띠는 단백질과 그 유전자가 발견되었는데, 이 과정에서 유전 공학적인 방법을 통해 형광을 띠는 단백질을 만들어 냄으로써 더욱 다양한 응용이 가능하게 되었다.

형광의 기본 원리는 빛의 에너지를 흡수한 후 기존의 빛과는 다른 파장의 새로운 빛을 방출하는 것이다. 특정한 파장의 빛을 형광 물질에 비추면 빛의 광자 에너지만큼 물질에 흡수가 된다. 흡수된 빛 에너지는 안정한 상태로 존재하던 형광 분자의 전자를 들뜬(반결합 분자 오비탈)상태로 만든다. 들뜬상태의 전자는 매우 불안정해서 흡수한 에너지를 방출하여 안정한 상태로 가려는 성질이 강하다. 흡수한 빛 에너지 중 일부는 분자 진동에 의한 열에너지로 바뀌고 남은 에너지가 다시 광자의 형태로 방출되는데, 이 빛을 형광이라고 한다.

방출되는 빛의 파장은 분자 오비탈의 HOMO와 LUMO의 에너지 차이만큼에 의해 결정된다. 형광 물질에 흡수된 빛과 같은 크기의 에너지를 갖는 빛으로 나오는 것이 아니라 진동에 의한 열에너지로 일부 손실되고 남은 에너지가 빛으로 나오기 때문에 항상 처음 빛보다 낮은 에너지의 빛이 방출된다. 따라서 형광은 짧은 파장(높은 에너지)의 빛을 흡수하여 전자를 들뜬상태로 만든 후, 전자의 진동에 의해 일부 에너지를 소실한 다음 긴 파장(낮은 에너지)의 빛을 방출하는 것이다.

다음으로 흔히 야광이라고도 불리우는 인광을 살펴보자. 흡수된 빛에 비해 방출되는 빛의 파장이 길어지는 점은 형광과 유사하다. 그렇지만 형광의 경우 빛이 흡수된 이후 수십 나노초 <sup>Nanosecond, ns</sup> 이내에 방출되는 데 반해 인광은 수 초 혹은 수 분이 경과한 후 방출되는 차이가 있다. 따라서 야광 물질을 밝은 곳에서 어두운 곳으로 가져오면 밝은 곳에서 흡수되었던 빛의 에너지가 어두운 곳에서 야광으로 방출되는 것이다.

형광을 이용한 영상은 약물을 사용하여 고정된 세포뿐 아니라 살아 있는 세포나 생체에서 다양한 구조나 기능을 분석하는 데 쓰이고 있다. 형광 생체 영상은 현미경의 도움을 필요로 하는 미시적 영상뿐 아니라 내시경과 같은 거시적 영상 시스템에 모두 활용이 가능하다. 다양한 형광 표지자 Fluorescent probe의 특성 덕분에 생체 구조 및 기능의 정보를 선택적으로 획득할 수 있는 장점이 있다. 형광 표지자는 특정 파장의 빛에 활성화되어 형광을 내는 분자 또는 복합체를 일컫는다. 형광 표지자에 의해 염색되는 정도는 정상적인 세포와 특정 질병 상태에서 차


1962년 자외선을 받으면 녹색 빛을 내는 녹색 형광 단백질이 해파리에서 발견되었다. 이는 세포 염색을 위해 형광 염료를 사용하던 수준을 뛰어넘는 계기가 되었으며 1990년대 들어 녹색 형광 단백질의 유전자 염기 서열이 밝혀지고 유전 공학적으로 인공 합성이 가능해지면서 형광은 생명 과학에 본격적으로 응용되기 시작했다.

이가 있다. 이를 이용하여 형광 표지자의 흡수 정도나 약물 전달 시스템<sup>Drug delivery system</sup>을 이용하여 표적<sup>Target</sup>을 구분하는 생체 형광 영상<sup>Fluorescent bioimaging</sup>을 얻을 수 있다. 또는 외부의 인공적인 형광 표지자를 사용하지 않고, 특정 생체 물질이나 특수한 구조에서 보이는 자가 형광<sup>Autofluorescence</sup>을 이용하여 니코틴(산)아마이드 아데닌 다이뉴클레오티드<sup>Nicotinamide adenine dinucleotide, NAD(P)H</sup>, 콜라겐<sup>Collagen</sup> 등의 발현 정도에 대한 정보도 얻을 수 있다.

1962년에 자외선을 받으면 녹색 빛을 내는 녹색 형광 단백질<sup>Green fluorescence protein</sup>이 이 해파리로부터 발견되었다. 이는 세포 염색을 위해 형광 염료를 사용하던 수준을 뛰어넘는 계기를 마련해 주었다. 이후 1990년대에 들어 녹색 형광 단백질의 유전자 염기 서열이 밝혀지고 유전 공학적으로 인공 합성이 가능해지면서 형광은 생명 과학에 본격적으로 응용되기 시작했다. 현재는 형광 단백질의 염기 서열을 변화시킴으로써 녹색뿐만 아니라 다양한 색을 낼 수 있는 형광 단백질들이 개발되어 생명 과학에 폭넓게 응용되고 있다. 형광 단백질은 세포의 구조를 이루는 단백질과 결합하여 세포의 미세 구조를 연구하는 데 이용되거나 칼슘과 반응할 수 있는 단백질과 형광 단백질을 결합하여 살아 있는 세포에서 칼슘 이온의 변화를 실시간으로 측정하는 것과 같이 기능을 연구하는 목적으로도 사용되고 있다. 또한 형광을 통해 원하는 물질이나 세포를 손쉽게 선별하는 것이 가능하기 때문에 생명 과학에 많이 응용되고 있다.


## 생명의 계층적 구성

생명체의 가장 두드러진 특징은 여러 단계로 구성된 계층적<sup>Hierarchical</sup> 구조를 이루고 있다는 점이다. 개체들이 모여 집단<sup>Community</sup>과 군집을 이루고 생태계<sup>Ecosystem</sup>를 형성한다. 개체를 따로 떼어 놓고 그 하부 구조를 들여다보면 신경계와 소화계와 같이 고유한 기능을 담당하는 기관계<sup>Organ system</sup>와 각 기관계에 기능적으로 연관된 기관들로 구성되어 있다. 예를 들어 신경계는 대뇌, 소뇌, 척수, 말초 신경

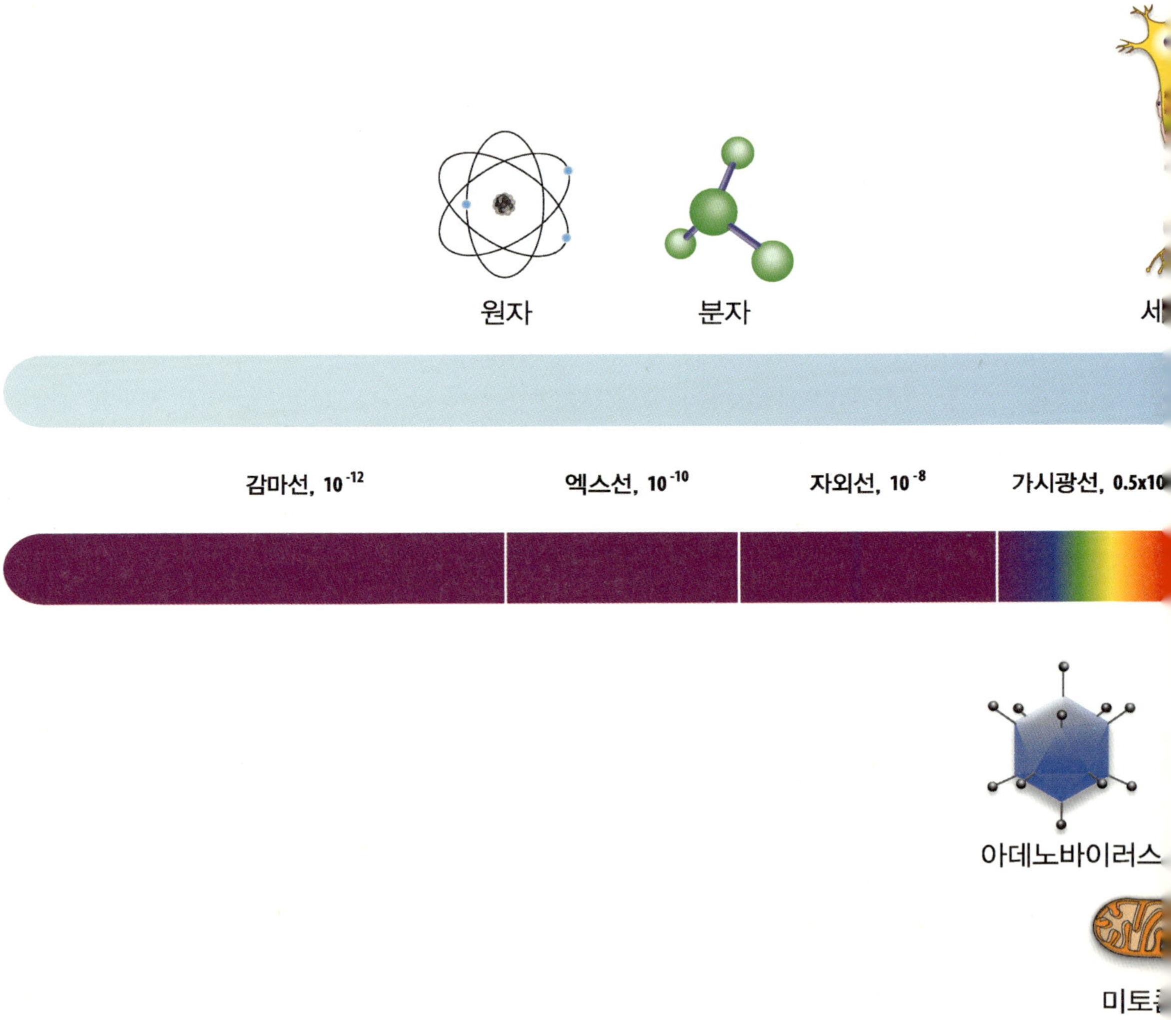

등과 같은 기관으로 구성된다. 기관은 다시 다양한 조직$^{Tissue}$으로 구성되며, 조직은 세포로 이루어진다. 또한 세포는 여러 생체 분자로 이루어져 있고, 생체 분자는 하부 구조인 원자로 구성된다. 따라서 생체와 빛의 상호 작용을 이해하기 위해서는 생체를 구성하는 여러 단계의 독특한 특성을 파악하는 것이 중요하다.

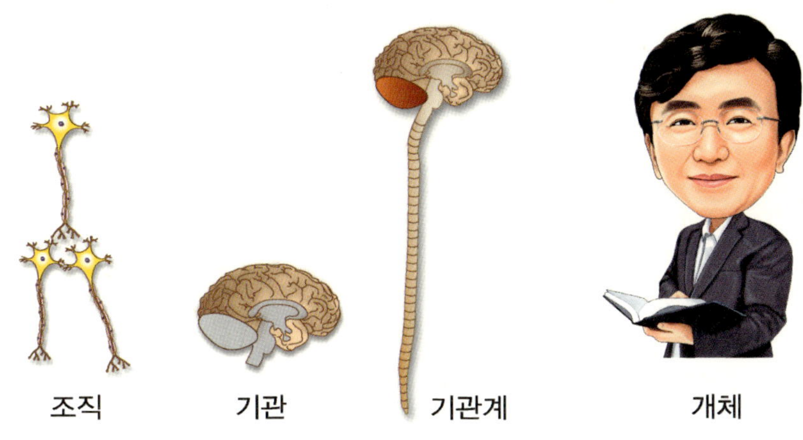


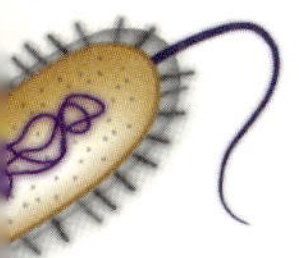


**그림 7.9  생물학적으로 의미 있는 척도와 전자기파 파장과의 관계**
감기를 유발하는 아데노바이러스의 크기는 100nm 정도이고 대장균의 크기는 1μm 내외이다. 미토콘드리아는 강낭콩 모양으로 짧은 축은 대장균과 비슷한 1μm이고 긴 축은 3∼4μm 정도이다. 우리 몸을 구성하는 세포는 대부분 100μm 이내의 크기를 가진다.

현미경의 발명 덕분에 눈에 보이지 않을 정도로 작은 물체를 관찰할 수 있게 되면서 개체 수준에서만 이해하던 생명체를 세포와 그 하부 단계까지 파악할 수 있게 되었다. 일반적으로 건강한 젊은 사람이 육안으로 구별할 수 있는 가장 짧은 두 점 사이의 거리가 0.5mm인 데 반해 대부분의 세포들은 그 크기가 0.1mm, 즉 100μm를 넘지 않기 때문에 광학적인 도구의 도움 없이는 세포를 관찰할 수 없다. 그래서 현미경이 발명되기 전인 17세기 이전에는 인간을 포함한 생명체가 어떻게 구성되어 있는지는 순전히 상상에 의존할 수밖에 없었다.

세포를 뜻하는 셀<sup>Cell</sup>도 17세기 중반 세포학의 아버지라고 불리우는 로버트 훅<sup>Robert Hooke</sup>이 자신이 개량한 현미경을 이용하여 코르크나무의 껍질을 잘라 보니 작은 방이 모여 있는 구조가 보인다 하여 이름 붙여진 것이었다. 이후 미생물학의 아버지로 불리는 네덜란드 출신의 안토니 판 레이우엔훅<sup>Anton van Leeuwenhoek</sup>이 살아 있는 단세포 생물인 원생동물<sup>Protozoa</sup>이 우아하게 헤엄치는 것을 현미경으로 관찰하였지만 실제 세포가 생명체의 구성 단위임을 깨닫는 데는 그로부터 200년의 시간이 더 소요되었다.

피부를 검게 보이게 하는 멜라닌 세포나 헤모글로빈<sup>Hemoglobin</sup>을 함유하고 있는 적혈구, 혹은 엽록소를 지니고 있는 식물 세포와 같이 색소를 포함하고 있는 세포들을 제외하면 대부분의 세포들은 가시광선을 거의 흡수하지 않고 투명하기 때문에 광학 현미경으로 그 형태를 정확하게 관찰하기 어렵다. 이런 문제를 해결하기 위한 방법으로 흔히 생체 조직이나 세포를 염색한 후에 현미경으로 관찰한다. 이때 대부분 세포나 조직을 고정한 후 특정 염색약으로 처리한다. 경우에 따라서는 살아 있는 세포를 염색할 수 있는 약물을 사용하기도 하는데 이를 통해 단순히 구조뿐 아니라 세포의 기능을 연구하기도 한다.

광학 현미경에 대해서는 아직 논란이 있긴 하지만 17세기 초 갈릴레오 갈릴레이 <sup>Galileo Galilei</sup>에 의해 완성되었다고 여겨진다. 이후 로버트 훅과 안토니 판 레이우엔 훅에 의해 생물학에서 본격적으로 현미경이 사용되기 시작하였다. 1940년 프리 츠 제르니케<sup>Fritz Zernike</sup>는 광학 현미경이 검체<sup>Sample</sup>를 투과하는 빛을 관찰하는 것에 기반하는 한계를 극복하고 빛의 위상 차이에 의한 간섭 현상을 이용하여 투명 한 물체를 관찰할 수 있는 위상차 현미경<sup>Phase contrast microscope</sup>을 개발하였다. 제르니 케는 이 공로를 인정받아 1953년 노벨상을 수상하였고, 이후 1955년 조르주 노 마스키<sup>Georges Normarski</sup>가 빛의 간섭 현상을 이용한 미분 간섭 현미경<sup>Differential interference contrast microscopy, DIC microscopy</sup>을 개발하였다. 간섭을 이용한 현미경의 발전 덕분에 세 포처럼 투명한 검체를 간단한 광학 현미경으로도 손쉽게 관찰할 수 있게 되었 다. 위상차 현미경의 개발 이후 과학자들은 빛의 간섭, 편광, 회절 등의 물리적 특성을 이용하여 물체를 관찰할 수 있는 방법을 모색하기 시작하였다. 이에 따 라 간섭 현미경<sup>Interference microscope</sup>, 편광 현미경<sup>Polarization microscope</sup>, 암시야 현미경<sup>Dark-field microscope</sup>, 전반사 형광 현미경<sup>Total internal reflection fluorescence, TIRF</sup> 등이 개발되었다.

간섭 현미경은 빛이 검체를 투과할 때 표면에 따라 빛의 위상에 변화가 발생하 는 현상을 이용한 것이다. 검체를 투과한 빛은 위상에 변화가 생기는데, 광원에 서 분리되어 원래의 위상을 유지하는 빛을 검체를 투과한 빛과 합침으로써 두 빛 사이의 간섭 현상을 유도한다. 이를 이용하면 투명한 검체의 광학적 두께를 명암의 차이로 바꾸어 관찰할 수 있기 때문에 세포나 조직의 구조를 염색하지 않고 관찰하는 데 쓰이고 있다.

편광 현미경은 일정한 진동면을 가지도록 편광을 광원으로 이용하여 검체에 의 한 빛의 흡수와 굴절을 분석하는 현미경이다. 주로 광물을 분석하는 데 많이 사 용되지만, 최근에는 살아 있는 세포에서 세포 골격<sup>Cytoskeleton</sup>의 구조가 동적으로 변화하는 것을 실시간으로 관찰하는 데 사용하기도 한다.

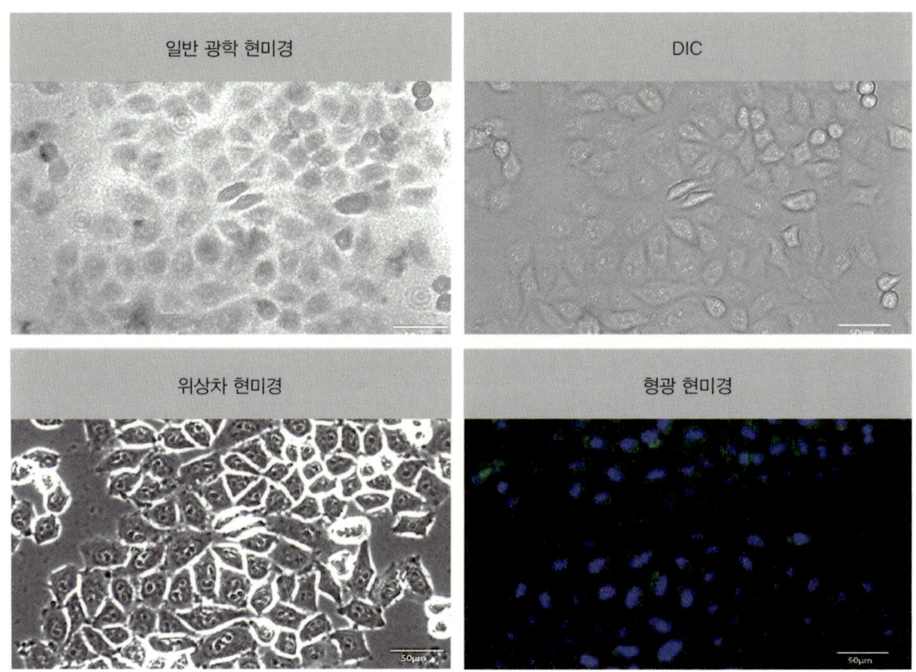



**사진 7.10  플라스크에서 배양된 HeLa 세포를 다양한 광학 현미경으로 관찰한 사진**
일반적인 광학 현미경에서는 세포의 경계가 잘 관찰되지 않는 반면, DIC나 위상차 현미경을 사용하면 세포의 경계 및 핵을 포함한 세포 내부 소기관의 모습이 비교적 잘 관찰된다. 형광 염색 후 형광 현미경으로 관찰하면 세포 내부의 화학적 특성을 잘 살펴볼 수 있다. 사진에서 파란색은 핵을 염색한 것이고 초록색은 미토콘드리아를 염색한 것이다. 그림의 밑에 표시된 하얀 줄은 50μm를 나타낸다.

암시야 현미경은 표본 내에서 굴절률이 서로 다른 구조에서 산란되어 나오는 빛만을 추출하여 영상을 얻는 현미경이다. 이 방법을 이용하면 신호의 대비가 매우 크게 나타나기 때문에 일반 현미경으로는 관찰할 수 없는 세균의 형태도 손쉽게 확인할 수 있다.

전반사 형광 현미경은 빛이 임계각 이상의 경계면에서 모두 반사되는 전반사가 일어날 때 경계면에서 방출되는 경계파<sup>Evanescence wave</sup>를 이용한 현미경이다. 이러한 경계파는 경계면으로부터 100nm 이내에서만 발생하기 때문에 세포막 단백질이나 세포막의 미세한 움직임을 관찰하는 데 매우 유용하게 사용된다.

## 생각해 보기

**a.** 백색광을 프리즘을 통해 무지개 색의 빛으로 나눌 수 있는 것은 빛의 파장에 따른 굴절률이 다르기 때문이다. 프리즘에 의해 생기는 무지개 무늬의 방향을 관찰해 보고, 파장이 짧은 빛이 긴 파장에 비해 유리 매질에서의 굴절률이 더 큰지 아니면 작은지를 생각해 보자.

**b.** 물은 가시광선에는 투명하지만 적외선은 잘 투과하지 않는다. 이러한 성질을 이용하면 공기 중에 눈으로는 잘 관찰되지 않는 수분량을 측정할 수 있다. 물의 이러한 광학적 특성에 대해 살펴보자.

**c.** 세포의 크기는 직경이 100 μm 정도로 일정한데, 세포의 크기가 그보다 더 커질 수 없는 이유는 무엇일까? 세포를 둘러싸는 막의 면적과 세포의 용적 사이의 관계를 통해 생각해 보자.

# 8장

# 빛과 생체의 상호 작용

우리가 사물을 식별할 수 있는 것은 태양 빛이나 다른 광원에서 기원한 빛이 물체에 부딪치며 반사 혹은 산란되어 우리 눈에 들어오기 때문이다. 이렇듯 물체에 부딪친 빛의 일부는 그대로 투과하기도 하고 일부는 원래 빛의 경로와 다른 방향으로 진행하는 산란 혹은 반사 현상을 나타내기도 한다. 또한 일부는 물질에 흡수되어 다른 형태의 에너지로 변환된다. 이러한 일련의 현상은 어느 정도 큰 물체와 광자의 상호 작용에 해당하는 것으로 물체와 빛의 상호 작용을 거시적인 측면에서 볼 때 드러나는 현상이다.

더 자세히 들여다보면 물체와 광자의 상호 작용은 물체를 구성하는 분자나 원자 단위에서 발생한다. 앞서 살펴본 바와 같이 물질과 빛 모두 입자성과 파동성을 가지고 있기 때문에 물질과 빛의 상호 작용 또한 원자 단위에서 광자와의 반응으로 이해할 필요가 있다. 8장에서는 생물학적으로 의미가 있는 전자기파를 더 자세히 살펴보고자 한다.

여름철 해변에서 아무런 보호 없이 해수욕이나 일광욕을 즐기고 나면 어김없이 피부가 검게 변색되고 심한 경우 물집과 고통을 동반하는 화상으로 고생하게 된다. 원인은 바로 자외선이다. 우리가 노출된 부위에 바르는 선크림은 자외선을 차단하여 피부를 보호하는 작용을 한다. 자외선은 우리 눈으로는 볼 수 없는, 일반적인 가시광선보다 파장이 짧은 빛으로 단일 광자가 가진 에너지가 상대적으로 높다. 이러한 높은 에너지의 광자가 생체 분자와 작용하면 가시광선보다 훨씬 강력한 효과를 유발해 과도한 경우 생체에 손상을 유발하는 것이다. 자외선과 같이 높은 에너지를 가진 광자는 생체 분자에 직접 작용하여 외각 전자를 궤도로부터 벗어나게 해 생체 분자를 이온으로 만들어 파괴적인 효과를 유발할 수 있기 때문에 일명 이온화 복사 <sup>Ionizing radiation</sup>라 부른다.

가시광선이 다른 파장 영역대의 전자기파와 구별되는 가장 큰 특징은 우리가 시각을 통해 이들을 지각할 수 있다는 점이다. 이는 눈의 망막에 가시광선을 선택적으로 인지할 수 있는 광 수용체 <sup>Photoreceptor</sup>가 있어 가시광선 영역의 빛 복사 에너지를 신경 세포의 전기 에너지로 전환할 수 있기 때문이다. 광 수용체라 함은 간상 세포 <sup>Rod cell</sup>나 원추 세포 <sup>Cone cell</sup>와 같이 특정 파장의 빛을 지각할 수 있는 시각 감각 세포를 의미하기도 하며, 이들 세포에서 실제로 빛을 흡수하여 화학 에너지로 전환하는 옵신 <sup>Opsin</sup> 단백질을 뜻하기도 한다.

반면 적외선은 가시광선보다 좀 더 긴 파장을 가지므로 단일 광자가 지닌 에너지가 가시광선보다 상대적으로 낮다. 적외선은 생명체에서 에너지원이나 감각 자극으로 작용하지는 못한다. 적외선 중에서도 파장이 짧은 근적외선 <sup>Near infrared ray</sup>은 생체 분자에 반응하지 않고 조직 깊숙이 침투할 수 있어 광학 생체 영상이나 조직 깊숙한 부위에 열을 전달하는 수단으로 사용된다.


## 이온화 복사 에너지

높은 에너지의 전하를 띤 입자나 복사 에너지가 물질을 통과할 때 물질을 구성하는 원자나 분자로부터 전자를 분리시키는 이온화가 일어난다. 방사성 물질에서 나오는 알파 입자나 전자처럼 전하를 띤 입자들은 에너지가 높기 때문에 물질을 통과하는 경로를 따라 이온화를 일으킨다. 하전 입자 <sup>Charged particle</sup>가 물질을 통과하게 되면 원자핵의 전기적 인력에 의하여 급격히 휘고 감속되면서 제동 방사선 <sup>Bremsstrahlen</sup>을 방출함으로써 그 에너지를 잃는다. 전자와 같은 하전 입자는 원자와 충돌할 때마다 운동 방향이 크게 휘어지며 에너지를 잃는 반면, 전하가 없는 중성 입자 Neutral particle는 전자와의 충돌로 그리 많은 에너지를 잃지 않으며 휘어지는 영향도 받지 않기 때문에 거의 직선으로 진행하며 투과한다. 이처럼 중성자 Neutron와 중성미자 Neutrino 같이 강력한 중성 입자들은 전자와의 상호 작용이 거의 없어 물질에 흡수되지 않고 투과하기 때문에 이온화를 거의 일으키지 않는다. 이러한 원자핵 반응 Nuclear reaction의 결과, 원자핵은 중성자를 흡수해서 감마선, 양성자, 중양성자 Deuteron, 알파 입자, 중성자 등 여러 가지 입자를 방출한다.

전하를 띤 입자는 아니지만 고에너지의 복사 에너지인 엑스선이나 감마선과 같은 광자 펄스는 광전 효과나 콤프턴 효과 Compton effect 등을 통해 원자나 분자로부터 전자를 방출해 이온화를 일으킬 수 있다. 또한 1.02MeV 이상의 에너지를 가지는 광자는 음전자와 양전자 한 쌍의 전자쌍을 생성한다. 복사 에너지를 흡수하거나 지나가는 하전 입자들에 생긴 자유 전자들은 높은 에너지를 가지고 있기 때문에 주위 원자 혹은 분자의 2차 이온화를 유발할 수 있다. 대기권에서도 우주에서 날아오는 우주선 Cosmic ray과 태양에서 오는 자외선에 의해 적은 양이기는 하지만 이온화가 일어난다.

복사 에너지를 이온화 복사 에너지와 비이온화 복사 에너지로 나누는 기준은 복사 에너지가 물질에 흡수되었을 때 이온화를 유발할 정도로 그 에너지가 높은가, 그렇지 않은가이다. 그러나 실제로 그 경계는 모호한데, 각 물질마다 이온화 에너지가 차이가 있기 때문이다. 일반적으로 이온화 복사 에너지를 정의할 때 산소나 수소가 이온화되는 에너지인 14eV를 참고하여 10eV를 기준으로 삼거나, 공기를 투과하면서 이온화시킬 수 있는 33eV를 기준으로 삼는다. 혹은 탄소와 탄소 결합을 깰 수 있는 4.9eV를 기준으로 할 수도 있다. 이들 기준

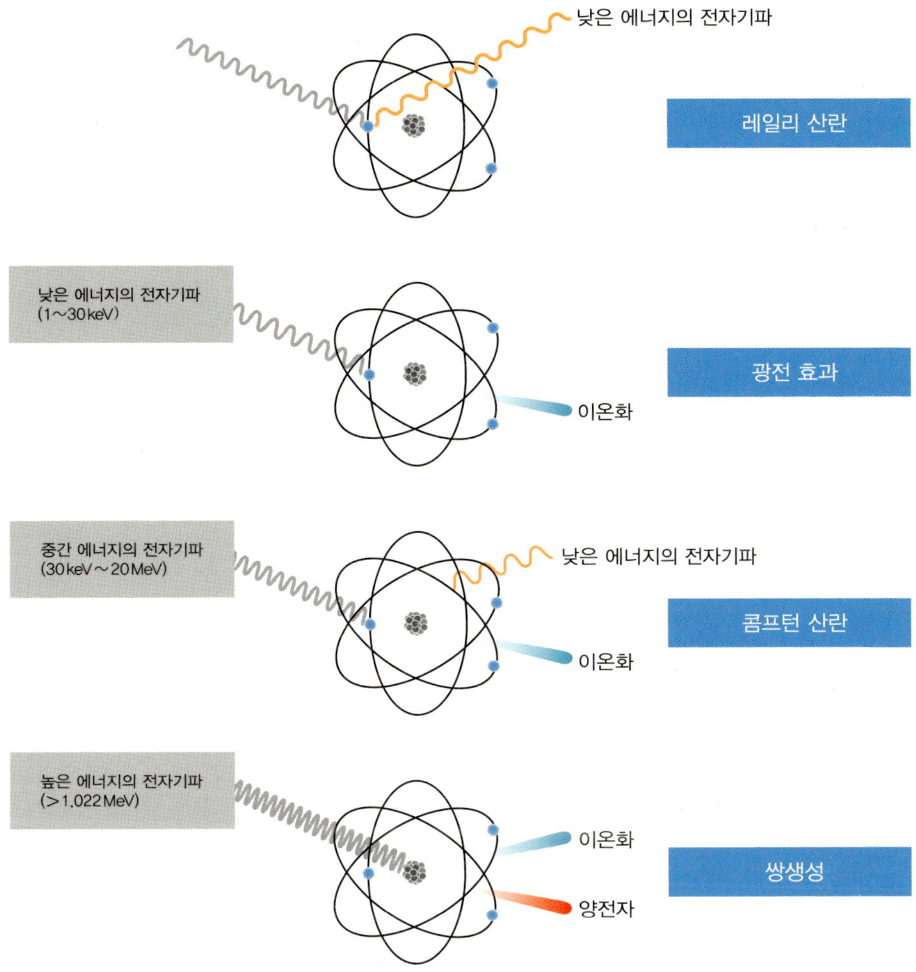


**그림 8.1  고에너지 하전 입자 또는 복사 에너지와 원자의 상호 작용**

에너지 준위가 낮은 복사 에너지는 레일리 산란에 의해 방출되는 반면, 에너지가 높은 복사 에너지는 최외각 전자를 방출하여 이온화를 일으키거나 전자쌍을 발생시킨다. 콤프턴 효과는 광전 효과를 일으키는 복사 에너지보다 상대적으로 큰 에너지의 광자가 일으키는 현상으로, 이온화에 사용되고 남은 복사 에너지가 추가로 발생하기 때문에 콤프턴 산란이라 부르기도 한다.

에 해당하는 광자의 파장은 각각 124nm, 38nm, 250nm로 대부분 자외선 영역 (10~400nm, 3~124eV)에 해당한다. 따라서 자외선보다 에너지가 높은 감마선이나 엑스선은 논란의 여지가 없이 이온화 복사 에너지로 분류되며 자외선은 반응하는 물질에 따라 이온화 혹은 비이온화 복사 에너지로서 작용하게 된다.

## 자외선과 건강

자외선은 파장이 10nm에서 400nm에 이르는 복사 에너지이다. 파장이 10~200nm의 자외선은 공기 분자에 의해 흡수되어 이온화를 유발하면서 곧 소멸된다. 따라서 안정적으로 발생하기 위해서는 진공 상태가 유지되어야 하기 때문에 진공 자외선 Vacuum ultraviolet ray 으로 분류된다. 파장이 100~280nm인 단파장 자외선 Ultraviolet C, UVC 은 대기권의 산소에 흡수되어 오존을 형성한다. 생물학적으로 의미를 가지는 자외선은 파장이 280~315nm와 315~400nm에 해당하는 복사 에너지로, 태양광에 포함되어 지상으로 복사된다. 이를 각각 중파장 자외선 Ultraviolet B, UVB 및 장파장 자외선 Ultraviolet A, UVA 으로 지칭한다. 중파장 자외선은 오존에 흡수되며, 결과적으로 태양광에 포함된 자외선의 99%는 대기권의 공기와 오존에 의해 흡수되는 셈이다. 기상 조건에 따라 차이는 있지만 지상까지 전달되는 자외선의 95%는 장파장 자외선에 해당한다.

장파장 자외선의 에너지는 3.1~3.94eV인데 이온화 복사 에너지로 분류하는 기준보다 낮다. 따라서 직접적으로 생체 분자의 이온화를 일으키지는 못하며 암 발생에 결정적인 DNA 분자의 직접적인 손상을 유발하지 않는다. 중파장 자외선의 에너지는 3.94~4.43eV로, 장파장 자외선보다는 높은 에너지를 가지고 있지만 DNA에 직접적으로 손상을 주기보다는 활성 산소종 Reactive oxygen species 과 같은 자유 라디칼<sup>Free radical</sup>에 의한 이차적인 손상을 일으킨다. 에너지가 높은 단파장 자외선의 에너지는 4.43~12.4eV 정도인데, 이는 이온화 복사 에너지로 분류될 수 있는 수준이다. 그래서 단파장 자외선은 생체 분자의 이온화를 일으키고 DNA에 직접적 손상을 주어 돌연변이나 암을 유발할 수 있다.

자외선이 생체의 피부에 도달하면 중파장 자외선은 제일 바깥층인 표피층<sup>Epidermis layer</sup>까지, 장파장 자외선은 더 깊은 진피층<sup>Dermis layer</sup>까지 도달한다. 이들 자외선은 피부의 색소 침착을 유발하여 기미나 주근깨 등을 일으킬 수 있으며 노출이 과다하면 화상이나 피부암을 유발할 수도 있다. 한국인의 경우 피부 악성 종양(피부암)이 발생할 비율이 서양에 비하여 비교적 낮지만, 전 세계적으로는 발생이 증가하고 있는 추세이다. 국내 통계에 따르면 피부 악성 종양의 비율은 전체 악성 종양의 약 4%를 차지한다.

피부암은 크게 기저 세포암<sup>Basal cell carcinoma</sup>, 편평 세포암<sup>Squamous cell carcinoma</sup>, 악성 흑색종<sup>Malignant melanoma</sup> 등 세 종류가 있으며 모두 자외선 노출과 관련이 있는 것으로 알려져 있다. 물론 이들 피부암을 유발하는 다른 요인도 많이 존재하고 상황에 따라서는 자외선이 피부암의 발생에 영향을 끼치는 정도 또한 다를 수 있다. 그럼에도 불구하고 자외선의 노출이 증가할수록 피부암의 가능성이 높아지는 것은 여러 연구에서 거듭 확인된 사실이다.

중파장 자외선은 간접적으로 DNA 손상을 유발하여 암을 일으킬 수도 있지만, 동시에 칼슘의 대사에 필수적인 비타민 D의 합성에도 중요한 역할을 담당한다. 비타민 D는 우유나 유제품, 간유 등의 음식물에 포함되어 있어 이들을 섭취함으로써 흡수되거나 체내에서 일부 자연 합성된다. 이렇게 흡수 혹은 생성된 비타민 D는 전구체<sup>Precursor</sup> 상태로 우리 몸에 저장되어 있다가 중파장 자외선을 쬐면 비타민 D3로 전환된다. 전환된 비타민 D3는 활성 비타민 D가 되어 칼슘의 흡수를 돕고 혈중의 칼슘 농도를 조절하며 뼈에 칼슘이 침착되는 것을 도움으로써 구루병이나 골다공증 예방에 중요한 역할을 한다. 이 외에도 비타민 D는 면역 증강 작용이나 암의 발생을 억제하고 다양한 성인병의 예방 작용을 한다. 그래서 단순한 영양소가 아닌 건강 전반에 필수적인 요소로 여겨지고 있다. 체내 합성이 가능한 비타민 D3는 노년층까지도 일정량이 유지되지만, 70세 이후부터는 자외선에 노출되어도 합성되는 비타민 D3의 양이 현저히 감소한다.

자외선 차단제를 바를 경우 비타민 D3를 합성하기 위해 햇빛을 쬐어야 하는 시간이 길어질 수 있지만, 자외선 차단제의 효과는 2~3시간 안팎에 불과하다. 그리고 자외선 차단제를 평상시 전신에 바르는 경우는 거의 없기 때문에 자외선 차단제가 비타민 D3의 합성을 완전히 막는 경우는 거의 없다. 체표 면적의 20% 정도만 햇빛을 쬐어도 충분한 양의 비타민 D3를 얻을 수 있다. 비타민 D3는 지용성 비타민으로 몸에 오랫동안 남아 있으면서 2주 이상 활성을 나타내는 덕분에, 주 2~3회 정도 팔과 다리 등에 1시간 이내의 태양광을 쬐는 것으로도 충분한 양의 비타민 D3를 합성할 수 있다.


## 적외선과 생명 현상


파장이 0.75~3μm이면 근적외선, 파장이 3~25μm이면 중적외선, 그리고 파장이 25μm보다 길면 원적외선 Far infrared ray 이라 분류한다. 근적외선은 흔히 열선이라고도 하며 피부 깊숙이 투과하기 때문에 혈관 확장을 유발하여 혈액 순환을 촉진하고 통증을 완화시키는 진통 효과가 있다. 자외선과는 달리 적외선은 피부에 붉은 반점이나 색소 침착을 일으키지는 않지만 강한 열선에 노출되면 화상을 입을 수 있다. 또한 눈이 적외선에 노출되면 안구의 온도가 상승하면서 수정체의 대사에 이상이 발생하여 백내장을 일으킬 수 있는 것으로 알려져 있다. 그 외에도 조기 노안이나 망막 황반부 Macula의 색소 침착과 같은 문제를 야기할 수 있다. 원적외선은 가시광선보다 강한 열작용 Thermal effect을 하며 에너지가 직접적이고 순간적으로 전달되어 동식물의 생리적 활성을 조절하는 데 널리 이용되고 있다. 원적외선은 분자의 회전 및 진동 운동 에너지 영역에 해당되며 원소의 종류, 분자의 크기, 그 배열 상태 및 결합력의 차이 등에 따라 고유한 회전 주파수를 가지고 있다. 원적외선의 생리적인 효능으로는 말초 신경 자극, 모세 혈관 확장 등이 알려져 있다.

## 전자기파가 건강에 미치는 영향

하인리히 헤르츠 Heinrich Hertz가 전자기파의 존재를 증명하고 실생활에 응용되면서 전자파가 생체에 미치는 영향에 대한 연구가 본격적으로 시작되었다. 전자파가 인체에 미칠 수 있는 영향은 크게 열작용과 비열작용 Non-thermal effect 그리고 자극 작용 Stimulating effect이 있다. 열작용은 주파수가 높고 강한 세기의 전자파에 인체가 노출될 때 체온이 상승하고 세포나 조직의 기능에 영향을 받는 것을 말한다. 비열작용은 인체가 미약한 전자파에 장기간 노출되었을 때 발생하는 현상으로 현재까지 비열작용의 영향을 뒷받침하는 객관적인 연구 결과는 없다. 반면 자극 작용은 주파수가 낮고 강한 전자파에 의해 유도된 전류가 신경이나 근육을 자극하는 것을 의미한다.

일상생활에서 휴대 전화, 컴퓨터, 전자레인지 등의 전자 기기를 이용할 때, 우리 눈에는 보이지 않지만 전자파가 발생한다. 저주파 Low frequency(1Hz~100kHz)에 노출되면 자극 작용을 통해 신경이나 근육이 영향을 받을 수 있다. 고주파 High frequency(100kHz~10GHz)에 노출될 경우는 체온이 상승한다. 우리가 일상생활에서 흔히 사용하는 휴대 전화의 전자파는 고주파로서 체온 상승을 유발할 수 있으며 이러한 열작용을 정량적으로 표현할 수 있는데, 이를 전자파 흡수율 혹은 전자파 인체 흡수율<sup>Specific absorption rate, SAR</sup>이라 한다. 전자파 흡수율은 단위 시간당 인체의 단위 질량(1kg 또는 1g)에 흡수되는 전자파 에너지 양을 의미하며 단위는 W/kg, 또는 mW/g이다. 우리나라는 전자 기기의 전자파 허가 기준을 100kHz~10GHz로 규정하고 있고 전자파 흡수율에 대한 안전 기준은 1.6W/kg이다. 이는 미국과 동일한 수준으로, 국제 권고 기준인 2W/kg보다 엄격하다. 1.6W/kg은 위험 예상 가능 수준에 비해 1/50 수준의 안전 기준이다.

강한 세기의 전자파는 인체에 유해한 영향을 줄 수 있어 전자파 인체 보호 기준이 마련되어 있다. 일상생활에서 발생하는 전자파는 미약하여 인체에 영향이 없다고 알려져 있지만, 오랜 시간 동안 노출된다면 인체에 해로울 수 있기 때문에 잠재적인 위해<sup>Hazard</sup> 요인으로서 주의 대책이 요구된다. 이러한 차원에서 세계 보건 기구<sup>WHO</sup> 산하 국제 암 연구소<sup>International agency for research on cancer, IARC</sup>는 휴대 전화 전자파의 암 발생 등급을 2B로 분류하고 있다.

**표 8.1 세계 보건 기구에서 2011년 5월에 출간한 인체 발암 물질 및 잠재성 위해 물질 분류**

| 그룹 | | 분류 기준 |
| --- | --- | --- |
| 1 등급 | 인체 발암 물질 | (88종) 석면, 담배, 벤젠 등 |
| 2 등급 A | 인체 발암 추정 물질 | (54종) 자외선, 디젤 매연, 직업 미용사 등 |
| 2 등급 B | 인체 발암 가능 물질 | (236종) 커피, 젓갈, 절인 채소, **극저주파 자기장** 등 |
| 3 등급 | 인체 발암성으로 분류할 수 없음 | (496종) 카페인, 콜레스테롤, **극저주파 전기장** 등 |
| 4 등급 | 인체에 암을 일으키는 증거가 없음 | (1종) 카프로락탐(나일론 원료) |

### 생각해 보기

**a.** 선크림이 자외선을 막는 기전은 무엇일까? 선크림을 얼굴에 바르고 자외선을 쬐어 주면서 자외선을 찍을 수 있는 카메라로 촬영하면 검게 나올까, 아니면 하얗게 나올까?

**b.** 근적외선이 생체 영상에 주로 사용되는 이유는 무엇일까? 근적외선이 조직 깊숙히 침투할 수 있는 요인에 대해 생각해 보자.

**c.** 자외선에 의해 생체에서 생성될 수 있는 활성 산소종에 대해 알아보자. 활성 산소종은 다양한 생체 분자와 강하게 화학 반응을 일으키는 위험한 분자로 알려져 있는데, 어떻게 생성되며 어떤 종류가 있는지 알아보자.

# 9장

# 빛의 의생명 과학적 응용

빛을 의생명 과학 분야에 응용하는 방법과 사례는 다양하다. 그중 가장 대표적인 것은 아마도 질병을 진단하고 치료하는 데 이용하는 경우일 것이다. 질병을 진단하기 위해서 빛을 사용하는 예로는 빛을 쬐어 줌으로써 신체 조직의 구조를 입체적으로 관찰하거나 암을 선택적으로 찾아내는 경우를 들 수 있다. 치료를 위해서 빛을 사용하는 경우는 암이나 종양에 자유롭게 굽힐 수 있는 광섬유를 통해 강한 레이저를 선택적으로 쬐어 줌으로써 종양을 파괴하는 사례를 들 수 있다. 또한 파장과 에너지에 따라 다양한 특성을 가지는 레이저를 이용하여 주변 조직에 손상을 적게 주면서 비정상적인 병변 Pathological lesions 을 치료하고 수술적인 접근이 불가능한 부위를 손쉽게 제거할 수도 있다. 그래서 레이저는 다양한 수술에서 기존의 수술칼 대신 사용되기도 한다.

9장에서는 광학적 기법을 이용한 생체 영상 기술을 소개하고자 한다. 특히 뇌의 구조와 기능을 조사하는 과정에서 광학 영상 기법이 활용되는 방법에 대하여 자세히 설명하고자 한다. 더불어 레이저를 이용한 의학 및 생물학적 응용에 대해서도 살펴보도록 하겠다.


## 바이오 광학, 광학과 생물학의 만남

바이오 광학 Biophotonics 이란 레이저와 같은 빛 또는 빛의 성질을 이용하여 생명체의 구조나 특성, 그리고 기능 등을 연구하는 분야이다. 좀 더 구체적으로 말하면 분광 Spectroscopy , 형광과 같은 다양한 광학 기술을 사용하여 생명 현상과 관련된 물리, 화학 및 생물학적 특성을 규명하고 나아가 질병의 치료와 진단에 응용하는 광학 기반 융합 기술을 의미한다. 21세기 새로운 패러다임의 하나인 바이오 광학은 국외에서도 아직 태동기 단계로서 연구 개발 및 산업화가 최근 시작되고 있는 분야이다. 레이저를 이용한 시력 교정, 피부과용 레이저, 광섬유와 적외선 레이저를 이용한 담석$^{Gall\ stone}$ 제거, 빛의 산란과 형광을 이용한 암세포의 조기 진단 등 광학 기술의 의료 분야 응용은 실로 다양하다. 최근에는 빛을 이용하여 매우 작은 생체 조직 성분을 직접 영상화하거나 또는 특정한 파장의 빛을 내도록 유도하여 특정 성분의 존재 유무를 판별하는 방법을 연구하고 있으며, 이는 의료 진단기나 공항 및 항만에서 보안에 필요한 검색 장치로써 응용되고 있다.

## 생체 형광 현상

**백문(百聞)이 불여일견(不如一見)**이라는 말이 있다. 현대 생명 의과학 분야에서 **생체 영상**은 질병에 대한 연구는 물론 진단과 치료를 위해서 선택 사항이 아닌 필수 요소로서 큰 역할을 수행하고 있다. 이제는 상식이 되어 버린 엑스선 영상, 컴퓨터 단층 촬영$^{Computed\ tomography,\ CT}$, 자기 공명 영상$^{Magnetic\ resonance\ imaging,\ MRI}$, 양전자 단층 촬영$^{Positron\ emission\ tomography,\ PET}$ 등 전자기파를 이용한 생체 영상은 해부학적 연관성 및 병리학적 특징에 대한 정보를 파악하는 데 쓰이며 질병에 대한 이해는 물론 완치에 한 걸음 더 가까워질 수 있는 기회를 제공하고 있는 것이다.

짧은 파장의 빛은 높은 광자 에너지를 가지고 있기 때문에 이온화 혹은 열 효과를 통해 세포 독성(광독성$^{Phototoxicity}$)을 나타낼 확률이 높다. 엑스선 영상과 컴퓨터 단층 촬영 등에 사용되는 이온화 방사선$^{Ionizing\ radiation}$에 인체가 장기간 노출되면 암이 발생할 가능성이 높아진다. 그래서 의료 종사자들은 특별한 방사선 차단 장비들을 구비하고 작업 시 반드시 착용하고 있다.

세포나 생체 안정성에 있어서는 단파장의 빛이 상대적으로 높은 광자 에너지를 갖고 있으므로 더 해롭다고 볼 수 있다. 즉 단파장의 빛은 생체에 적용하기에 불리한 측면이 있다. 그렇지만 파장 길이와 비례 관계인 분해 능력<sup>Resolution</sup>에 있어서는 더 유리하기 때문에 단파장의 빛을 이용하는 생체 영상 기법은 활발히 개발되어 왔다. 단파장의 분해능은 **레일리 기준**을 따르는데, 이는 생체 영상의 해상도를 높이기 위해서 매우 중요하다. 세포 독성 및 발암률 증가 등의 위험 요소가 있음에도 단파장을 이용한 엑스선 영상, 컴퓨터 단층 촬영과 같은 생체 영상 장치가 널리 보급되어 사용되고 있는 이유는 해상도에 이점이 있기 때문이다. 일반적으로 건강 검진 또는 질병의 진단 및 치료를 위해 쓰이는 엑스선 영상 또는 컴퓨터 단층 촬영 등에 의해 노출된 이온화 방사선의 양은 사실 정상적인 인체에 큰 위해성이 없는 정도이다.

$$r = \frac{1.22\lambda}{2\mathrm{NA}} = \frac{0.61\lambda}{n\sin\theta}$$

(식 9.1)

$r$: 분해 가능한 지점 간의 최소 거리, $\lambda$: 빛의 파장 길이, NA: 개구수 (numerical aperture), $n$: 매질의 굴절률, $\theta$: 물체와 광선속(pencil of light)이 이루는 각도의 1/2

한편 **생체 형광 영상**은 레이저의 발달과 함께하며 비약적으로 성장하고 있는 생체 영상 분야이다. 엑스선 이하의 단파장 전자기파에는 이온화 문제가 있고 극초단파<sup>Microwave</sup> 이상의 장파장 빛은 저해상도 문제를 갖고 있는 데 반하여, 생체 형광 영상은 자외선에서 가시광선을 거쳐 근적외선 영역대에 해당하는 전자기파를 주로 활용하기 때문에 **생체 유해성의 최소화**와 **분해능의 향상**이라는 두 마리 토끼를 한꺼번에 잡을 수 있는 대안으로서 주목받고 있다. 생체 형광 영상은 미시<sup>Microscopic</sup>, 중시<sup>Mesoscopic</sup>, 거시적<sup>Macroscopic</sup> 영상 시스템에 모두 활용이 가능하다. 중시 혹은 거시적인 영상이 가능한 내시경 영상뿐만 아니라 현미경을 이용한 분자 단계의 영상까지 가능하게 됨에 따라 의학과 생명 공학 두 분야 모두의 비약적인 발전을 이끌고 있다. 특히 형광을 이용한 생체 영상은 형광 표지자의 특성을 이용하여 표적에 대한 선택적인 영상 정보를 획득할 수 있는 장점을 가지고 있다.

형광 표지자는 특정 파장의 빛을 통해 전달받은 에너지를 다시 빛으로 방출하는 특성을 가진 분자 또는 복합체를 일컫는다. 생체 형광 영상은 세포 · 조직 · 기관 또는 질병 상태에 있어 형광 표지자 자체의 흡수 정도 차이를 이용하거나, 약물 전달 시스템을 이용한 선택적 약물 전달 Selective drug delivery 을 이용하여 표적을 구분한다. 또는 외부의 인공적인 형광 표지자를 사용하지 않고, 미토콘드리아나 리소좀과 같은 생물학적 구조 등에서 발현하는 **자가 형광**을 이용하여 니코틴(산)아마이드 아데닌 다이뉴클레오티드 NAD(P)H, 콜라겐 등의 발현 정도 차이에 대한 정보를 얻을 수도 있다.

자가 형광은 자연 상태의 생물학적 구조 또는 분자들에 의해 발생하는 형광을 말한다. 대표적인 자가 형광 물질로는 NADPH와 플라빈 Flavin 등이 있다. 대부분의 자가 형광은 자외선−청색 계열의 빛(350~400nm)에 의해 발생되는데, 별도의 인위적인 형광 표지자가 필요 없이 생체 영상 정보를 획득할 수 있는 큰 장점을 가지고 있다. 독일의 홀라 그룹 Hohla group 은 308nm 제논 클로라이드 XeCl 레이저를 사용하여 방광암에 있어서 민감도 95%, 특이도 77%의 검출률을 획득한 결과를 보고하기도 하였다. 하지만 자가 형광은 형광 자체의 강도가 낮고, 자외선−청색 계열대의 빛은 조직 투과도가 낮아 깊은 곳에 위치한 병변을 탐색하는 데에는 이론적인 한계를 갖는 등의 단점이 있다. 이러한 장단점을 이용 및 극복하기 위한 일환으로, 자가 형광과 형광 표지자 두 가지를 한꺼번에 이용하여 분석

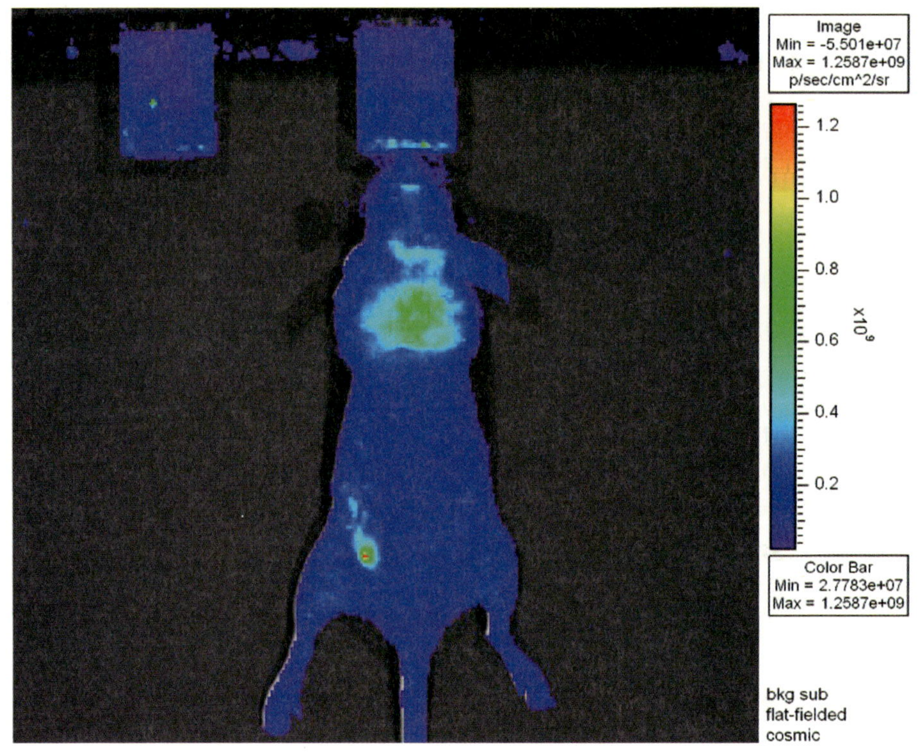


**사진 9.1  생체 형광 영상을 이용한 암 진단**
청색 계열의 빛 에너지를 흡수하여 녹색 계열 빛을 방출하는 종양 세포가 이식된 쥐의 생체 형광 영상. 왼쪽 옆구리 부분에 이식된 종양이 주위와 구분되어 나타난다.

을 시행하거나 형광 지속 시간에 대한 정보를 병행하는 형광 생명 영상Fluorescence lifetime imaging 기술 등이 개발되어 시행되고 있다.

생체 형광 영상의 일환으로, 형광을 이용하여 질병의 유무와 위치 등을 진단하는 것을 **광 역동 진단**Photodynamic diagnosis이라 한다. 광 역동 진단은 내시경적 수술을 포함하여 육안적인 접근을 요하는 조직 검사 또는 수술 시, 이온화 방사선의 사용 없이 병변에 대한 해부학적 정보를 직관적으로 얻을 수 있는 효율적인 진단법으로서 제안되고 있다. 또한 실제 방광암, 난소암, 뇌종양 등과 같은 암 진단에 높은 민감도와 특이도를 갖는 진단 방법으로서 사용되고 있다.


## 광학 영상: 뇌 안을 들여다보기


살아 있는 생명체의 몸속을 들여다보고 싶은 것은 인간의 아주 오래된 호기심 중 하나일 듯하다. 그중에서도 어떤 부분이 궁금한지 고르라면 아마도 머릿속이 그 첫 번째 대답이지 않을까? 하지만 뇌를 들여다본다는 일은 만만치 않은 일이다. 일단 뇌가 얼마나 중요한 장기인지를 말해 주려는 듯 두꺼운 두개골<sup>Skull</sup>이 뇌를 완전히 둘러싸며 보호하고 있다. 간이나 폐, 소장 같은 장기는 작은 부분이 손상돼도 나머지 부분이 동일한 기능을 하기 때문에 상대적으로 부담이 덜한 반면, 뇌는 각 부분마다 서로 다른 중요한 기능을 하고 있기 때문에 헤집고 들어가는 시도조차 힘들다. 그래서 뇌는 헤집고 들어가며 육안으로 확인하는 방법보다는 밖에서 쳐다보는, 즉 투시하듯이 들여다보는 방법을 찾을 수밖에 없다. 다행히 최근 발달된 각종 영상 기법들이 이러한 기대를 훌륭히 충족시키고 있다.

엑스선 영상은 인체에 적용된 투시 영상 기법 중 가장 오래되고 기본이 되는 방법으로 해부학적 이상을 검사하는 데 사용되어 왔다. 엑스선을 몸에 쬐어 주고 몸 반대편에 필름을 두면 관통되는 경로에 있는 조직의 밀도, 또는 칼슘이나 금속의 유무에 따라 음영이 바뀌며 영상이 찍히게 된다. 이때 간과하면 안 되는 점은 엑스선이 지나가는 경로에 있는 모든 조직이 1장의 사진 위에 겹쳐진다는 것이다. 필름을 인체 내부에 넣지 않는 이상 원하는 깊이의 영상만 골라서 볼 수는 없다. 복잡한 조직일수록 머릿속에 그 조직의 3차원적인 구조를 그려 보며 많은 상상력을 동원해야 유용한 해석을 도출해 낼 수 있다. 그러나 이런 난관이 있다고 해서 엑스선으로 머릿속을 찍지 못하는 것은 아니다. 뇌에 형태적으로 큰 변화가 생긴다던가, 아니면 두개골에 골절이나 다른 병변이 있을 경우 엑스선 영상으로도 훌륭한 정보를 얻을 수 있다. 하지만 우리가 얼굴이 예쁘게 나오게 하기 위해서 얼짱 각도를 찾아 가며 셀프카메라를 찍듯이, 엑스선 영상 사진을 찍는 각도를 잘 조절해야 원하는 정보를 얻어 낼 수 있다.

1895년 빌헬름 콘라트 뢴트겐Wilhelm Conrad Reontgen에 의해 엑스선이 처음 발견되었던 당시에는 엑스선이 인체에 해로울 수 있다는 사실을 알지 못했다. 뢴트겐은 음극선관을 이용한 실험을 하던 중 보이지 않는 광선이 발생된다는 사실을 우연히 알아채고 필름에 감광시켜 엑스선의 존재를 규명하였다. 그는 아내의 손을 필름 앞에 두고 최초의 엑스선 인체 사진을 찍었다. 그 후 엑스선은 학계와 사회에 큰 반향을 일으켰고, 자신의 뼈 사진에 호기심을 느끼는 대중을 상대로 돈을 받고 엑스선 사진을 찍어 주는 유행이 생기기까지 했다. 그러다가 엑스선을 활발히 연구하던 토머스 에디슨Thomas Edison의 연구소에서 엑스선에 과다 노출된 연구원이 암으로 사망하면서 엑스선의 유해성이 심각하다는 사실이 부각되었다. 그러나 의료에 있어서 유용성이 막대했기 때문에 이후에 엑스선 촬영은 부작용을 최소화하면서 고선명 영상을 얻는 방향으로 개발되어 왔다. 현재는 매우 적은 선량의 엑스선으로도 고해상도 인체 영상을 얻을 수 있게 되었고, 이렇게 엑스선의 선량을 줄이려는 흐름은 컴퓨터 단층 촬영과 같이 엑스선을 이용한 다른 기술에서도 동일하게 적용되고 있다.

엑스선 영상은 이렇게 발전했지만, 한 방향에서 투영된 영상을 1개의 사진으로 얻는 방법은 사람들의 궁금증을 해소하기에 턱없이 부족했다. 몸 안에서 3차원적인 위치를 추정하기도 힘들 뿐만 아니라 관심을 가지는 조직이 다른 조직의 음영에 가려져 뚜렷하게 보기도 힘들었다. 이 때문에 3차원 영상을 얻고자 하는 열망은 컴퓨터 단층 촬영을 탄생시켰다. 엑스선 사진을 한쪽에서만 찍으면 정보가 부족하기 때문에 종종 정면, 측면 등 두세 방향에서 엑스선 촬영을 하곤 한다. 즉 더 많은 방향에서 촬영하면 할수록 더 많은 정보를 수집할 수 있는 것이다. 충분히 많은 정보가 있을 경우 수학적인 방법으로 각 방향의 투영 사진들로부터 원래의 3차원적인 구조를 추정할 수가 있다. 컴퓨터 단층 촬영은 사람을 원통형 기계에 들여놓고 몸통 앞뒤로 위치한 엑스선 광원과 검출기를 360° 회전시키면서 각도마다 1차원 또는 2차원 영상을 얻는다. 이 영상들은 컴퓨터 계산을 통해 3차원 픽셀(이를 복셀<sup>Voxel</sup>이라 한다.)로 재구성된다. 이렇게 우리는 가상으로 산출된 영상을 토대로 우리 몸의 절단면을 관찰할 수 있게 된 것이다. 뇌의 경우는 비슷한 세포들과 물질들로만 구성되어 있어 기존의 엑스선 영상으로 식별이 힘들었는데 컴퓨터 단층 촬영을 통해 뇌의 내부를 선명하게 들여다 볼 수 있게 된 것이다. 컴퓨터 단층 촬영 기법은 이제 명실공히 뇌 영상 촬영의 기본으로 자리 잡게 되었다.

그런데 인체 영상에 있어서 가장 획기적인 개발은 사실 자기 공명 영상이다. 자기 공명 영상은 강한 자기장 속에 사람을 위치시킨 후 특정 고주파를 일시적으로 내보낸다. 이 고주파는 주로 수소 원자를 공명시키는데, 고주파가 사라지고 나면 수소 원자에서 특정한 신호가 발생한다. 우리 몸은 약 70%가 물로 되어 있고, 물은 산소 원자 하나와 수소 원자 둘로 되어 있으니 우리 몸에 얼마나 수소 원자가 풍부한지 짐작할 수 있다. 자기 공명 영상의 기본 원리는 이 수소 원자들의 분포에 따라 조직이 구분되는 영상을 만드는 것이다. 서로 밀도가 같은 조직일 경우 컴퓨터 단층 촬영에서는 똑같이 보일 수 있지만, 자기 공명 영상을 통해서는 그 차이가 구분된다. 특히 자기 공명 영상은 연부<sup>Soft tissue</sup> 조직 간 구분을 하는 데 요긴하게 활용된다. 이 때문에 신경계와 근골격계에 발생하는 질병을 진단할 때 컴퓨터 단층 촬영보다 더 많이 사용되고 있다. 자기 공명 영상의 또 다른 장점은 물리적인 특성에 따라 두 가지 종류 이상의 영상을 제공한다는 점이다. 기본적으로 T1 <sup>Spin lattice relaxation time</sup> 강조 영상과 T2 <sup>Spin-spin relaxation time</sup> 강조 영상을 얻을 수 있는데, 두 영상에서 보여 주는 패턴이 다르기 때문에 이를 조합하여 더욱 많은 정보를 얻어 낼 수 있다. 심장과 같은 부위에 특정 패턴으로 신호 강도를 조절해 움직이는 장기를 추적하는 등의 다양한 활용도 가능하다.

컴퓨터 단층 촬영과 자기 공명 영상 모두 어마어마하게 유용한 영상 기술임에는 틀림없지만 아무 때나 원하는 대로 사용할 수 있는 것은 아니다. 컴퓨터 단층 촬영은 엑스선을 사용하는 장비인 만큼 방사선 피폭을 조심해야 한다. 컴퓨터 단층 촬영은 단순한 엑스선 영상보다 방사선에 노출되는 양이 많다. 더 좋은 장비가 개발됨에 따라 쬐어 주는 방사선 양도 점점 줄어들고는 있지만, 병원에서 같은 환자에게 컴퓨터 단층 촬영을 자주 시행하는 것은 환자의 피폭량을 고려하거나 경제적인 측면에서도 매우 부담스러운 일이다. 자기 공명 영상은 이에 반해 촬영 과정에서 발생하는 자기장이나 고주파가 인체에 해롭다는 증거가 아직 발견되지 않았다. 자기 공명 영상이 컴퓨터 단층 촬영보다 더욱 유용한 정보를 제공하는 것이 일반적이므로 자기 공명 영상은 점점 컴퓨터 단층 촬영을 대체해 가는 추세이다. 비용적인 측면에서는 자기 공명 영상 촬영이 부담스러울 수 있지만, 이것도 예전에 비하면 현저히 줄어든 상황이다. 그런데 이러한 자기 공명 영상마저도 사용할 수 없는 경우가 있다. 바로 강한 자기장 때문이다. 심장 수술을 통해 인공 심박동기를 심어 둔 환자를 생각해 보자. 이 환자처럼 금속이 몸에 들어 있는 사람을 자기 공명 영상 장비에 넣을 경우 어떤 일이 일어날지는 아마 짐작이 갈 것이다.

뇌는 우리 몸에서 가장 중요한 장기인 동시에 피를 가장 많이 공급받는 장기 중 하나이다. 기온이 낮아지거나 혈압이 떨어질 때 우리 몸은 팔다리 등으로 가는 혈류 Blood flow 는 줄여 버리지만 뇌로 가는 혈류는 어떻게 해서든 유지하려고 노력한다. 만약 뇌 혈류에 문제가 생기면 뇌는 짧은 시간 안에 손상을 입는다. 심장 마비 환자를 소생시킨 경우 뇌사 상태로 빠질 수가 있는데, 이는 뇌에 잠시라도 피가 공급되지 않을 때 뇌가 얼마나 민감하게 반응하는지를 설명한다. 혈전 Thrombus, Blood clot 이나 출혈로 뇌혈관에 피가 잘 흐르지 않게 되면 뇌졸중 Stroke 등 심각한 결과를 초래하기 때문에 뇌의 어느 혈관에 문제가 생겼는지를 빨리 파악해서 신속한 조치를 취하는 것이 매우 중요하다. 뇌 혈류를 측정하는 것은 뇌의 구조적인 영상을 얻거나 다른 장기의 혈류를 측정하는 것보다 훨씬 어려운 일이다. 두개골 때문에 혈관 근처에 접근하기도 힘들고, 혈류라는 것이 심장이나 근육 또는 관절이 움직이는 것처럼 부피나 모양이 바뀌는 움직임이 아니라 액체가 일정한 속도로 꾸준히 흐르는 것이기 때문이다.

도플러 효과 Doppler effect 는 인체의 혈류를 측정하는 가장 대표적인 방법이다. 도플러 효과는 물체가 이동할 때 그 물체에서 발산되는 파동이 물체가 이동해 가는 방향으로는 파장이 짧아지고 Deep structure 멀어져 가는 방향으로는 파장이 길어지는 현상이다. 도플러 효과의 예로 구급차가 다가오는 동안은 고음(짧은 파장)이었다가 지나간 후부터 저음(긴 파장)으로 들리는 현상을 들 수 있다. 도플러 효과는 빛, 음파 등 모든 파동에 적용된다. 도플러 효과를 이용하여 인체의 생체 현상을 측정할 때 가장 많이 사용하는 장비는 초음파이다. 초음파는 인체를 들여다보는 가장 안전한 수단으로 간주되며 보통은 간단히 심부 구조를 살펴보거나 실시간으로 움직임을 파악할 때 사용한다. 병원에서는 유방암 여부를 검진하거나 심장과 태아의 움직임을 관찰하는 목적으로 흔히 사용하고 있다. 초음파를 인체를 향해 쏘아 주면 장기에 부딪힌 일부가 되돌아오는데 이때 소요되는 시간과 강도를 분석해서 조직의 위치나 깊이 및 특징을 추정할 수 있다. 만약 초음파가 움직이는 장기에 부딪히면, 되돌아오는 초음파의 파장은 움직이는 방향에 따라 도플러 효과에 의해서 바뀌게 된다. 이 덕분에 초음파 기기는 추가적인 파장 분석만을 통해 장기의 움직이는 속도를 손쉽게 파악할 수 있다. 한편, 혈관 속에는 여러 가지 물질, 특히 적혈구와 같은 세포들이 지속적으로 흘러가고 있다. 이러한 적혈구들의 움직임도 역시 도플러 효과를 유발한다. 그래서 초음파를 이용하여 적혈구들의 움직임을 추적하고 혈류 속도를 측정할 수 있다.

방사선, 자기장 및 고주파, 초음파 등 다양한 전자기파를 이용해서 인체 내부를 살펴보려는 노력은 끊임없이 시도되어 왔지만, 지금까지 언급된 전자기파들은 그 어느 것도 인체의 안정성 부분에서 완벽히 자유롭지는 않다. 다만 아직까지 위험하다는 명백한 증거가 발견되지 않았다고 표현하는 것이 정확할 것이다. 때문에 사람들은 우리가 일상적으로 접하고 있는 빛을 이용해서 영상을 얻으려는, 쉽게 말하자면 눈으로 들여다보는 방법을 찾기 위해 지금도 계속해서 노력하고 있다. 가시광선이나 적외선과 같은 빛을 광원으로 이용하면 광원을 발생시키기가 매우 쉽고, 불필요한 곳으로 퍼지는 것을 차단하기도 쉽다. 이러한 장점들을 기반으로 장비는 소형화되는 추세이며 궁극적으로는 환자의 침대 곁에 두고 사용 가능한 이동식Portable 장비가 개발될 것이다. 또한 빛을 이용하면 (비록 현재는 연구용 동물 및 세포에 대부분 국한되기는 하지만) 다양한 형광 물질을 써서 원하는 정보만 골라서 보는 것이 가능하다. 이러한 가능성의 배경에는 눈에 보이는 빛을 이용하고자 진화해 온 생명체의 특성이 있다고 할 수 있다.

앞서 언급한 여러 장점에도 불구하고 빛을 이용하여 뇌를 들여다보기란 여전히 쉽지 않다. 역시나 이번에도 두꺼운 두개골, 그리고 뇌라는 것이 함부로 비집고 들어갈 수 있는 장기가 아니라는 점 때문이다. 아무리 밝은 빛을 비추고 눈을 크게 뜨고 쳐다봐도 머리 밖에서 뇌가 들여다보일 것이라고 기대하는 사람은 아마 없을 것이다. 하지만 파장이 긴 빛을 사용한다거나 선명한 영상을 얻는 것을 포기한다면 빛으로 뇌를 보는 것이 꼭 불가능한 것만은 아니다. 근적외선 분광법 Near-infrared spectroscopy, NIRS이 그 예이다. 우리 몸을 구성하는 분자들은 각자 특정 파장대의 빛을 흡수한다. 근적외선 분광법은 근적외선 파장대의 빛을 쬐어 준 후 조직으로부터 산란되어 나오는 빛을 분석해서 얼마나 빛이 흡수되었는지를 분석함으로써 특정 분자들이 존재하는 양을 추측하는 방법이다. 근적외선 분광법은 뇌의 대사율을 평가하는 데 주로 사용되는데, 뇌의 어느 특정 부분이 활성화되면 그 부분의 산소 소모량이 늘어나고 해당 부위로 가는 피 공급도 증가한다. 혈액 내 적혈구의 헤모글로빈이 산소를 실어 나르고 있는데, 이 헤모글로빈 분자가 산소와 결합했을 때는 산소와 분리되었을 때와 비교하여 근적외선 빛 흡수율에서 차이가 발생한다. 따라서 근적외선 분광법을 이용하면 전체 헤모글로빈 양을 토대로 혈류 공급의 증가뿐만 아니라 두 헤모글로빈 상태의 차이를 통해 산소 소모 정도를 평가할 수 있다.

근적외선 분광법을 이용하면 몸속에 있는 헤모글로빈 이외에 외부에서 주입하는 물질도 관측할 수 있으며, 원하는 파장대에 해당하는 물질을 골라 넣을 수 있기 때문에 더 정밀한 측정이 가능하다. 특히 형광 물질은 특정 파장대의 빛을 흡수하여 장파장의 빛을 내보내기 때문에, 빛 흡수 능력을 활용해서 근적외선 분광법에 이용할 수 있다.

마찬가지로 혈관 조영제Contrast agent 역할을 하는 형광 물질을 주사함으로써 컴퓨터 단층 촬영이나 자기 공명 영상에서와 마찬가지로 혈류 측정에 근적외선 분광법을 활용할 수 있다. 근적외선대의 형광 물질로 주로 인도시아닌 그린<sup>Indocyanine</sup> <sup>green, ICG</sup>을 사용하는데, 짧은 시간에 정맥 주사를 통해 주입하고서 근적외선 분광법을 활용하여 머리에서 780nm 근처 파장대를 측정하면 혈류에 따른 인도시아닌 그린 농도의 변화 패턴을 측정할 수 있다. 다만 근적외선 분광법은 해상도가 낮아서 2차원 또는 3차원적인 혈류 영상을 만들기는 힘들다. 그렇지만 뇌졸중 환자의 침대 머리맡에서 꾸준히 측정하면 환자 뇌 안의 혈류 상태 변화를 추적할 수 있어 유용하게 사용된다.

마지막으로 최근에 가장 활발히 개발되어 사용되고 있는 광 간섭 단층 촬영<sup>Optical</sup> <sup>coherence tomography, OCT</sup> 기술을 살펴보자. 광 간섭 단층 촬영은 조직에 근적외선대의 레이저 빛을 쬐어 준 다음 깊이 방향으로 스캐닝한다. 참조 거울의 깊이를 조절해 가며 빛을 동시에 반사시킨 후 이 반사된 빛이 조직에서 반사되어 나오는 빛과 간섭되는 패턴을 통해 해당 깊이에 있는 조직의 특성을 파악해 낸다. 광 간섭 단층 촬영은 해상도가 매우 높고 조영제나 형광 물질을 인위적으로 넣어 주지 않아도 촬영이 가능하다는 장점이 있다. 하지만 빛이 투과할 수 있는 깊이적 한계와 그에 따른 해상도의 손실 때문에 아직 뇌에는 적용이 되지 않고 대신 외부에서 들여다보기 용이한 망막을 검사하는 데 매우 유용하게 사용되고 있다. 지금까지 광 간섭 단층 촬영 기술은 상당할 정도로 발전이 되어서 현재는 매우 빠른 속도로 높은 수준의 고해상도 영상을 얻을 수 있다. 또한 도플러 효과를 이용하여 혈류까지 측정하는 도플러 광 간섭 단층 촬영도 개발되어 임상에서 활용되고 있다.

# 빛을 이용한 암 치료

고대 이집트 시대에 이미 피부 멜라닌 색소의 이상으로 유발되는 백반증<sup>Vitiligo</sup>을 치료하기 위해 빛을 이용하였다는 기록이 남아 있다. 이처럼 오래전부터 빛을 이용하여 질병을 치료하려는 시도가 진행되어 왔다. 근대에 들어서도 빛을 이용한 피부 질환 치료 방법들이 개발되었는데, 20세기 초 닐스 핀젠<sup>Niels Finsen</sup>은 결핵의 치료에 빛을 이용할 수 있다는 사실을 입증하여 노벨상을 수상하기도 했다. 현재 신생아의 황달에도 광 치료가 활용되고 있으며, 기전<sup>Mechanism</sup>은 틀리지만 우울증 치료에도 사용되고 있다.

아직 그 기전이 과학적으로 완전히 규명되지는 않았지만 낮은 에너지의 저출력 레이저를 이용하여 다양한 질병을 치료하거나 혹은 증상을 완화하려는 노력이 시도되고 있다. 저출력 레이저 치료 기술<sup>Low level laser therapy, LLLT</sup>에 대한 연구는 이미 1960년대부터 미국, 스웨덴, 독일, 오스트레일리아 등 전 세계적으로 진행되면서 다수의 논문을 통해 그 효과가 입증된 바 있다. 저출력 레이저 치료 시스템은 2002년 마이크로라이트<sup>MicroLight</sup> 사가 손목 터널 증후군<sup>Carpal tunnel syndrome</sup>에 적용한 사례를 근거로 미국 식품 의약국<sup>Food and drug administration, FDA</sup>의 승인을 받은 바 있다. 그 후 통증의 치료, 스포츠 부상, 관절염, 신경 근육 치료뿐 아니라 피부 미용 및 여드름 치료, 수술 후 회복, 발모 치료 및 비만 치료 등으로 적용 분야가 크게 확대되고 있다. 저출력 레이저 치료 기술은 레이저의 파장과 에너지에 따라 구분되는데 증세가 무엇인가에 따라 차별되게 적용될 수 있다. 저출력 레이저 치료 기술은 생체 조직의 열 손상 등과 같은 부작용을 수반하지 않기 때문에 향후 다양한 분야에서 치료 수단으로 응용되리라 기대된다.

빛을 피부 질환이나 비교적 가벼운 질환은 물론 악성 종양의 치료에 이용하려는 시도 또한 이미 20세기 초에 시작되었다. 아울러 Auler 와 반체르 Banzer 는 헤마토포르피린 Hematoporphyrin 이라는 물질이 암세포에서 선택적으로 생성되어 축적된다는 것을 밝혀내었다. 헤마토포르피린은 포르피린 Porphyrin 의 유도체로, 헤모글로빈의 주요 성분인 헴 Heme 단백질의 대사 물질이다. 이 포르피린 유도체는 빛을 흡수하여 강한 형광을 내는 특성이 있어 암세포에 축적된 양으로 쉽게 분석할 수 있었고, 흡수한 빛 에너지의 일부가 활성 산소종이나 일중항 산소 Singlet oxygen 를 발생시킴으로써 암세포를 파괴하는 효능을 나타내었다. 이처럼 광 감각제 Photosensitizer 를 사용하여 세포나 조직에 독성을 일으키는 활성 산소 Reactive oxygen 를 발생시키는 치료 방법, 즉 광 동력 치료 Photodynamic therapy 에 대한 연구가 본격화되었다. 1964년 도허르티 Dougherty 는 헤마토포르피린을 순수한 형태로 분리하는 데 성공함으로써 광 동력 치료를 한 단계 발전시키는 계기를 마련하였다. 현재는 포토피린 Photofrin 이란 상품명으로 생산되어 임상에서 사용되고 있다.

광 동력 치료는 이온화 복사 에너지보다 훨씬 낮은 에너지를 가지는 비교적 안전한 빛을 쬐어 주면서 이온화 복사 에너지와 유사한 효과를 유도하는 것이다. 이온화 복사 에너지를 암 치료에 사용하는 경우가 없지 않지만, 복사 에너지 그 자체만으로도 세포와 조직의 손상이 야기되기 때문에 정상 조직에는 손상을 주지 않으면서 종양을 선택적으로 제거하는 데 기술적인 어려움이 있다. 이와 대조적으로 광 동력 치료는 기본적으로 두 가지만 있으면 된다. 첫 번째로 빛에 의해 활성화되는 포르피린과 같은 물질이 필요하고 두 번째는 특정한 파장의 빛을 발생시킬 수 있는 광 발생 장치가 필요하다.

빛에 의해 활성화되는 화합물을 광 민감성 물질 Photosensitizer 이라 한다. 이러한 화합물은 특정한 파장의 빛을 흡수하여 전자적으로 들뜬상태가 되면, 계간 전이라는 내부 전이를 거친 후 다시 바닥상태로 되돌아오면서 에너지(형광)를 방출한다. 이 에너지가 바닥상태의 산소 분자(삼중항 상태 Triplet oxygen)에 전달되면 산소 분자는 들뜬, 즉 일중항 상태가 된다. 일중항 상태의 산소는 그 수명이 보통 6밀리초 Millisecond, ms 정도인데 이는 세포 하나 두께를 통과할 수 있는 충분한 시간이다. 이때 일중항 상태의 산소는 무차별적인 화학 반응을 일으킬 만큼 에너지가 높은데 일명 1형 광반응 Type I photoprocess이라는 반응을 통해 세포를 파괴할 수 있다. 적색 광선인 적외선은 파장이 길어 더 깊은 세포 침투력을 가지므로 적색 레이저를 광원으로 사용하면 더욱 효과적으로 환부의 광범위한 영역에 일중항 상태의 산소를 만들 수 있다. 즉 국소적으로 일중항 상태의 산소 분자가 생기게끔 할 수 있으므로 선택적으로 암을 치료할 수 있는 것이다. 광역학 치료법의 승패는 결국 효과적이고 강력한 광 민감성 물질의 개발에 의해 좌우된다. 현재까지 알려진 광 민감성 물질의 문제점을 파악하여 단점을 개선한다면 훨씬 효과적인 치료제의 개발도 가능할 것이다.

## 레이저를 이용한 의생물학적 응용

자연광에는 서로 다른 파장과 위상을 가지는 빛이 섞여 있다. 반면 레이저는 단일 파장으로 이루어져 있으며 위상 역시 동일한 특성이 있다. 그래서 레이저 광은 먼 거리를 이동한 후에도 분산되지 않고 직선으로 진행한다. 레이저는 이러한 독특한 광학적인 성질과 함께 강력한 에너지를 집적할 수 있기 때문에 의료, 계측, 광 통신에 이르는 폭넓은 산업 분야에 응용되고 있다.

레이저를 이용한 생물학 연구의 재미있는 예로는 분자 모터 Molecular motor 같은 세포 요소를 연구하기 위한 목적으로 사용되는 광학 트위저 Optical tweezer가 있다. 광학 트위저는 지난 수십 년간 생물 물리학 분야에서 필수적인 도구로 군림하고 있는데, 예를 들어 과학자들은 광학 트위저를 이용하여 편모 Flagellum 운동을 하는 단백질을 조정하거나 유영 동작 Swimming action에서 발생하는 힘을 측정할 수 있다.

광학 트위저 기술은 레이저를 이용하여 생체 분자나 세포의 움직임을 조정하는데 반해 레이저 나노 수술은 세포의 표면에는 해를 입히지 않고 세포 내부에서 수술을 진행하는 기술을 말한다. 현미경을 이용해 레이저를 수백 nm 정도의 영역에 집광시키면 주위의 다른 세포나 조직은 태우지 않으면서 목표한 세포나 조직만 제거할 수 있다. 현재 빛이나 자기장을 이용해서 목표 조직을 파괴하지 않으면서 내부를 조작하는 기술들이 개발되고 있지만, 레이저 나노 수술 방법에 비해 정밀도가 낮다는 한계가 있다.

안과 시술에 레이저를 이용하는 사례는 이제 일반화되어 있다. 의료 분야에서 레이저의 비중은 나날이 증가하고 있는 추세이다. 머지않아 레이저 메스 Laser scalpel를 사용해서 절개 없이 환자를 수술할 수 있을 것으로 예상된다. 레이저 메스는 레이저 광을 렌즈로 집광시켜 한 점에 쬐어 주어 Irradiation, 강력한 에너지를 생성한 다음 생체 조직을 순간적으로 증발 및 기화시켜 절개하는 것이다. 일반적으로 레이저를 이용하여 절개된 부분의 조직은 순간적으로 1,500℃ 이상이 되어 열에 증발해 버린다. 이때 레이저 메스의 출력을 낮춰 조직의 온도가 100℃ 이하가 되도록 조정하면 조직은 순간적으로 증발되지 않고 응고되기 때문에 출혈이 적어지므로 출혈이 많은 부위의 수술에 적합하다.

앞서 소개한 광 간섭 단층 촬영법이 레이저를 이용한 진단 방법으로 주목을 받고 있다. 광 간섭 단층 촬영법은 근적외선 파장의 광원을 사용해 비침습적으로 생체 내부 조직의 단층 영상을 얻을 수 있는 광학 영상 기법이다. 광 간섭 단층 촬영법은 감도가 높고, 수 μm 정도의 높은 분해능을 가지고 있다. 그뿐만 아니라 실시간 영상화가 가능하고 장비를 소형화할 수 있는 장점을 가지고 있다. 또한 내시경 시스템과 같은 정밀 의료 기기에도 활용되어 생체 병변 진단 및 치료에 이용될 수 있다. 특히 컴퓨터 단층 촬영이나 자기 공명 영상 등으로 얻을 수 없는 미세한 조직 형태 구분과 미세 혈관의 영상 진단을 하는 데 탁월하여 안과학, 심장병학, 종양학, 피부과 등으로 응용 범위를 확대해 나가고 있다. 임상에서 광 간섭 단층 촬영법을 가장 많이 사용하는 분야는 안과이다. 투명한 각막 Cornea 을 지나 망막, 특히 황반 Macula 주위에 초점을 맞춰 망막 내의 여러 층에 대한 구조 및 기능을 비침습적으로 검사할 수 있다. 망막 구조에 대한 고해상도 영상을 얻을 수 있기 때문에 녹내장 Glaucoma 과 같은 질병 진단에도 적합하다.

광 간섭 단층 촬영법 이외에도 빛을 이용하여 3차원적인 정보를 얻는 광학 단층 촬영의 핵심은 소량의 빛을 인체에 통과시킨 후 투과된 빛을 분석하여 인체의 정보를 얻어 내는 데 있다. 살아 있는 조직에 대한 의학적인 영상은 컴퓨터 단층 촬영, 양전자 단층 촬영, 초음파 혹은 자기 공명 영상과 같은 기존 기술을 이용할 수 있다. 그러나, 기존 기술들의 경우는 시간적 연속성을 기대할 수 없고 장비 자체 가격이 높고 덩치가 매우 크다는 한계점이 있다. 이에 반해서 광학 단층 촬영은 낮은 에너지 대역의 빛을 사용하므로 생체 조직을 이온화하지 않아 의학 영상을 기록하는 데 매우 적합하다. 특히 장파장 계열의 빛과 적외선은 조직에서 산란이 비교적 적게 일어나므로 뇌 조직이나 유방과 같은 생체 조직을 비교적 쉽게 통과할 수 있어 조직 특성을 분석하는 데 적합하다. 근적외선 광학 단층 촬영은 상대적으로 저렴할뿐더러 엑스선을 사용하는 컴퓨터 단층 촬영에 비해 부작용이 거의 없기 때문에 이상적인 비침습 진단 기술로 발전할 것으로 예상된다.

마지막으로 소개하는 광 음향 영상 기술 Laser induced photoacoustic tomography 은 초음파 영상

과 광학 영상의 장점을 결합한 방식이다. 레이저를 생체 조직에 쬐어 준 후 흡수되면 조직 내에서 음향 압력Acoustic pressure이 발생하게 된다. 이때 형성된 초음파를 표면에서 영상화하는 기술을 광 음향 영상 기술이라 한다. 즉 레이저로 세포를 자극하여 초음파를 방출하도록 유도하고, 이 초음파를 검출하여 3차원 영상을 만드는 것이다. 광 음향 영상 기술은 광학 영상법과 초음파 영상법을 결합한 기술로서 비침습적이고 저렴하고 휴대성이 뛰어나다. 더불어 명암 대조비Brightness contrast와 공간 분해능이 우수하기 때문에 차세대 고분해능 의료 영상 기술로 기대되고 있다.

**a.** 형광 영상을 얻기 위해서는 형광 물질을 활성화시킬 수 있는 광원과 형광만을 선택적으로 영상화할 수 있는 시스템이 요구된다. 이들을 간단히 도식으로 그려 보자.

**b.** 혈류가 감소하거나 막히면 조직이 허혈(ischemia) 상태에 빠지고 결과적으로는 조직 손상으로 이어지게 된다. 이러한 허혈성 질환에 대해 알아보자.

**c.** 근적외선 분광법이나 기능성 자기 공명 영상을 통해 특정 뇌 부위의 활성을 측정하려는 시도들이 이루어지고 있다. 이들은 뇌 혈류에 포함된 헤모글로빈의 산소 포화도를 측정함으로써 상대적으로 신경 활성을 분석하는데, 그 원리를 알아보자.

# 10장

# 빛에 대한 반응: 세포부터 개체까지

생명체가 외부 환경의 변화에 맞춰 적절하게 적응하기 위해서는 주위 환경을 정확하게 인지하는 것이 중요하다. 외부 자극을 받아들이는 감각 기관들로는 시각, 촉각, 후각 등을 예로 들 수 있다. 고등 동물의 경우 신경계와 감각이 밀접하게 연결되어 외부 환경의 변화를 거의 즉각적으로 인지하여 개체의 행동을 결정한다. 감각 기관으로부터 기원된 감각 신경은 대뇌 피질 Brain cortex에 위치한 일차 감각 담당 부위에 연결되는데, 사람의 경우 시각을 담당하는 피질의 넓이가 전체 감각을 담당하는 피질의 대부분을 차지할 만큼 시각이 차지하는 비율이 높다.

좀 더 근본적으로 살펴보면 개체 이전에 세포 수준에서도 이미 주위 환경뿐 아니라 세포 내부의 상태를 파악하여 증식, 이동, 대사와 같은 다양한 세포 활성을 조절하고 있다. 신경이나 근육 세포의 경우는 전기적인 자극에 반응하지만, 대부분의 세포는 화학적 신호를 통해 세포의 내부 및 외부의 환경을 파악하며 유전자의 발현을 조절하거나 단백질 효소 Enzyme의 활성을 제어함으로써 세포 활성을 조정한다. 이러한 일련의 과정을 세포 신호 전달 Cell signaling, Signal transduction이라 한다. 이러한 세포 신호 전달 과정을 이해하는 것이 세포 생물학의 가장 핵심이라 할 수 있다. 정상적인 세포의 기능뿐 아니라 병적인 상황에서 발병 원리나 치료제가 작용하는 원리를 규명하는 데 이런 이해가 절대적으로 필요하기 때문이다. 10장에서는 세포가 빛을 인지하는 과정에 주목하고자 한다. 특히 망막에 존재하는 광 수용체 세포 Photoreceptor cell에서 빛 자극을 화학적 신호로 바꾸는 독특한 신호 전달이 일어나는 과정을 자세히 살펴보도록 하자.

## 광 유전학

광 유전학<sup>Optogenetics</sup>은 빛을 사용해서 유전자를 변형시킨 신경 세포를 선택적으로 흥분시키는 방법들을 통칭한다. 대부분은 채널로돕신 그 자체 혹은 채널로돕신을 개량한 단백질을 원하는 신경 세포에 발현시킨 후, 빛을 쬐어 흥분시키거나 혹은 반대로 흥분하지 못하게 하는 기법을 이용한다. 광 유전학은 신경 과학 분야 연구에서 혁신적인 기술로, 이전에는 유사한 효과를 얻기 위해서 뇌의 일부분을 손상시키거나 전기적인 자극을 주는 등 그 과정이 불가피하게도 상당히 침습적<sup>Invasive</sup>이었다.

신경 세포가 빛을 받아 흥분하는 과정을 더 자세히 살펴보자. 빛으로 신경 세포를 흥분하도록 만들기 위해서는 유전 공학적인 기법을 활용하여 광 수용체 세포들이 가지고 있는 로돕신 단백질을 인공적으로 발현시켜야 한다. 이 과정에서 정밀한 수술 도구를 이용하여 정확한 부위의 세포에 바이러스를 감염시키면 빛에 반응하는 신경 세포들을 만들 수 있다. 그 후 광섬유 등을 이용하면 이렇게 형질 전환된 세포들을 빛으로 자극할 수 있다.

광학 기술의 발전으로 이제 정확한 부위에 원하는 유형의 레이저를 비춰 줄 수 있기 때문에 결국에는 신경 세포 하나하나를 선택적으로 자극할 수 있는 셈이 되었다. 이 방법을 이용하면 살아 있는 개체에서 신경 회로의 기능을 명확하게 밝혀낼 수 있으며, 난치성 신경 질환의 치료에도 응용될 수 있을 것으로 기대된다.


## 망막의 광 수용체

사람의 망막에 있는 광 수용체 세포에는 간상 세포와 원추 세포가 있다. 광 수용체 세포는 빛을 감지하는 기능을 가지도록 분화된 세포로서, 사람의 눈에는 약 600만 개의 원추 세포와 1억 개의 간상 세포가 있다. 간상 세포는 주로 물체의 명암을 구별하는 데 관여하고, 원추 세포에는 적색, 녹색, 청색광에 예민한 로돕신을 갖는 세 종류의 세포가 있다. 각각이 예민하게 반응하는 파장 영역에 따라 L-세포, M-세포, 그리고 S-세포로 구분하여 지칭한다. 이들의 분포 비율은 정상인에서도 매우 다양하다. 공통된 특징으로 S-세포는 상대적으로 그 숫자가 적으며, 원추 세포의 대부분을 차지하는 L-세포와 M-세포의 경우 L-세포가 1.2배에서 많게는 3.5배까지 더 많이 분포한다. 보통 빨간색이 눈에 가장 잘 띄는 것은 바로 L-세포의 분포가 가장 풍부하기 때문이다. 이 세 가지 세포들의 상호 작용 결과로 우리는 다채로운 색을 경험하고 있다. 색 지각에 대해서는 11장에서 더 자세히 살펴보자.

한편 이들 광 수용체 세포들은 망막 전체에 균일하게 분포하는 것이 아니라 종류에 따라 다른 분포 양상을 보인다. 원추 세포는 망막의 중심 부위에 더 밀집되어 있는데, 이 부위가 황반이다. 황반은 물체의 상이 맺히는 부분으로 물체의 형태와 색을 자세히 관찰하는 데 관여한다.

광 수용체 세포의 활성화 과정은 다음과 같다. 먼저 광 수용체 세포가 광 자극을 받지 않은 상태에서는 정상 막전위Resting membrane potential에서 좀 더 양전위Positive potential 방향으로 탈분극Depolarization되어 있다. 이러한 지속적인 탈분극 상태에서 광 수용체 세포에서는 아세틸콜린Acetylcholine과 같은 신경 전달 물질Neurotransmitter을 시냅스에 배출하여 광 수용체 세포와 연결되어 있는 두극 세포Bipolar cell를 활성화시킨다. 두극 세포는 아세틸콜린에 의해 과분극Hyperpolarization되는데 이때 신경절 세포Ganglion cell에 활성 신호를 전달하지 못한다. 만약 광 수용체 세포에 광 자극이 들어오면 탈분극 상태에서 과분극 상태로 바뀌고, 두극 세포에 신경 전달 물질을 배출하지 못하게 된다. 결과적으로 두극 세포는 탈분극되어 신경절 세포에 신경 전달 물질을 냄으로써 시각 신경을 자극하게 된다.

광 수용체 세포의 구조를 살펴보면 핵을 포함하는 세포체Cell body 외에 내부 분절 Inner segment과 외부 분절Outer segment로 구분된다. 내부 분절에는 미토콘드리아를 포함하는 세포 내 기관이 있으며, 내부 분절과 외부 분절의 경계는 섬모 Cilia로 구성된다. 외부 분절에는 광 수용체 단백질을 포함하는 광 디스크 Optical disc가 존재한다. 간상 세포의 경우 광 디스크는 세포막과 분리되어 독립적인 구획Compartment을 이루고 있고 원추 세포의 경우는 세포막이 함입Invagination되어 광 디스크를 형성한다. 이러한 구조는 광 수용체 단백질이 존재하는 디스크막의 표면적을 최대로 함으로써 광 자극에 대한 민감도를 높이는 효과가 있다. 외부 분절의 50%는 로돕신으로 채워져 있을 만큼 광 수용체 단백질이 풍부하게 존재한다.

원추 세포와 간상 세포는 발생 이후 더 이상 분열하지 않고 항상 광 자극에 노출되어 있기 때문에 광 독성 및 활성 산소종에 대한 손상으로부터 세포를 보호하는 기전이 발달되어 있다. 분비물과 먼지 따위가 섞여 생긴 때의 형태로 우리 몸의 피부가 끊임없이 교체되며 재생되듯이, 광 수용체 세포의 외부 분절은 하루 평균 10% 정도가 주위 망막 색소 상피 세포Retinal pigment epithelial cell에 의해 흡수되고 같은 양이 새롭게 생성된다. 간상 세포의 외부 분절이 가장 활발히 교체되는 때는 아침이며, 원추 세포는 주로 밤에 교체된다.


한편 광 수용체 세포 내에서는 세포에서 신호 전달을 위한 화학 신호로 사용되는 물질인 환상 구아노신 일인산Cyclic guanosine monophosphate, cGMP의 농도가 높게 유지되고 있다. cGMP는 세포막의 나트륨 통로 단백질을 열어 줌으로써, 세포막의 전위가 탈분극되도록 유도한다. 광 수용체 세포가 광 자극을 받으면 세포 신호 전달 과정에 관여하는 G-단백의 일종인 트랜스듀신Transducin이 활성화되어 cGMP를 다른 형태인 5'-GMP로 변화시킴으로써 결과적으로 세포 내의 cGMP 농도를 낮춰 신호를 변경시키는 작용을 한다. cGMP의 농도가 감소하고 나트륨 통로가 닫히면서 세포막 전위는 정상 막전위로 과분극된다. 생체막은 일부 물질만을 통과시키고 어떤 물질은 통과시키지 않는 선택적 투과성을 가지고 있다. 이러한 특성으로 인해 세포 외부와 세포 내부의 물질 구성에 차이가 발생한다. 세포막 밖에는 $Na^+$, $Cl^-$, $HCO_3^-$ 이온 등이 많고, 세포의 내부에는 $K^+$ 이온과 단백질 음이온의 농도가 상대적으로 높게 유지된다. 이러한 세포 안과 밖의 이온 농도 차이에 의해 막을 경계로 전위가 발생하게 되며 이를 막전위<sup>Membrane potential</sup>라 한다. 이러한 막전위는 막을 경계로 한 이온의 농도 차이와 이온에 대한 세포막 투과성의 차이 두 가지에 의해 결정된다. 일반적으로 대부분의 음이온들은 정상적인 세포막을 거의 투과하지 못한다. 이에 반해 나트륨과 칼륨 같은 양이온은 세포막에 존재하는 통로 단백질을 통해 막을 투과할 수 있으며 통로 단백질이 열리고 닫힘에 따라 막투과도가 결정된다. 세포 내외의 이온을 비교해 보면 $K^+$의 농도는 세포 안이 밖보다 약 30배 높고, $Na^+$ 이온의 농도는 세포 밖이 세포 내보다 약 10배가 높게 유지된다. 반면에 $K^+$ 이온에 대한 세포막의 투과성은 매우 높아 $Na^+$ 이온 투과성의 약 100배에 이른다. 이와 같이 세포막을 경계로 하는 이온의 농도 차이와 세포막의 선택적 투과성으로 인해 막전위가 발생한다.

나트륨 이온은 세포 밖의 농도가 세포 안에 비해 훨씬 높아 안으로 확산되어 유입되려는 성향이 있지만, 세포막을 통한 투과성이 낮기 때문에 느리게 유입된다. 이에 반해 칼륨 이온은 세포 안의 농도가 훨씬 높고 막을 통한 투과성도 좋기 때문에 세포 안에서 밖으로 쉽게 빠져나갈 수 있다. 그러나 실제로는 세포 안 단백질 음이온에 의한 정전기적 인력과 나트륨-칼륨 펌프를 통한 능동 수송에 의해 칼륨의 이온 농도차가 유지된다. 나트륨-칼륨 펌프는 나트륨과 칼륨 이온을 1:1의 비율로 교환하는 것이 아니라 나트륨 이온 3개와 칼륨 이온 2개의 비율로 교환한다. 결과적으로 펌프의 작용에 의해 세포 밖에 양이온이 더 많게 되며, 이는 세포막 안이 음전위를 띠는 원인 중 하나로 작용한다. 일반적으로 세포막 내부는 −70~−90mV의 전위차를 유지하며, 이를 안정 막전위 혹은 정지 막전위라 부른다.

신경 세포나 근육 세포와 같은 흥분성 세포는 전기적 혹은 적절한 신경 전달 물질에 자극을 받게 되면 세포막의 나트륨과 칼륨 이온의 투과도가 변한다. 막을 통한 이온 투과도가 바뀜에 따라 막을 경계로 한 전위차에 변화가 생긴다. 즉 안정 막전위에서 세포 안쪽이 음극이던 것이 양극으로 바뀌고 세포 외부가 양극에서 음극으로 역전되며, 이를 활동 전위Action potential 혹은 탈분극이라고 한다. 이러한 활동 전위가 발생하기 위해서는 나트륨 이온의 투과도가 변화되고 세포 외부에 고농도로 존재하던 나트륨 이온이 세포 내로 급격히 유입되어야 한다. 그 결과 세포 내부가 +30~+50mV 정도로 양전위를 띠게 되는 것이다.

### 그림 10. 2  안구의 구조 및 망막 구조의 모식도

망막의 시신경 원반은 시신경과 혈관이 통과하는 부분으로 기능적으로는 맹점(blind spot)에 해당한다. 실제 광 자극을 감지하는 광 수용체 세포인 간상 세포와 원추 세포는 망막의 제일 바깥 층인 망막 색소 상피 세포와 붙어 있다.

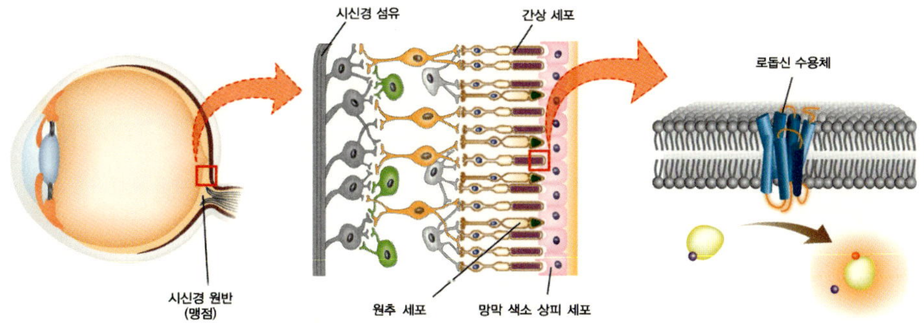

이렇듯 세포막을 경계로 한 전위를 역전시키기 위해서는 전위차에 의해 조절되는 나트륨 통로 Voltage-gated Na channel가 열려야 한다. 나트륨 통로, 즉 이온을 통과시키는 단백질은 막전위의 탈분극 정도에 반응하기 때문에, 활동 전위가 발생하기 위해서는 일정 정도 이상의 자극이 가해져야 한다. 이때 활동 전위를 유발할 수 있는 최소한의 자극 강도를 역치 Threshold라고 하며, 역치 전위 이하에서는 일시적으로 막전위가 탈분극되는 반응이 국소적으로만 일어나며 주위로 전파되지 않는다. 활동 전위의 역치는 신경 생물학에서 중요한 의미를 가진다. 자극의 강도는 아날로그적인 신호지만 역치의 개념을 적용하여 이를 0과 1이라는 이진법 방식의 디지털 값으로 변환할 수 있다. 즉 컴퓨터 연산 방식과 유사한 이진법적인 정보 처리가 가능하게 되는 것이다.

## 로돕신과 신호 전달

세포들 사이에도 의사소통이 필요하다. 세포 간 의사소통은 대부분 화학적인 신호를 통해 이루어지며, 이를 리간드 Ligand라 한다. 리간드는 주로 세포 밖으로 배출되어 확산되어 나가며 작동하거나 세포 표면에 붙어 작용을 하기도 한다. 아미노산, 지질 Lipid, 단백질, 핵산 등 다양한 생체 분자가 리간드로 작용할 수 있다. 심지어는 산화질소(NO)나 일산화 탄소(CO)와 같은 기체 분자도 세포들 간에 신호를 전달하는 수단으로 사용되기도 한다. 이러한 리간드는 세포의 외부에 존재하는 수용체 Receptor에 의해 인지되어 세포의 활성을 바꾸는 기능을 하는데, 로돕신은 망막의 광 수용체 세포에서 실제로 빛을 감지하는 역할을 담당하는 단백질로서 이 경우 광자가 리간드가 된다.

세포 표면에서 안테나와 같은 기능을 담당하는 수용체가 리간드와 결합하면 세포는 이를 일종의 신호로 받아들여 자신의 활성을 바꾸거나 특정 유전자의 발현을 촉진 혹은 억제시키는 방식으로 반응한다. 이는 마치 손끝을 이용해서 물체를 만지고 이것이 위험한 것인지 아닌지를 판단하고 행동하는 것과 유사하다. 손끝에서 감지된 자극이 대뇌까지 신경을 통해 전달되듯이, 수용체와 리간드가 결합하면 세포 신호 전달 과정을 통해 세포 내로 신호가 전파된다. 다양한 생체 분자가 마치 골드버그<sup>Goldberg</sup> 장치의 부속품처럼 연쇄 반응을 일으키며 세포 내 신호를 전달하는데, 세포 외부의 리간드 신호를 세포 내로 전달한다는 의미에서 이들 생체 분자를 이차 전달자<sup>Secondary messenger</sup> 라 한다.

빛을 인지하여 세포의 활성을 바꾸는 로돕신은 세포 내 신호 전달에 G−단백이 관여하는 G−단백질 연결 수용체의 일종으로, 특징적으로 세포막을 7번 관통하는 수용체 단백질의 구조를 이루고 있다. G−단백은 $\alpha$, $\beta$ 및 $\gamma$의 세 가지 폴리펩티드 사슬<sup>Polypeptide chain</sup>로 구성되어 있다. $\alpha$ 사슬은 구아노신 삼인산<sup>Guanosine tri-phosphate, GTP</sup>과 결합하고 가수 분해하는 성질이 있는데 각각의 특유한 $\alpha$가 G−단백의 특이성을 결정하게 된다. $\beta$와 $\gamma$는 결합체로 존재하며 G−단백을 세포막과 결합시키는 역할과 $\alpha$를 수용체와 작용하게 하는 역할을 한다. G−단백질 연결 수용체<sup>G-protein-linked receptor</sup>는 세포 표면 수용체 중에서 가장 많은 부분을 차지하는 수용체로, 현재까지 알려진 것만 수백 종에 이른다. 이들은 호르몬<sup>Hormone</sup>에서 신경 전달 물질에 이르기까지 매우 다양한 세포 외 리간드에 대한 반응을 매개한다. 신경 전달 물질의 종류는 다르지만 이들과 결합하는 G−단백질 연결 수용체의 구조는 매우 유사하여, 세포막을 7번 왕복하여 통과하는 하나의 폴리펩티드 사슬로 이루어져 있다. 이러한 7회 막관통 수용체 단백질<sup>Seven-pass transmembrane receptor protein</sup>의 초가족<sup>Superfamily</sup> 단백질에는 빛에 의해 활성회되는 광 수용체 단백질인 로돕신과 후각 수용체<sup>Olfactory receptor</sup>도 포함된다. G−단백질 연결 수용체의 세포질 부분은 세포 안에서 G-단백과의 결합에 관여한다.

로돕신은 레티날과 결합되어 있는 G-단백질 연결 수용체로서 옵신 단백질에 속하며 다양한 생명체에서 광 자극을 전기 화학적인 신호로 바꾸는 역할을 담당한다. 간상 세포에서 발현되는 로돕신은 Rh1으로 표기하며 녹색과 청색 계열의 빛을 흡수하기 때문에 자주색을 띠고 있다. 이들은 어두운 곳에서 시각을 담당한다. 로돕신의 유전자는 OPN2로 표기하며 3번 염색체에 존재한다. 원추 세포의 광 수용체 단백질인 포톱신들은 아미노산이 어떻게 구성되어 있는가에 따라 흡수하는 빛의 파장에도 차이가 있다. OPN1LW는 장파장을, OPN1MW는 중간 파장을, 그리고 OPN1SW는 단파장을 흡수한다. 여기서 OPN1LW와 OPN1MW는 X 염색체에 위치하므로 남성의 경우에서 적녹색맹의 비율이 높은 점과 관계가 있다. OPN1SW는 7번 염색체에 위치한다. 더불어 시각과는 관련없는 일주기성<sup>Circadian rhythm</sup>에 관여하는 멜라놉신<sup>Melanopsin</sup>도 옵신 단백질로 분류된다.

G-단백은 외부의 신호와 세포 내의 실행기<sup>Effector</sup>를 연결짓는 신호 변환기로 작용할 뿐만 아니라 전달된 신호를 증폭하는 증폭기로도 작용한다. 예를 들면 노르에피네프린<sup>Norepinephrine</sup> 같은 신경 전달 물질이 세포막의 수용체와 작용하는 시간은 수 ms에 불과하다. 그러나 그 결과로 활성화된 Gs<sup>Stimulating G proteins</sup>는 수십 초간 활성화된 상태로 유지되고 이는 신호를 엄청나게 증폭시킬 수 있다. G-단백이 활성화되면 효소나 이온 통로가 변화되는데 이로 인하여 세포 내 이차 전달자의 생성이 증가 혹은 감소된다. 그리고 이러한 이차 전달자에 의해서 여러 가지 반응이 다시 유도된다. 현재까지 알려진 주요 이차 전달자로는 환상 아데노신 일인산<sup>Cyclic adenosine monophospate, cAMP</sup> 및 칼슘 이온($Ca^{2+}$) 등이 있다.

G-단백을 통한 또 다른 신호 전달 경로로 포스포리파아제 C<sup>Phospholipase C, PLC</sup>가 있

다. 이름에서 알 수 있듯이 이 효소는 세포막을 형성하는 인지질$^{Phospholipid}$을 분해한다. 포스포리파아제는 특히 세포막의 내부 면에 존재하는 인지질을 가수 분해하여 디아실글리세롤$^{Diacylglycerol, DAG}$과 이노시톨트리스인산$^{Inositol\ trisphosphate,\ IP_3}$을 형성한다. DAG는 2개의 지방산이 붙어 있기 때문에 계속 세포막에 남아서 단백질 키나아제 C$^{Protein\ Kinase\ C,\ PKC}$를 활성화시키고 세포 활성의 변화를 유도한다. $IP_3$는 수용성 분자로서 세포막에서 분리된 후 세포질로 이동하여 소포체$^{Endoplasmic\ reticulum}$에 있는 수용체와 결합하여 소포체로부터 칼슘 이온을 방출시킨다. 이렇게 세포질로 방출된 칼슘 이온은 다양한 단백질을 활성시키고 궁극적으로는 세포 활성을 조절한다. 근육 수축과 신경 세포 신호 전달의 경우가 칼슘 이온에 의해 조



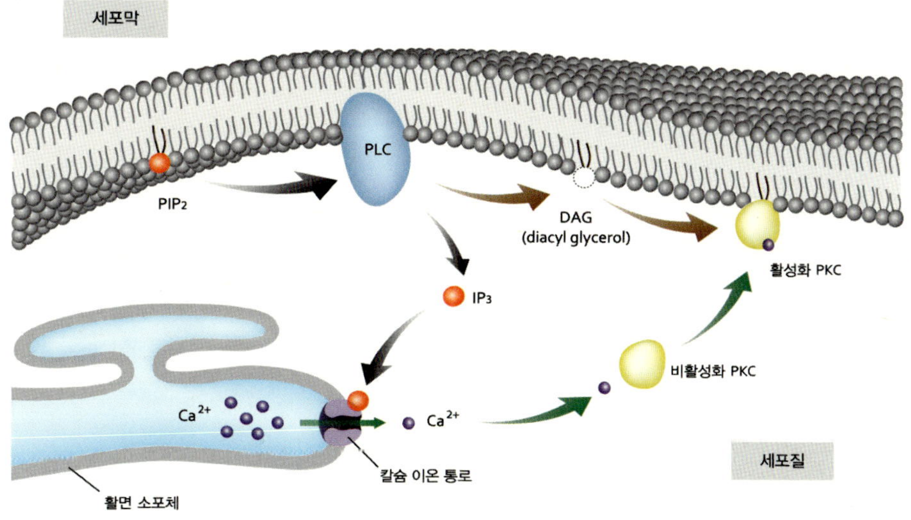

절되는 세포 활성에 해당한다.

DAG나 칼슘 이온과 같은 이차 전달자는 세포 표면에 있는 수용체가 감지한 외부의 신호를 세포 내부의 분자나 핵으로 전달한다. 이들은 단순히 신호를 전달할 뿐 아니라 신호의 강도를 증폭시켜 주는 기능을 한다. 리간드가 하나의 세포 표면 수용체에 결합하여도 세포 내부에는 신호가 증폭됨으로써 커다란 생화학적 변화가 일어날 수 있다. 대표적인 이차 전달자로는 cAMP 및 cGMP와 같은 환상 뉴클레오티드 Nucleotide 외에도 $IP_3$ 및 DAG와 칼슘 이온 등이 있다. cAMP는 아데노신 삼인산 Adenosine triphosphate, ATP 으로부터 만들어져서 단백질 키나아제 A PKA를 활성화시켜 세포 활성을 조절한다. 이에 반해 cGMP의 작용은 단백질 키나아제 G PKG에 의해 중재된다. 이들 효소는 인산화 효소로 세포 내부 단백질의 인산화를 일으킴으로써 이들의 활성을 조절한다.


세포막을 7번 관통하는 특징적인 형태이다. 세포막 내부는 G-단백과 결합하여 다양한 세포 신호를 전달한다. 수용체에 특이 리간드가 결합하면 수용체의 구조가 바뀌면서 다양한 반응이 유발된다. 우선 수용체 자체가 이온 통로인 경우는 이온 통로를 열고 닫는 것이 리간드의 결합에 의해 조절된다. 신경 세포나 근육 세포에는 아세틸콜린 수용체가 있는데, 이 수용체에 아세틸콜린이 결합하면 수용체의 내부가 열리면서 나트륨 이온이 세포 외부에서 내부로 유입, 세포가 전기적으로 활성화되거나 수축하게 된다.

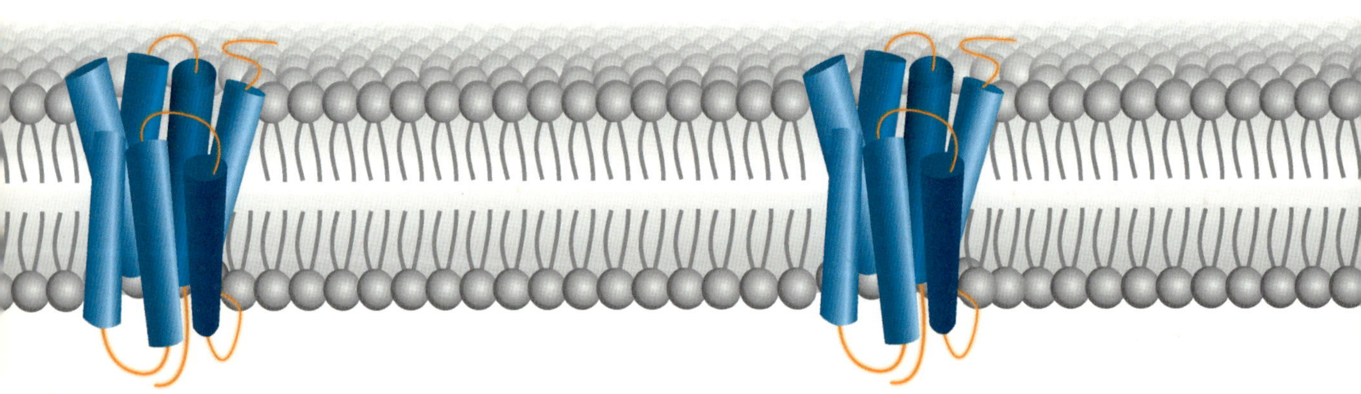

# 망막에 맺힌 상을 뇌로

망막에 맺힌 물체의 상은 광 수용체 세포에 의해 인식되어 활동 전위의 변화로 전환된다. 흥미롭게도 광 수용체 세포는 평상시에는 지속적으로 활동 전위를 발생하여 연결되어 있는 중간 신경 세포의 활성을 억제하고 있다가, 광 자극에 의해 로돕신이 활성화되면 오히려 활동 전위의 발생이 억제되면서 이미 언급한 대로 중간 신경 세포인 두극 세포에 대한 억제 능력이 감소한다. 결과적으로 중간 신경 세포인 두극 세포의 활성이 증가하면서 최종적으로 두극 세포와 연결되어 뇌로 시각 정보를 전달하는 시신경 세포의 활성이 증가한다.

사람을 포함한 포유류의 눈은 문어나 오징어의 눈과 그 구조가 매우 유사하지만

혹은 성장 인자에 대한 수용체는 수용체가 효소로 작용하는 경우가 많다. 이들 효소는 단백질을 인산화시킴으로써 해당 단백질의 기능을 활성화시키거나 억제시키는데 이러한 효소의 활성이 리간드의 결합에 의해 조절된다. 염증 반응에 관여하는 수용체의 경우 리간드와 결합하면 수용체의 세포 내 부분의 구조가 변화하면서 다양한 기능을 가지는 단백질이 결합하여 이차적인 세포 신호 전달 과정이 일어난다.

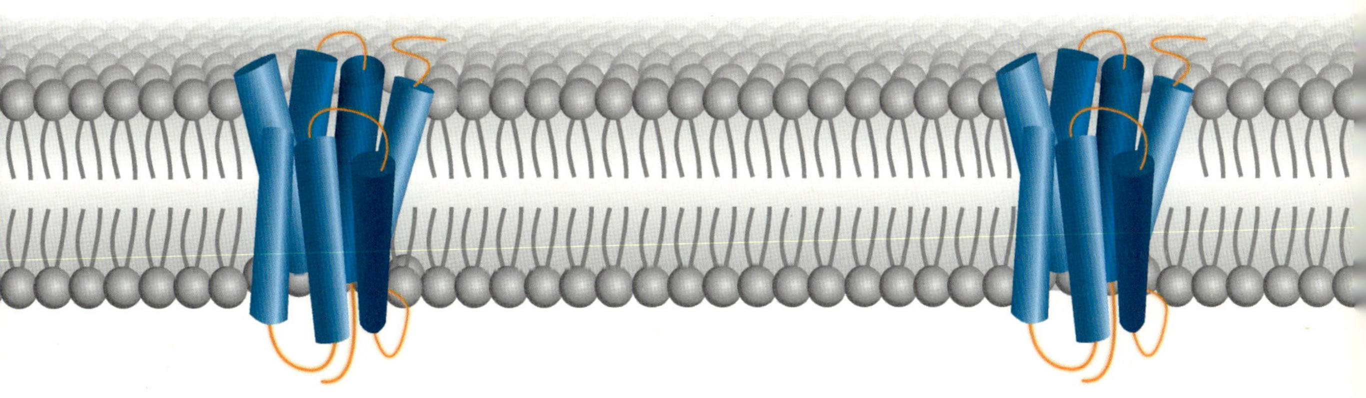

망막의 구조를 자세히 보면 완전히 반대로 되어 있는 것을 알 수 있다. 문어나 오징어의 망막에는 광 수용체 세포가 제일 앞쪽에 위치하고 바깥쪽에 시신경 세포가 위치한다. 이에 반해 사람의 눈을 보면 시신경 세포가 가장 앞쪽에 위치해 있고, 광 수용체 세포는 오히려 가장 바깥쪽에 있다. 이러한 구조적인 차이에 의해 사람의 눈에는 맹점이 존재한다. 맹점은 망막의 안쪽에 위치한 시신경절 세포에서 유래한 신경 다발이 안구를 벗어나 뇌로 가기 위해 모인 구조에 의해 생긴다. 이 부위는 신경 다발만 있기 때문에 정작 광 자극을 인식할 수 있는 광 수용체 세포가 없고 이 부위에 맺힌 상은 뇌로 전달되지 못한다.

안구를 벗어난 시신경은 곧이어 망막의 왼쪽 절반에서 기원한 신경 다발과 오른쪽 절반에서 기원한 신경 다발로 나누어진 후 양쪽 눈에서 코 쪽의 신경 다발(왼쪽 눈의 경우 망막의 오른쪽 절반에서 기원한 신경 다발, 오른쪽 눈의 경우 왼쪽 절반에서 기원한 신경 다발)이 반대쪽으로 교차되어 대뇌로 들어가게 된다. 흥미로운 것은 망막의 코 쪽 절반은 실제로 바깥쪽의 물체가 렌즈에 의해 거꾸로 상이 맺히는 부분이기 때문에 왼쪽 뇌로는 오른쪽에 위치한 물체의 상이 전달되고 반대로 오른쪽 뇌로는 왼쪽의 물체에 대한 시각 정보가 전달된다.

망막의 신경절 세포에서 시작된 시신경은 뇌로 들어와 시상<sup>Thalamus</sup>에서 이차 신경 세포와 연결된다. 이후 이차 시신경 세포는 대뇌의 후두엽으로 향한다. 대뇌의 후두엽은 시각 중추로서, 일차적인 시각 감각의 인지를 담당한다. 이후 시각과 관련된 기억, 인지, 감정과 같은 고위 기능은 후두엽 이외의 다양한 대뇌 피질과 연결되면서 가능하게 된다.

a. 포유류 이전의 동물들은 네 가지 색을 인식할 수 있었으나 중생대에 진화하기 시작한 포유류는 대부분 두 가지 색밖에는 인식하지 못한다. 이는 포유류가 진화 초기에 야행성이었기 때문이었을 것으로 추정되고 있다. 그렇다면 현생 인류의 삼색 색각은 진화 단계에서 어느 시기에 발전된 것일까?

b. 문어의 눈은 사람의 눈과 매우 유사한 카메라 형태를 띠고 있다. 하지만 자세히 구조를 들여다보면 망막의 구조가 반대로 되어 있다. 이는 문어의 눈이 사람과는 전혀 다른 방식으로 진화되어 왔음을 의미하는 것이다. 어떤 차이가 있는지와 그에 따른 생리적인 기능의 차이에 대해 생각해 보자.

c. 일부 새우는 일곱 가지 색을 인식하고 빛의 편광 정도도 감지할 수 있는 것으로 알려져 있다. 이는 물에 떠다니는 투명한 플랑크톤을 찾아 섭식하기 위한 진화의 산물이라 여겨진다. 최근에는 이들의 눈을 공학적으로 모사하여 인공위성의 카메라 시스템으로 개발하려는 노력들이 이루어지고 있다. 관련된 내용을 찾아보자.

3부

# 빛의 색채학

# 11장

# 색채 경험으로서의 빛

색이 무엇인지 정의해 보자. 빨강, 노랑……?

그건 색이름 <sup>Color naming</sup>을 사용해서 색을 구분하는 예시이다. 1부와 2부에서 살펴본 바를 토대로 생각해 보자. 우선 파장이 380nm에서 780nm 사이에 해당하는 전자기파를 가시광선이라고 했다. 전자기파의 파장 길이가 이보다 짧다면 자외선 영역으로, 이보다 길어진다면 적외선 영역에 해당되고 우리 눈으로는 더 이상 지각이 불가능하다. 우리는 가시광선에 해당하는 전자기파만을 시각적으로 감지할 수 있다. 그리고 우리는 이 가시광선 영역 내에서 단파장 계열은 파란빛으로, 장파장 계열은 빨간빛으로 지각한다. 자칫 특정 파장의 빛이 특정 색상의 속성을 가지는 것으로 이해될 수 있으나, 빛이 색을 나타내는 것은 아니다. 색은 빛의 물리량에 따른 현상이 아닌 것이다.

**사진 11.1  구조색과 물체색**
초록색 나뭇잎 위에 앉아 있는 초록색 풍뎅이. 같은 초록색이지만, 풍뎅이의 초록색이 더 선명하고 강하다. 나뭇잎이 초록색으로 보이는 이유는 나뭇잎 표면에서 550nm 영역대의 가시광선을 반사하고 나머지 영역대의 빛은 흡수하기 때문이다. 반면 풍뎅이의 초록빛은 풍뎅이 날개 껍질 구조에 의한 빛 간섭, 즉 구조색의 결과로 주변 물체색에 비해 훨씬 강한 밝기가 느껴진다. 빛의 간섭 현상과 구조색의 원리는 3장에서 다루고 있다.

가시광선 영역의 복사 에너지가 눈의 망막에 맺힐 때 감광 색소가 어떻게 반응을 하는가에 따라 빛 정보는 색 정보로 변화된다. 이 색 정보가 신경 다발을 통해 뇌로 전달된 다음, 최종적으로 뇌에서 해석한 심리량이 비로소 색채이다.

물체 표면에서 반사되었거나 광원을 직접 보면서 우리 눈의 시지각 시스템이 빛을 감지하는 순간 빛은 색 정보가 되고, 지각된 색 정보는 심리량으로 해석되어 색채 경험이 시작되는 것이다. 여기서 우리는 색과 색채를 빛의 물리적 속성을 지칭하는가 혹은 인간이 지각한 바를 설명하는가에 따라 구분하고자 한다.

우리가 주변 사물을 여러 가지 색채로 인지하는 것은 광원에서 나온 빛이 물체 표면에서 반사된 후 그 반사된 빛을 우리 눈이 감지한 결과에 해당한다. 즉 물체색Object color은 물체 표면을 구성하는 원자나 분자가 만들어 내는 결과로서 그 물질 자체가 가진 속성이다. 물체색과는 달리 물체 표면의 미세한 구조적 특성에 의해 색이 표현될 수도 있다. 이를 구조색이라고 하며 3장에서 빛의 간섭 현상과 함께 설명한 바 있다. 풍뎅이, 몰포 나비, 공작의 날개, 전복 껍데기 안쪽 등 자연계에는 표면의 미세한 구조에 의해 색을 관찰할 수 있는 사례들이 많이 있다. 구조색의 사례를 제외하고 물체 표면의 색을 인지하는 경우를 살펴보면 크게 물체색과 발광색으로 구분할 수 있다.

물체색은 주어진 광원이 물체 표면에서 반사된 것을 우리 눈이 감지한 결과이다. 이와는 대조적으로 발광색은 물체 표면이 스스로 빛을 발하는 경우에 해당한다. 태양을 보는 것은 발광색을 보는 것이며 밤하늘의 달을 보는 것은 물체색을 보는 것이다. 독자 여러분이 이 책을 인쇄물로 읽고 있다면 물체색을 보는 것이고 전자 출판물로 읽고 있다면 발광색을 보는 것이다. 그러므로 책을 읽기 위해서는 주변이 충분히 밝아야 하지만, 태블릿 컴퓨터로 전자 출판물을 읽기 위해서는 디스플레이의 밝기만 충분히 밝으면 된다.

우리가 검정이라는 물체색을 보는 경우를 생각해 보자. 주변이 충분히 밝을 때도 한국인의 머리카락이나 검정콩은 검은색으로 보인다. 검은색 물체는 그 표면에서 가시광선 영역의 빛을 모두 흡수해 버렸기 때문에(이때 온도가 약간 상승한다.) 우리 눈이 감지할 재료가 없는 셈이다. 반대로 치아나 밀가루는 하얀색으로 보이는데 이 경우는 하얀색으로 보이는 물체의 표면에서 가시광선 영역의 빛을 대부분 난반사했기 때문이다. 난반사에 대해서는 2장에서 살펴본 바 있다. 따라서 물체색을 지각하기 위해서는 광원이 물체 표면을 향해야 하며 물체 표면에서는 이를 반사해야 한다. 다시 말해, 주어진 광원이 가시광선 영역에서 어떠한 에너지 분포를 갖고 있는지, 그리고 물체 표면의 반사율이 어떠한지를 알 수 있다면 우리 눈에 감지될 빛의 물리적 속성을 예측할 수 있다. 그렇기 때문에 동일한 물체도 어떤 광원 하에서 관찰하는가에 따라 다른 색으로 보일 수 있으므로 물체색을 측정할 때는 무슨 광원 하에서 관찰한 결과인가를 반드시 설명할 필요가 있다.

검은 물체색을 보는 다른 사례도 있다. 낮에는 잘 보이던 물체가 깜깜한 밤에는 온통 검은색으로 보인다. 깜깜한 밤에는 물체 표면에 반사할 만한 광원이 없거나 매우 적기 때문에 우리 눈이 감지할 재료가 불충분한 상황에 해당한다.

잠자리에 들기 위해서 누웠으나 창밖의 가로등 불빛이 창문을 통해 침실을 약간 밝히고 있는 상황을 상상해 보자. 적어도 방 안 물체들의 형태 정도는 보일 것이다. 물체 표면의 밝고 어두운 정도가 대략적으로는 파악이 되지만 구체적인 색상 정보를 기억하고 있지 않는 한 인지가 힘들다. 주변이 칠흙같이 어두운 암실에서는 아무것도 볼 수 없겠지만 약간의 밝기가 주어지면 우리 눈은 명암을 우선적으로 지각할 수 있다. 주변이 좀 더 밝아지면 비로소 색을 파악하는 시지각 시스템이 활성화되기 시작한다. 이 같은 결과는 주변 밝기에 따라서 반응하는 광 수용체가 다르기 때문이다. 이에 대해 좀 더 구체적으로 살펴보도록 하자.

## 색을 지각하는 과정

우리가 색을 지각하는 첫 번째 과정은 눈에서 시작된다. 눈의 각막과 수정체로 모아진 빛은 망막에 맺힌다. 망막은 카메라의 필름이나 디지털 카메라의 CCD에 해당하는 부분이다. 10장에서 설명하였듯이 망막에는 광 수용체들이 모여 있는데, 납작한 모양의 간상 세포 및 뾰족한 모양의 원추 세포가 빛의 밝기 정도에 따라 선별적으로 반응한다. 간상 세포와 원추 세포의 차이는 명암을 구분하는가, 색채를 구분하는가에 있으며 이 두 가지 세포들이 활성화되기 위한 밝기의 조건에는 차이가 있다.

주어진 광원에 대하여 표준 백색판 <sup>Standard White Surface, white balance card</sup>을 대상으로 세기를 측정하였을 때, 휘도가 $10^{-3} \sim 10^{-6}$ cd/m² 정도인 상황에서는 간상 세포만 활성화된다.(cd는 칸델라 <sup>Candela</sup>의 약자) 이때를 암소시 <sup>Scotopic vision</sup>에 순응되었다고 표현한다. 간상 세포는 밝고 어두움만 구분이 가능하므로 색채 인지가 불가능하다. 아주 어두운 곳에서 사물의 형체는 파악이 되지만 물체색은 보이지 않는 이유가 여기에 있다.

주변 휘도가 $10^{-3} \sim 10$ cd/m² 정도일 때는 간상 세포와 원추 세포가 동시에 활성화되어 사물의 명암이나 윤곽선과 함께 약간의 색채 지각이 가능하다. 원추 세포가 서서히 활성화되기 때문이며 이를 박명시 <sup>Mesopic vision</sup>에 순응되었다고 한다.

견해에 따라 $10^{-2}$~$1cd/m^2$의 범위로 보기도 한다.

마지막으로 주변 휘도가 1 혹은 $10cd/m^2$를 넘어서면 간상 세포는 서서히 둔화되고 원추 세포만 활성화된다. 이때를 명소시Photopic vision에 순응된 것으로 구분한다. 우리 눈이 색을 지각하고 판단하기 위해서는 색을 관찰하는 상황이 충분히 밝아야 한다는 것을 알 수 있다.

10장에서 살펴보았듯이 원추 세포에는 세 가지 종류가 있는 것으로 밝혀져 있다. 종류별로 서로 다른 가시광선 영역대에서 민감도를 나타내는데, 각각 450nm, 525nm, 575nm의 세 지점에서 가장 민감하다[1]. 최고 민감도에 해당하는 가시광선 파장 길이를 상대적으로 비교하여 **Short, Medium, Long**의 첫 글자를 따서 S-원추 세포, M-원추 세포, 그리고 L-원추 세포로 구분한다. 즉 망막에 맺힌 빛 자극에 세 가지 원추 세포가 얼마나 활성화되었는가에 대한 결과가 비로소 우리 눈이 받아들인 색 정보라고 할 수 있다.

모니터에 구현된 흰 발광색과 태양광 아래에서 보는 흰 종이의 물체색이 동일하게 보이는 경우, 두 백색 자극이 세 원추 세포를 활성화한 결과 값이 동일한가 여부에 따라 두 색이 같은가 혹은 다른가를 판단하게 된다. 이와 같이 2개 이상의 색이 동일하다고 지각되지만, 실제 각각의 가시광선 영역 내에서의 분광 분포는 다를 때 이 색들을 조건 등색Metamerism이라고 지칭한다.

원추 세포의 반응에 따른 색채 경험 과정을 더 자세히 살펴보자. 결론을 먼저 말하자면, 가시광선 영역대의 빛 자극에 대하여 S, M, L 원추 세포 모두가 활성화

---

1     DiLaura, D. L., Houser, K. W., Mistrick, R. G., and Steffy, G. R., *The Lighting Handbook* (NY: Illuminating Engineering Society, 2011), p. 2.5.

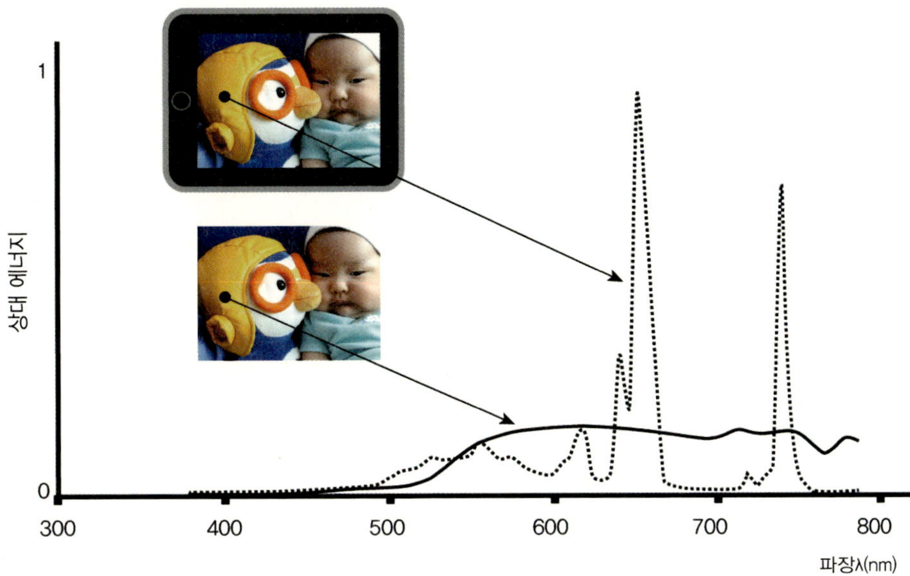


**그림 11.2  조건 등색**

디스플레이에 구현된 뽀로로 모자의 스펙트럼 분광 분포를 살펴보면 약 600nm와 700nm 부근의 두 피크(Peak)가 관찰된다. 반면 야외에서 실제 뽀로로 모자 스펙트럼 분광 분포는 위 그림의 실선과 같이 약 550nm에서 780nm에 이르는 넓은 영역에 에너지가 골고루 분포되어 있다. 이렇듯 2개 이상의 색이 동일하다고 지각되지만, 실제 각각의 가시광선 영역 내에서의 분광 분포는 다를 때 이 색들을 조건 등색이라고 지칭한다.

된 정도에 따라, 밝기 차원, 빨강-초록 차원, 그리고 노랑-파랑 차원 등 세 가지 독립적 채널 정보로 변환된 결과가 색 정보이다. S, M, L 원추 세포 각각의 최대 민감 영역이 대략적으로 파랑, 초록, 빨강에 대응되지만 우리의 시지각 체계가 R-G-B(빨강, 초록, 파랑) 혼색의 원리로 색상을 지각하는 것은 아닌 것이다.

빨강-초록 차원이라는 것은 빨강 또는 초록이 결정되는 것으로, 결국 우리는 빨강스러운 초록을 지각하는 것은 불가능하다. 마찬가지로 노란 기운이 도는 파랑을 지각하는 것 또한 생리적으로는 불가능한 것이다. 대신 빨강-초록 채널의 결과 값과 노랑-파랑 채널의 결과 값은 상호 독립적이기 때문에 두 결과 값의 혼색을 지각하는 것은 가능하다. 예를 들어, 잘 익은 오렌지를 보고 있다면 오렌지 껍질에서 반사되어 우리 눈의 망막에 도달한 빛 자극은 원추 세포들을 자극한다. 그 결과 밝기 정보 측면에서는 중간 정도 밝음을, 빨강-초록 정보 측면에서는 강한 빨강을, 그리고 노랑-파랑 정보 측면에서는 강한 노랑이라는 정보로 변환된다. 이 색 정보는 뇌의 시지각 영역으로 향하는 신경 다발로 전달되고, 결국 빨강과 노랑이 혼합된 결과로서 우리는 주황이라는 색채를 지각하게 되는 것이다.

만약 원추 세포에 문제가 발생한다면 어떻게 될까? 색맹Color blind이나 색약Color amblyopia을 포함하는 색각 이상의 증상은 원추 세포의 반응이 비정상적이거나 정상적으로 활성화되지 않은 데 기인한다. 세 종류의 원추 세포 중 어느 하나의 감도가 낮은 경우는 색약에 해당한다. 어느 원추 세포의 감도가 떨어졌는가에 따라 청황 색약(S 결핍), 녹색약(M 결핍), 적색약(L 결핍)으로 구분된다. 세 종류 중 어느 하나가 없는 경우는 색맹에 해당하며, 이 역시 결핍된 원추 세포의 종류에 따라 청황 색맹(S 결핍), 녹색맹(M 결핍), 적색맹(L 결핍)으로 구분된다. 현재 국내 남성 인구의 약 6%, 여성 인구의 약 0.4%가 색각 이상자인 것으로 조사되었다. 특히 녹색약과 녹색맹의 빈도가 가장 높은 것이 특징이다[2].

한편, 여성의 경우 원추 세포를 세 가지가 아닌 네 가지를 갖고 있다는 견해가 최근 제시되어 화제이다. 원추 세포 중 장파장 영역에서 반응하는 L-세포가 X 염색체에 존재하기 때문에, 일부 여성은 L-세포를 두 가지로 분리하여 갖고 있다. 이는 여성이 난색 계열의 색차Color difference에 더 민감할 수 있다는 유추를 가능하게 한다.

2    보건복지부, 국가 건강 포털(health.mw.go.kr)

**사진 11.3 색각 이상자의 색채 경험**
색각 이상의 증상은 원추 세포의 반응이 비정상적이거나 정상적으로 활성화되지 않은 데 기인한다. 어느 원추 세포가 결핍되었는가에 따라 청황 색약(S 결핍), 녹색약(M 결핍), 적색약(L 결핍)으로 구분된다. 좌로부터 정상 시각자, 청황 색맹, 녹색맹, 적색맹의 색채 경험에 해당한다.(사진: KAIST 강당 뒤뜰)

이렇듯 원추 세포의 개수와 특징에 따라 세상을 보는 모습은 분명 다를 수 있다. 인간을 제외한 포유류는 원추 세포가 두 종류에 지나지 않는 반면, 어류, 파충류, 조류는 원추 세포를 네 종류나 가지고 있다. 이론적으로는 인간에 비해서 새들이 보는 세상이 더욱 선명한 것이다. 특히 새들은 자외선 영역에 반응하는 원추 세포를 갖고 있어 새들이 보는 세상의 모습이 매우 궁금하다. 그러나 색채 자극을 색채로 인지하기 위해서는 결정적으로 뇌에서의 해석 과정이 필요하다. 새들이 네 종류의 원추 세포를 갖고 있지만, 과연 각각의 원추 세포가 반응한 결과를 뇌에서 얼마나 서로 다른 색채로 처리하고 있을지는 알 수 없는 일이다.

# 조명 환경에 따른 색채 경험

인간을 포함한 포유류의 대부분은 태양이 존재하는 낮 시간에만 활동하도록 진화되어 왔으므로 모든 시각적 경험은 태양광으로 구현된 일상의 관찰에 기초한다. 인공 광원이 우리 생활의 일부분이 된 것은 불과 1세기 정도로, 인류가 걸어온 수백만 년의 세월과 비교하면 아주 짧은 시간이다. 즉 조명 광원의 품질로 보자면 인간의 눈은 물론이고 인지와 감성적인 측면에서도 우리는 태양광을 가장 이상적으로 생각하도록 진화되어 왔으리라 예상할 수 있다. 그래서 우리 눈으로 보는 빛, 즉 색채를 다루는 데 있어 태양의 존재는 이야기의 중심에 있다.

인류가 진화되어 오는 동안 우리의 시각적 경험은 태양광이 구현한 환경에 잘 적응하도록 맞추어졌기 때문에, 인공 조명 환경의 특징과 우수성을 평가할 때 태양광을 조명 광원으로 가정한 상황을 토대로 해석한다. 최근 발광 다이오드 <sup>LED</sup> 가 상용화되고 유기 발광 다이오드 <sup>Organic light emitting diode, OLED</sup>도 머지 않아 주 광원 <sup>Main lighting</sup>으로 활용되리라 예측하고 있다. 이렇게 새로운 인공 광원 기술이 개발되고 그 수준이 향상됨에 따라, 오히려 태양광의 우수함은 더욱 부각되고 있다. 태양광은 공짜라는 경제적 측면뿐만이 아니다. 예를 들어, LED가 설치된 지하철에서 승객들의 얼굴을 보면 왠지 어색하고 아파 보인다. 태양광과 견주어 LED 광원은 사물의 색을 구현하는 능력이 다소 미흡하기 때문이다. 그래서 인공 광원의 색 구현 능력 정도를 정량적으로 표기함으로써 광원의 우수성을 가늠하고자 하였는데, 그 측정 단위가 연색 지수 <sup>Color rendering index, CRI</sup>이다.

연색 지수는 0에서 100까지의 값으로 산출되는데 흑체 <sup>Blackbody</sup>인 백열등이나 표준광에 가까운 주광 <sup>Daylight</sup> 조건에서는 연색 지수가 100이다. 즉 연색 지수는 어떤 광원 하에서 물체색을 볼 때 백열등과 같은 완전 복사체(4,000K 미만) 아래에서나 주광을 토대로 국제 조명 위원회<sup>Commission International de l'Eclairage, CIE</sup>가 공시한 표준광(4,000~25,000K) 아래에서와 견주어 얼마나 자연스럽게 보이도록 구현할 수 있는가를 나타내는 수치이다. 연색 지수에 따라 광원의 연색성 등급을 구분하는데, 연색 지수가 90 이상인 경우 최상급인 1A에 해당한다.

그런데 태양을 광원으로 하는 상황을 정의할 때 과연 어느 시간대 태양의 모습을 기준으로 해야 하는지 의문이 들 수 있다. 아침과 한낮, 해질녘 등 태양의 모습은 시시각각 변화한다. 3장에서 설명하였듯이 대기권을 통과하면서 빛이 산란되기 때문이다. 그리고 동일한 시간대라 할지라도 지구 상 어느 위도<sup>Latitude</sup>에서 관찰하는가에 따라 태양광의 모습은 전혀 다를 수 있다. 그렇다면 태양광을 기준으로 삼는 것은 전혀 구체적이지 않은 막연한 방법일까?

## 색온도

태양의 표면 온도는 5,900K 정도로 알려져 있다. 태양은 흑체로서 스스로 빛을 발한다. 백열등 속의 필라멘트는 표면 온도가 2,900K 정도이며 이 역시 스스로 빛을 발한다. 이렇듯 물체는 표면의 온도가 상승함에 따라 스스로 빛을 발하는 단계에 이른다. 4장에서 보았듯 에너지를 가진 물체는 열복사 방출을 하며, 태양과 같이 열에너지가 높은 경우 가시광선 영역대의 전자기파를 방출하므로 우리 눈에 보이는 것이다. 색의 측면에서 보자면 표면 온도의 변화에 따라 빨간 기운이 도는 색에서부터 하얀색을 거쳐 파란 기운이 도는 색으로 다르게 보인다. 바꾸어 생각해 보면 어떤 색으로 보이는가에 따라 해당 흑체의 표면 온도를 유추하는 것이 가능하다. 이와 같이 흑체의 표면 온도와 흑체 표면에서 발하는 빛의 색 간에 연관성이 있음을 일컫는 목적으로 색온도가 통용되고 있다. 예를 들

연색 지수 100에 가까운 태양광 아래에서 보았을 때 이미지로 사진 속 모든 과일의 색채가 완벽하게 구현되는 상황이다.

어, 백열등과 유사한 색의 빛을 발하는 흑체가 있다면 해당 흑체의 색온도는 백열등과 유사한 2,900K 정도가 될 것이다.

그렇다면 붉은 노을의 풍경을 만들어 내는 해질녘 태양의 색온도는 백열등과 유사한 것인가? 사실 태양 표면의 온도는 5,900K 정도로 일정하게 유지되고 있다. 다만 태양 광선이 대기권을 통과하면서 산란이 되거나 대기권에 입사하는 각도가 다양하기 때문에 우리가 관찰할 때 마치 색이 변화하는 것처럼 보일 뿐이다. 우리가 지상에서 경험하는 태양광의 색온도는 위도의 위치와 시간에 따라 약 4,000~25,000K의 범위 안에서 가변한다. 이와 같이 특정 색온도를 가지는 흑체와 동일한 색을 발산하는 경우를 상관 색온도 <sup>Correlated color temperature</sup>라고 지칭한다. 따라서 우리는 주로 태양의 실제 색온도보다는 상관 색온도를 경험하

사진 11.5  연색 지수 70인 조명 광원 하에서 물체색 관찰
연색 지수 70인 LED 조명 아래에서 보았을 때 나타나는 이미지이며 연색 지수 100인 상황과 견주었을 때
일부 색상 계열이 제대로 표현되지 않음을 알 수 있다.

고 있는 것이다. 앞에서 언급한 연색 지수는 태양광 하에서 보는 물체색이 가
장 이상적 Ideal 이라는 전제 하에 산출하는 수치인데, 기준이 되는 태양광은 색온
도에 따라 다른 분광 분포를 나타내므로 연색 지수도 해당 광원의 색온도를 명
시할 필요가 있다.

앞서 살펴본 연색 지수와 함께 광원의 색온도 혹은 상관 색온도를 알 때 비로소
주어진 조명 환경에서 물체색이 어떻게 구현되는가를 예측할 수 있다. 이에 물
체색을 객관적으로 측정하고 국제적으로 소통하기 위해서 국제 조명 위원회에
서는 표준광 Standard illuminant 에 대한 개념과 정의를 규정하고 있다. 상관 색온도가
4,000K 미만일 때는 완전 복사체의 상대 분광 에너지 분산 곡선 The relative spectral power
distribution of blackbody radiators 을 기준으로 한다. 상관 색온도가 4,000~25,000K일 때는

**사진 11.6  라이팅 박스를 이용한 색채 관찰**

컬러 체커(Color Checker™)의 스물네 가지 색편들이 어떤 광원 아래에 놓여 있는가에 따라 다른 색으로 표현된다. 다섯 가지 조명 중 A 광원과 Ultralume 35(U35)와 같이 낮은 색온도에서는 따뜻하고 부드러운 느낌

국제 조명 위원회에서 2004년 CIE 15. 3 보고서에 규정한 분광 분포 공식을 기준으로 한다. 국제 조명 위원회에서 설정한 표준 광원 중에서 현재는 백열전구에 해당하는 텅스텐 광원(혹은 A 광원)과 D 광원의 일종인 D65 CIE standard illuminant D65를 가장 일반적으로 사용한다.

이론적으로 D65는 상관 색온도 6,500K의 태양광 하에 표준 백색판을 놓고, 이로부터 반사된 백색의 분광 분포와 동일한 분광 분포를 가지는 광원을 지칭한다. D65의 기준을 설정하기 위하여 국제 조명 위원회에서는 지표면 위 여러 곳에서 동일한 방법으로 반복 측정하여 표준으로 설정하였다. D65는 너무나 일반적이어서 물체색을 표기할 때 D65의 측색 환경이었음을 생략하기도 한다. 물체색을 측정할 때 사용하는 분광 색차계 Spectrophotometer도 표준 광원 D65를 시편에 내리쬔다. 이때 시편 표면의 반사율에 따라 반사된 빛의 분포에 의해 시편의 색 정보가 결정된다. 그만큼 우리에게 익숙한 태양광의 낮 시간 분광 분포가 조명 환경에 중요한 기준이 되고 있음을 다시 한번 확인할 수 있다.

그런데 정확한 표준광 환경을 일상에서 찾기란 매우 힘들다. 그래서 물체색 관측을 위한 라이팅 박스 Lighting box를 보편적으로 활용하고 있다. 라이팅 박스에는 제조사마다 약간의 차이는 있으나 D65 광원을 비롯해서 A 광원, 형광등과 같은 표준 광원 이외에도 국제적으로 일상에서 가장 빈번히 사용되는 광원이 설치되

이 든다. 광원의 종류에 따라서 동일한 환경이 전혀 다른 분위기로 연출될 수 있음을 보여 준다. 다섯 가지 광원의 연색 지수가 85이상에 해당하므로 각 사진마다 모든 색이 충분히 골고루 잘 구현되지만 5개의 사진을 동시에 놓고 비교하면 그 차이는 확연히 나타난다.(왼쪽부터 A 광원, 삼파장 형광등, U35, D65, CWF)

어 있다. 라이팅 박스 안은 회색으로 채색되어 있으며, 동일한 물체가 여러 광원 하에서 어떻게 보이는가를 쉽게 관찰할 수 있다. 그런데 몇 가지 제한된 수의 광원만을 제공하는 라이팅 박스가 물체색을 평가하는 데 사용될 수 있었던 것은 일상생활에서 사용하는 광원의 종류가 그만큼 한정되었다는 점을 전제로 한다. 신광원이 개발되어 다양한 색온도 조도 표현이 손쉬워지고 형광등과 백열등 사용이 급격히 감소하거나 금지되어 가고 있는 지금, 라이팅 박스는 색채 과학이 걸어온 과거의 한 모습으로 남게 될지도 모르겠다.

## 신광원과 새로운 색채 경험

태양이 유일한 광원에 해당했던 시간에 비하면 인공 광원을 발명하여 상용화한 기간은 겨우 한 세기 정도에 지나지 않는다. 그럼에도 불구하고 동시대를 살아가는 대부분의 사람들은 태양 아래에서 야외 활동을 하기보다는 인공 광원 하에서 더 긴 시간을 보낸다. 그래서 21세기를 살아가는 우리는 빛의 색채적 요소를 다룸에 있어, 인공 광원에서 발산되는 빛에 더 주목할 필요가 있다. 최근 상용화되기 시작한 LED와 미래 조명 광원으로 각광을 받고 있는 OLED는 백열등과 형광등이 차지하고 있던 기존 조명 시장의 변화를 이끌어 가고 있다. 기존 조명

**사진 11. 7  국제 조명 위원회가 제시한 상관 색온도 5,800K의 상대 에너지 분포**
KAIST N25동 앞에서 2013년 8월 3일 오후 2시경 촬영한 모습으로, 당시 주광의 상관 색온도 및 조도는 약 5,800K와 8,300lx로 측정됨.

과 비교하여 에너지 절감성과 인체에 무해한 안전성, 그리고 형태적 자유 등을
장점으로 새로운 조명 시장의 장을 넓혀 가고 있다.

형광등이 처음 보급되었을 때 매우 부자연스럽다는 부정적인 견해가 지배적이
었다. 형광등을 직접 눈으로 응시하면 한낮의 태양과 유사한 백색이지만, 분광
방사 휘도계Spectroradiometer로 스펙트럼을 분광해서 관찰해 보면 태양과는 전혀 다
른 분광 분포를 띠고 있다. 형광등이 상용화된 이래 그간의 기술 개발로 형광등
의 분광 분포가 개선이 되어 현재 대부분의 형광등이 연색 지수 85 이상을 확보
하고 있다. 또한 지금의 세대는 어려서부터 태양광보다 형광등 아래서 더 많은
시간을 보내 왔으므로 형광등으로 조성된 조명 환경에 익숙하다.

최근 주 광원으로 상용화되기 시작한 LED의 경우도 형광등과 같은 절차를 밟고
있다. 특히 보급형으로 출시된 백색 LED 조명의 대부분은 파란색 LED 광원 위
에 노란색 인광체Phosphor를 도포한 것으로써 광원을 직접 바라보면 형광등과 유
사하다. 그러나 이러한 백색 LED 광원의 스펙트럼 분포를 살펴보면 파랑과 노
랑 단색광 영역에서 2개의 피크를 관찰할 수 있다. 이 경우 가장 빈번히 지적되
는 우려는 피부색의 표현이다.


우리가 기억하는 한국인의 피부색을 주광 아래에서와 유사하게 구현하기 위해
서는 광원의 에너지가 장파장 영역대에 풍부하게 분포되어 있어야 한다. 그렇기
때문에 백색 LED로 교체한 지하철 내에서 사람들의 피부색을 살펴보면 왠지 핏
기가 없어 보이고 어색해 보이는 것이다. LED를 제작하는 기술의 개발을 통해
보다 자연스러운 물체색을 연출할 수 있는 조명 광원으로서 진보되리라 기대한
다. 다행스러운 것은 우리의 눈과 뇌는 광원이 바뀌거나 연색 지수가 낮은 광원
하에서도 부자연스럽게 구현된 정도를 최소화하려는 일종의 대응책을 마련하고
있다. 색을 인지하는 과정에서 부자연스러움을 현명하게 극복하고자 하는 우리

동일한 물체가 RGB LED 조명 환경에서 어떻게 극단적으로 다르게 구현되는가를 보여 주고 있다. 맨 왼쪽부터 RGB 중 빨강 채널만 점등한 경우, 빨강과 초록 채널을 점등한 경우(가운데 이미지), 빨강, 초록, 파랑을 모두 점등한 경우(오른쪽 이미지)에 해당된다. 연색 지수 측면에서 보자면 오른쪽 경우가 가장 높을 것이나 세 이미지를 대상으로 '색이 제대로 구현되었는가'의 질문이 아니라 '놀이 환경에 적합한 조명'의 측면에서 보자면 오히려 가운데 이미지가 높은 호응을 얻을 수 있다. 따뜻해 보이는 분위기가 편안한 놀이의 상황으로 연상되기 때문이다.

몸의 반응에 대해서는 12장에서 자세히 다루고자 한다.

한편, 유기물을 이용한 발광 다이오드라는 의미의 OLED 또한 차세대 광원으로 가능성을 인정받고 있다. 시기적으로는 LED보다 늦게 시장을 형성하고 있는 편이기도 하다. 친환경적이고 친인간적인 측면, 그리고 기존 조명 광원에 비해서 조형적 자유도가 뛰어난 점은 LED와 유사하지만 OLED의 발광 방식은 LED와는 근본적으로 다르다. OLED는 형광성 유기 화합물에 전류가 흐르면 빛을 내는 자체 발광형 유기 물질을 이용한 것으로, 유기 화합물은 다양한 면$^{Surface}$에 도포될 수 있으며 이는 OLED의 가장 큰 활용적 특징이다. 면이 가지는 특성, 즉 얇고, 표면이 투명할 수도 있고 휘어질 수도 있다. OLED의 활용 분야는 조명 광원뿐만 아니라 일상생활의 제품과 인테리어 내장재, 텍스타일에 이르기까지 매우 폭넓을 것이라 예측한다.

또한 OLED가 발광을 하는 과정에서 유기물들 간 빛의 산란이 발생하므로 LED

**사진 11.9 교육 환경을 위한 LED 감성 조명 실증 사례**

LED를 이용하여 색온도와 조도가 변화 가능한 조명을 교실 환경에 접목하여 교실 내 다양한 학습 활동의 유형에 적합한 조명 콘텐츠를 제공할 수 있다. (위) 상관 색온도 3,500K의 교실 조명 (아래) 상관 색온도 6,500K의 교실 조명.(사진: 대전시 대덕 초등학교)

에 비해서 가시광선 영역대의 분광 분포를 살펴보면 분산이 크다. LED의 경우, 점광원이기 때문에 눈부심 현상을 방지하기 위해 부득이 확산제<sup>Diffuser</sup>를 사용하는 경우가 많다. 확산제를 사용할 경우 결과적으로는 광 효율이 크게 저하되는 것을 감수해야 한다. 이에 비하면 OLED는 우리 눈에 자연스러운 광원으로서 경쟁력을 가지며 추가적인 확산제 없이 OLED의 광 효율을 그대로 활용할 수 있다는 점에서 근미래 실내 조명 광원으로 주목받고 있다.

## LED를 이용한 감성 조명

인공 광원 기술이 개발되고 발전되면서 경제성, 친환경성, 그리고 조형적 자유도가 모두 향상되고 있다. 특히 형광등에서 LED 조명으로의 전환은 조명의 역할 변화를 가져다주었다. LED 조명은 기존 조명을 대체하여 에너지 절감의 효과를 가져다주었을 뿐만 아니라, 조명의 조도와 색온도까지 사용자의 필요에 따라 제어가 가능하므로 사용자가 원하는 조명이 무엇일까라는 새로운 질문을 던지게 된 것이다. 특히 RGB LED가 상용화되면서 색온도를 가변하는 단계를 넘어 다채로운 색채 표현이 가능하게 되었다. 필요에 따라 다채로운 색의 광원을 역동적으로 연출할 수 있게 된 것으로, 지금의 화두는 오히려 어떠한 필요를 만족시켜 줄 것인가에 초점이 맞추어지고 있다.

사용자의 감성에 영향을 미치는 빛의 효과에 대한 연구는 밝은 빛을 이용한 우울증 치료 목적으로 시도되었다. 북유럽에서는 밤이 긴 겨울 동안 부족한 일조량 탓에 계절성 정서 장애<sup>Seasonal affective disease</sup> 같은 우울증 증세를 보이는 환자들이 적지 않다. 그래서 우울증 환자들을 대상으로 등기구를 사용하여 병세를 호전시키고자 하는 노력이 진행되었는데, 특히 빛과 우울증의 관계는 밝기<sup>Brightness</sup> 측면뿐만 아니라 자외선을 포함한 단파장 계열 파장의 여부가 중요하다는 사실이 밝혀지기도 하였다[3]. 또한 이른 저녁 시간대에 단파장 영역 LED에 노출된 경우 생체 리듬에 도움이 되었다는 연구 결과도 있다[4]. 반면, 잠자리에 들기 전에는 3,000~4,000K대 따뜻한 색온도의 조명이 효과가 있다는 연구 결과들도 속속들이 발표되고 있다. 이렇듯 조명의 색채적 속성을 선택적으로 활용하거나 제어하여 사용자의 감성적 욕구를 충족시킬 수 있는 가능성이 제시되고 있다. LED가 상용화된 지금, 조명 기술을 평가하는 척도에는 광원의 성능적 우수성뿐만 아니라 사용자의 감성적 욕구에 얼마나 잘 부합하는가의 측면도 포함되며, 이 두 측면에서 모두 경쟁력을 가질 때 비로소 광 기술 시장의 우위를 점할 수 있을 것이다.

---


3      Axelsson, J., Ragnarsdottir S., Pind, J., and Sigbjornsson R., Chromaticity of daylight: is the spectral composition of daylight an aetiological element in winter depression. *International Journal of Circumpolar Health* 63(2) (2004), pp. 145~156.

4      Figueiro, M. G., Bullough, J. D., Parsons, R. H., and Rea, M. S., Preliminary evidence for a change in spectral sensitivity of the circadian system at night. *Journal of circadian Rhythms* 3 (2005), p. 14.

## 생각해 보기

a. 색맹 증상을 가진 사람에게 무지개는 어떻게 보일까? 세 가지 원추 세포의 결핍 상황에 따라 예측해 보자.

b. 새벽녘 바깥은 간상 세포와 원추 세포가 동시에 활성화되는 정도의 밝기이다. 새벽의 모습이 푸르스름하게 보이는 이유는 무엇일까?

c. 실내 주거 환경에서는 다양한 행위들이 이루어진다. 각 행동의 특성에 알맞게 조명 콘텐츠를 구상해 보자. 조명의 조도와 색온도, 연색 지수의 측면에서 설명해 보자.

# 12장

# 색채의 표시와 소통

우리는 10만 가지 이상의 색채를 구분할 수 있는 놀라운 능력을 보유하고 있다. 하지만 만약 10만 가지 정보를 개별적으로 지칭하고 매번 다른 정보로 해석한다면 아마도 색채 인지를 하는 데만 모든 정보 처리 능력을 소비해야 할 것이다. 다행히도 이렇게 많은 가짓수의 색채는 아주 간단한 두세 가지 기준에 의해 정렬할 수 있고 또 체계적인 방법으로 기호화할 수 있다. 표색계 Color order system 란 수많은 색을 특정 논리에 따라 체계적으로 배치한 것이다. 여러 가지 표색계들에 대하여 살펴보기로 하자.

### 사진 12.1 다채로운 색채 경험
우리는 10만 가지 이상의 색채를 구분할 수 있다. 그렇지만 각각의 색을 정확하게 지칭하기란 쉽지 않은 일이다.

PANT
581
PANTO
567 C
PAN
511
PANTONE
441 C
PA
36

어떤 논리를 근거로 삼는가 하는 것이 여러 가지 표색계 간의 차이점이다. 예를 들어, 자연계에서 관찰할 수 있는 무지개는 전자기파의 파장 길이에 따른 배열이라고 볼 수 있다. 무지개의 경우 단파장과 장파장에 해당하는 색으로 양 끝이 시작과 끝을 담당하므로 연속성 측면에서는 단점이 있지만, 파장의 길이가 관심의 대상이라면 매우 적합한 방법이다. 결국 현존하는 여러 가지 색 체계 중에서 어떤 방법이 더 우월한가보다는 어떤 방법이 내가 필요로 하는 목적에 잘 부합하는가가 더 중요하다.

일단 표색계를 정하고 나면, 내가 지칭하는 색을 표색계 기호를 빌어 표현할 수 있다. 하지만 일상에서 색채를 정보화하는 더 손쉬운 방법이 있다. 바로 색의 이름을 활용한 방법이다. 우리가 일반적으로 사용하는 색이름의 수는 색지각 능력에 비하면 훨씬 적은 수에 불과하다. 그래서 색이름을 사용하는 방법은 표색계에 따른 색 체계에 비해서 무슨 색을 지칭하는가의 측면에서는 정확도가 떨어질 수밖에 없지만, 반면 활용 빈도에 있어서는 가장 우월한 방법일 수 있다. 또한 색이름은 언어로 표현되는 만큼 언어 문화와 밀접한 관련이 있으므로 색채 연상을 위한 단순한 매개체 이상의 역할을 한다. 이에 12장에서는 색채를 정보로 체계화하여 객관적으로 표현하고 이를 상호 의사소통에 어떻게 활용하는가에 대하여 살펴보고자 한다.

## 측색

색을 배열하는 논리 중 그 첫 번째 방법은 측정한 결과에 따른다는 것이다. 무지개에 나타난 배색Color combination도 가시광선 파장의 길이를 측정한 대로 배열한 결과라고 해석할 수 있으니 측색에 따른 배열 방식이라고 볼 수 있다. 그러나 무지개에 나타난 배색은 인간의 시지각적 측면을 고려한 것은 아니다. 색채를 체계적으로 배열하는 근본적인 취지는 우리가 눈으로 구분 가능한 서로 다른 색들을 의미 있는 규칙에 따라 배열하는 데 있으므로 단순히 파장의 길이에 따른 배열에 비해서 좀 더 복잡하다.

앞서 살펴본 바와 같이 동일한 물체라도 관측 및 조명 조건의 변화에 따라 우리 눈에 전혀 다른 색으로 나타나므로, 색을 측정한다는 것은 관측 당시의 조명 조건을 설명한다는 것을 전제로 한다. 또한 관측에 참여한 사람은 정상 시각을, 즉 대표성을 가져야 할 것이다. 그래서 정상 시각을 가진 성인 남녀를 대표하는 표준 관측자 Standard observer의 개념과 관측 환경의 조명 조건을 통일하고 또한 시편을 관찰하는 방법의 규칙을 정하는 것은 중요하다. 색채 측정의 과학, 즉 측색학 Colorimetry의 시작이다.

11장에서 조건 등색의 개념을 설명한 바 있다. 조건 등색이란 두 색채 자극에 대해 시감 세포가 동일하게 반응을 하는 한, 우리가 두 색을 동일하게 간주하는 현상을 일컫는다. 1730년 뉴턴이 파란색 광선과 노란색 광선을 한 곳에 모아 주면 교차되는 부분이 하얀색으로 보이는 현상을 발견하였다. 프리즘을 이용한 실험에서 뉴턴은 모든 가시광선의 합이 백색광이라고 주장하였지만, 백색광을 만들기 위해서 굳이 모든 색의 빛이 필요한 것은 아니었던 것이다.
현재 유통되고 있는 대부분의 백색 LED는 파란 LED 소자에 노란 인광체를 도포하여 결과적으로 하얀색으로 발광되도록 제작되었다. 다양한 색의 LED 소자를 사용하면 연색 지수 측면에서는 우수하겠지만 생산 단가로 보자면 비경제적일 수 있기 때문이다. RGB 모니터에서 나타나는 하양도 빨강, 초록, 파랑의 혼합으로 구현되고 있다.

이렇듯 몇몇 단색광의 적절한 배합을 이용한다면 백색뿐만 아니라 충분히 다양한 색상을 구현해 낼 수 있음을 예측할 수 있다. 현재까지도 학계와 산업계에서 국제적으로 통용되는 여러 색 체계는 이렇게 조건 등색의 원리를 응용하는 데서 시작되었다. 우리 눈에 같아 보이는 빛의 조합, 즉 조건 등색의 원리를 근간으로 컬러 매칭<sup>Color matching</sup> 실험이 시작되었다.

컬러 매칭 실험은 20세기를 전후하여 활발히 진행되어 오다가 1931년 국제 조명 위원회에서 435.8nm, 546.1nm, 700nm의 파장을 갖는 세 가지 단색광을 사용하여 각각의 강도<sup>Intensity</sup>를 다르게 조절하는 방식으로 삼자극치<sup>Tristimulus values</sup> 값을 산출해 내었다.

그 과정을 구체적으로 살펴보자면, 가시광선 영역대인 380~780nm에서 매 10nm마다를 기준색<sup>Reference field</sup>으로 설정한 후, 435.8nm, 546.1nm, 700nm의 파장을 갖는 세 가지 단색광의 강도를 독립적으로 제어해 가면서 시험색<sup>Test field</sup> 영



**그림 12.2  조건 등색의 원리를 이용한 컬러 매칭 실험**

가시광선 영역대인 380nm에서 780nm까지 매 10nm마다를 기준색으로 설정한 후, 이 세 가지 단색광의 강도를 독립적으로 제어해 가면서 시험색 영역에 배합하여 기준색과 동일하게 보이는 배합을 찾는 방법으로 실험하였다.

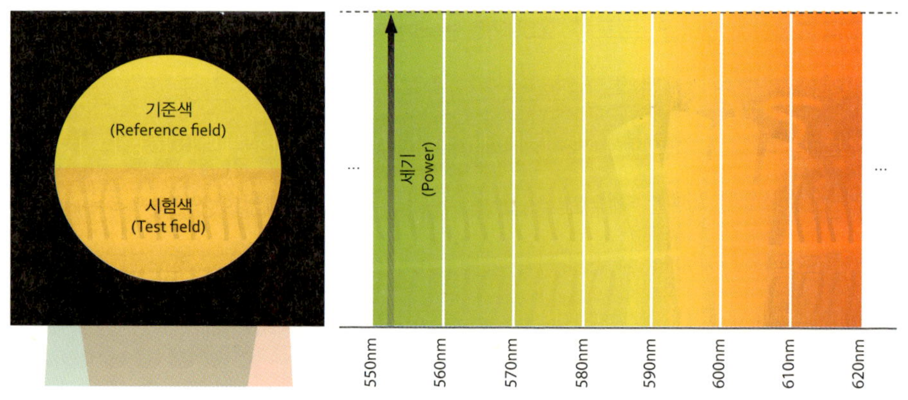

역에 배합하여 기준색과 동일하게 보이는 배합을 찾아내었다.

컬러 매칭 실험에 사용한 세 단색광들은 대략적으로 파랑, 초록, 빨강 영역의 단색광에 해당하므로, 각각은 $\overline{b}(\lambda)$, $\overline{g}(\lambda)$, $\overline{r}(\lambda)$의 함수로 표현되었다. 파랑, 초록, 빨강을 우리에게 익숙한 RGB의 순서로 재배열하여 표현하면 가시광선 영역 내의 단색광을 $\overline{r}(\lambda)$, $\overline{g}(\lambda)$, $\overline{b}(\lambda)$의 적절한 조합(컬러 매칭 함수)으로 모두 구현할 수 있었던 것이다.

**그림 12.3 세 단색광을 이용한 컬러 매칭 함수**

1931년 국제 조명 위원회에서 435.8nm, 546.1nm, 700nm의 파장을 갖는 세 가지 단색광을 사용하여 각각의 강도를 다르게 조절하는 방식으로 삼자극치 값을 산출해 내었다. $\overline{r}(\lambda)$가 음의 값을 갖는 것은 해당 가시광선 영역의 단색광을 기준색으로 매칭하는 과정에서 700nm의 단색광을 시험색 영역에 투사해서는 매칭을 할 수 없었으므로 기준색 영역에 배합하여 매칭 결과를 도출하였기 때문이다.

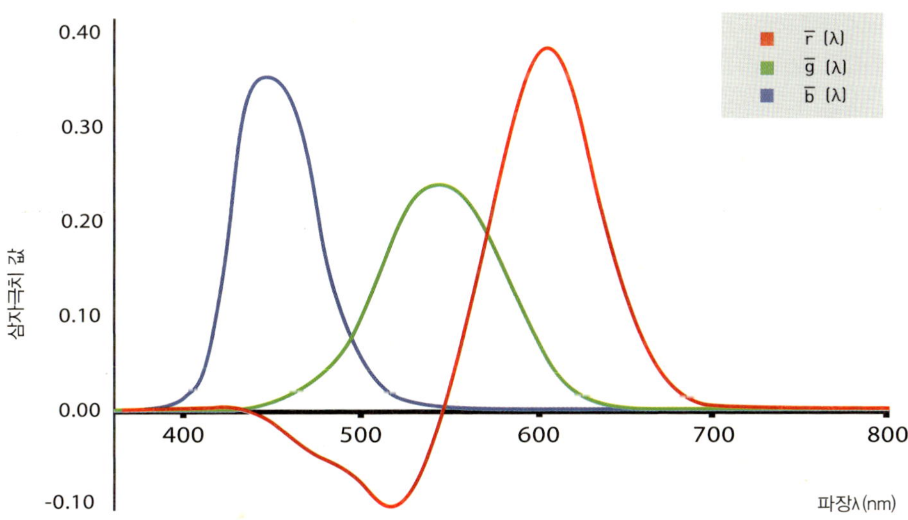

이 실험 결과를 토대로, 수학적인 과정을[1] 거쳐 $\bar{x}(\lambda)$, $\bar{y}(\lambda)$, $\bar{z}(\lambda)$로 구성된 1931 표준 관측자 함수 가 도출되었고, 최초의 $\bar{r}(\lambda)$, $\bar{g}(\lambda)$, $\bar{b}(\lambda)$ 컬러 매칭 함수에서 부득이했던 음수 값은 모두 양수로 변환되었다. $\bar{x}(\lambda)$, $\bar{y}(\lambda)$, $\bar{z}(\lambda)$로 구성된 표준 관측자 함수는 현재 전 세계 조명 관련 산업 및 색채 산업에서 표준적으로 통용되는 CIE XYZ, CIE Yxy 등과 같은 표색계의 근간이다.

**그림 12.4  1931 표준 관측자 함수**

컬러 매칭 함수(그림 12. 3)의 $\bar{r}(\lambda)$, $\bar{g}(\lambda)$, $\bar{b}(\lambda)$ 함수는 행렬을 활용한 수학 계산식을 통해 모두 양수 값을 갖는 $\bar{x}(\lambda)$, $\bar{y}(\lambda)$, $\bar{z}(\lambda)$ 삼자극치 함수로 변환되었으며 이를 1931 표준 관측자 함수라고 한다. CIE에서는 홈페이지를 통해 380nm에서 780nm까지 5nm 간격으로 $\bar{x}(\lambda)$, $\bar{y}(\lambda)$, $\bar{z}(\lambda)$의 삼자극치 값을 제공하고 있다.

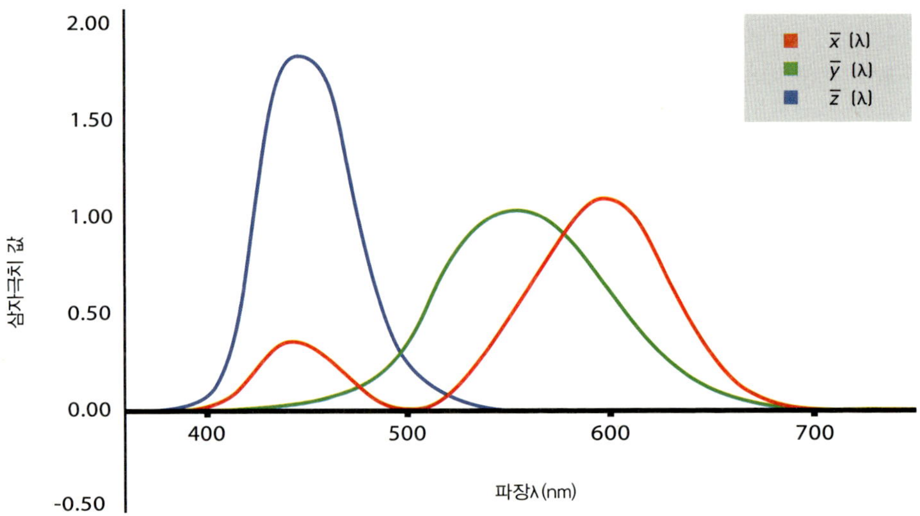


---

[1] 이에 대한 자세한 수식적인 처리 방법은 Berns (2000)의 책 부록 "Mathematics of Color Technology: A∼C" (pp. 201∼206) 부분을 추천한다.: Berns, R., *Billmeyer and Saltzman's Principles of Color Technology: 3rd Edition* (NY: John Wiley & Sons, 2000).

여기서 소문자 x, y, z와 대문자 X, Y, Z는 구분되어 사용되어야 한다. 소문자 각각은 표준 관측자 함수이며, 대문자 각각은 측정한 색의 가시광선 영역대 에너지 분포에 $\overline{x}(\lambda)$, $\overline{y}(\lambda)$, $\overline{z}(\lambda)$를 곱한 적분 값에 해당한다.

## 시감 곡선

1923년 카손 깁슨 Kasson Gibson 과 에드워드 틴달 Edward Tyndall 은 약 200명의 관측자를 대상으로 동일 출력 에너지에 대한 단파장별 밝기 민감도를 측정하였다[2]. 그 결과 각 단파장에 대하여 동일한 출력 에너지 기준으로 비교하였을 때, 관측자가 지각하는 밝기는 일정한 것이 아니라 약 555nm 영역에서 가장 민감하고 이를 최고점으로 하여 감소하는 경향을 보인다는 사실이 밝혀지게 되었다. 특히 그 가중치는 555nm를 최고점으로 하여 대략적으로 정규 분포 Normal distribution 의 양상을 띠는 것으로 나타났다.

1924년 국제 조명 위원회에서는 깁슨과 틴달의 제안을 받아들였다. 즉 정상 시각을 가진 관찰자가 밝기를 감지하는 데는 눈이 감지한 가시광선 영역대의 복사 에너지에 대하여 555nm를 중심으로 가중치를 부여해야 함을 표준화하였다. 이를 **CIE 1924 측광 표준 관측자** Standard photopic ovserver 혹은 $V_\lambda$ 라고 지칭하고 현재까지 국제적으로 통용되고 있다.

한편 앞서 설명한 표준 관측자 함수 중 $\overline{y}(\lambda)$는 시감 곡선과 매우 유사한 형상을 띠고 있다. 550nm와 700nm의 $\overline{y}(\lambda)$ 값 차이는 500:1 정도의 비율이다. 예를 들어 1W의 에너지로 550nm와 700nm의 단파장을 관측한다면, 우리가 지각하는 밝기는 대략 500:1의 비율이 된다는 의미이다. 다만, 일상에서 우리가 단파장을 관측하는 경우는 거의 없으므로 동일 에너지 대비 초록과 빨강의 밝기 차

---

2    Gibson, K. S., and Tyndall, E. P. T., Visibility of radiant energy (Vol. 19), *Govt. Print. Off.* (1923).

이로 해석하는 것은 옳지 않다.

또한 관측한 색의 가시광선 영역 내 에너지 분포에 $\bar{y}(\lambda)$ 함수를 곱하여 적분한 값이 Y이므로, Y 값은 관측한 색의 밝기량에 해당한다. 휘도계<sup>Luminance meter</sup>를 사용하여 얻은 물체색이나 발광색의 밝기를 측정하면 Y 값을 산출하며, 이 값은 시감 곡선과 직접적으로 관련이 있다. 그래서 관측 당시 관찰자들이 색자극을 어떻게 관측했는가를 명시하는 것이 중요한데, 그 대표적인 상황 요인으로서 시야각<sup>Visual angle</sup>을 들 수 있다. 망막에 분포되어 있는 시감 세포의 밀도가 일정하지 않으므로 관측한 색이 망막의 어디에 맺히는가에 따라 동일한 색에 대해서도 다른 시지각 자극으로 해석될 수 있기 때문이다.

## 시야각과 표준 관측자

앞서 10장과 11장에서 망막에 분포된 광 수용체에 대해 설명한 바 있다. 이 광 수용체를 구성하는 간상 세포와 원추 세포 중 색 정보 처리에 관여하는 원추 세포들의 분포를 살펴보면 망막의 중심와<sup>Fovea</sup>에서 가장 밀도가 높고, 중심와에서 멀어질수록 원추 세포의 수가 현격히 줄어들면서 서로의 간격이 넓어진다. 색 시편의 크기에 따라 망막에 맺히는 상(象)의 크기도 가변된다. 그래서 동일한 색 정보를 가진 자극물이라도 크기에 따라 반응하는 원추 세포의 양에는 변화가 있으므로 다소 다른 색으로 지각될 수 있다.

시야각 2°는 팔을 곧게 뻗어 눈과 엄지손톱 간의 거리가 약 45cm일 때 엄지손톱의 크기 정도에 해당한다. 마치 좁은 구역을 응시하는 상황과 유사하다. 국제 조명 위원회에서 1931년 표준 관측자를 정할 당시는 균질한 색 시편을 크게 제작하는 데 기술적 한계가 있었다. 그래서 CIE 1931 표준 관측자 함수 및 이로부터 파생된 측색 표준들은 시야각 2°에 해당한다. 그러나 우리가 일상에서 사물을 볼 때는 시야각 2°보다 큰 면적을 대상으로 삼는 경우가 많기에 CIE에서는 1964년 시야각 10° 상황에서 표준 관측자 함수를 정의하였고 이를 CIE 1964 표준 관측자 The 1964 CIE standard observer라고 지칭하였다. CIE 1964 표준 관측자 함수는 $\overline{x}_{10}(\lambda)$, $\overline{y}_{10}(\lambda)$, $\overline{z}_{10}(\lambda)$로 표기한다.

## 측색에 따른 색 체계

색 정보를 체계적으로 표현하는 방법에 대해서 크게 측색, 인지적 특성, 그리고 어휘적 특성 등 세 가지로 구분하여 살펴보고자 한다. 이에 먼저 측색에 따른 색 체계에 대하여 소개하고자 하며 국제 조명 위원회에서 설정한 색 체계들이 이에 해당된다. 여기서는 산업에서 가장 활용도가 높은 CIE 1931 색도도 The CIE 1931 Chromaticity Diagram와 CIE 1976 L*a*b* 표색계에 대해 소개하고자 한다.

### CIE 1931 색도도

컬러 매칭 실험의 결과로 도출한 CIE 1931 표준 관측자 함수, $\overline{x}(\lambda)$, $\overline{y}(\lambda)$, $\overline{z}(\lambda)$를 이용하여 어떤 색자극의 X, Y, Z 값을 산출할 수 있음을 살펴보았다. 이때, X와 Y 값의 비율, 즉 X/(X+Y+Z) 및 Y/(X+Y+Z)를 취하여 2차원 평면 상에 나타낸 결과로 말굽자석과 같은 모양의 색 분포를 도출하게 되었다. 이를 CIE 1931 색도도(혹은 색도도)라고 지칭한다. 만약 완벽한 백색광에 대하여 단파장별로 $\overline{x}(\lambda)$, $\overline{y}(\lambda)$, $\overline{z}(\lambda)$ 값을 취한다면, 단파장의 x 및 y 좌표는 파장 길이의 변화에 따라 색도도 상의 가장자리에 위치할 것이다. 그래서 이 말굽자석 모양의 곡선을 스펙트럼 궤적 혹은 단색광 궤적 Spectrum locus이라고 한다. 색도도에는 가장자리를 따라 해당 단파장이 표시되어 있으며, 단파장이 시작하는 좌표와 장파장이 끝나는 좌표를 임의로 연결하여 순자주 궤적<sup>Purple line, Purple boundary</sup>이라고 정의하고 있다.

색도도를 정의한 시점으로부터 상당한 기술적 진보가 있었음에도 1931년에 제안된 색도도는 현재까지도 조명 광원의 색채적 속성을 표현하는 데 가장 일반적으로 통용되는 색 체계이다. 예를 들어, 신호등 빛의 허용치를 표시하는 데 여전히 CIE 색도도가 국제적으로 활용되고 있다.

그뿐만 아니라 두 광원을 혼색한 결과는 두 색 좌표의 연결 선상에 존재한다. 그래서 색도도를 활용하면 두 광원색을 혼색한 결과를 쉽게 예측할 수 있기 때문에, RGB 광원을 혼색하여 표현하는 디스플레이에서는 R, G, B의 색도도 좌표를 연결한 삼각형 내의 색에 한하여 구현되는 것이다. 이 삼각형은 색의 영역,

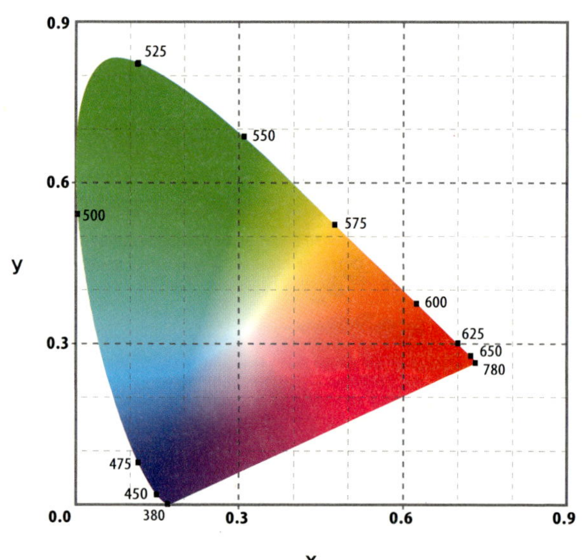

**그림 12.5  CIE 1931 색도도**
1931년 CIE에서는 X와 Y 값의 비율, 즉 X/(X+Y+Z) 및 Y/(X+Y+Z)를 취하여 2차원 평면에 말굽자석과 같은 모양의 색 분포를 도출하고 이를 색도도로 지칭하였다. 현재도 국제적으로 통용이 되고 있다.

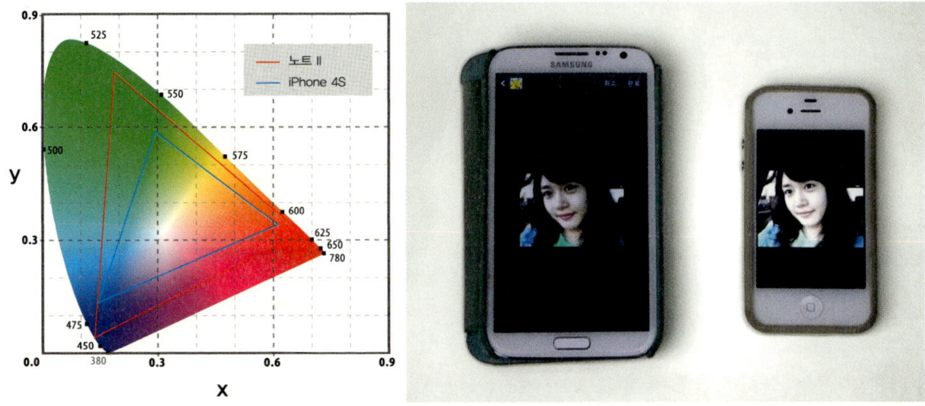

**그림 12.6  디스플레이에 따른 색역 변화 및 이미지 표현**
삼성전자의 갤럭시 노트 II 제품과 애플의 아이폰 4S의 색역의 크기와 형상은 상이하다. 우측 이미지에서는
동일한 인물 사진이 서로 다른 색역을 가진 디스플레이에서 다르게 구현됨을 볼 수 있다. 색역이 큰 노트 II
제품에서 사진 속 인물의 입술과 옷이 더 선명하게(채도가 높게) 표현되는 것을 확인할 수 있다.

즉 색역$^{Gamut}$이라 하며 일반적으로 색역의 크기가 클수록 색역의 가장자리가 색
도도의 가장자리에 더 가까이 다가가므로 더 선명한 색을 표현할 수 있다. 화려
한 이미지를 표현하고자 할 때, 색역이 큰 디스플레이에서 더 선명한 색채 표현
이 가능하기 때문에 일반적으로 색역의 크기가 클수록 디스플레이의 성능이 뛰
어나다고 판단한다. 즉 디스플레이마다 색역의 크기 및 RGB 좌푯값이 다르므
로 주어진 디스플레이에 맞추어 재조정되어야 한다. 색역 변화에 맞추어 색 표
현을 재조정하는 과정을 색역 매핑$^{Gamut\ mapping}$이라고 한다.

색도도를 활용해서 색 정보를 표시하는 방법을 살펴보자. 임의의 색의 x와 y 값
을 알고 있다고 가정하자. 그러면 X=Y=Z에 해당하는 백색 점$^{White\ point}$의 좌푯값
인 x=0.333, y=0.333으로부터 해당 색의 좌푯값을 연결하고 그 연결선을 연장
하여 색도도의 가장자리와 만나는 점을 찾을 수 있다. 그 교차점에 해당하는 단

파장을 해당 색의 주파장<sup>Dominant wavelength</sup>이라고 하며 $\lambda_d$로 표기한다. 만약 교차점
이 순자주 궤적 상에 위치한다면, 해당 단파장이 존재하지 않으므로 이때는 연
장선을 180° 방향으로 연장하여 교차점을 찾을 수 있다. 이때 교차점에 해당하
는 파장을 보색 주파장<sup>Complementary dominant wavelength</sup>이라고 하며 $\lambda_c$로 표기한다. 그리
고 백색 점과 교차점 사이에 해당 색의 좌푯값이 어느 비율로 위치하는가를 순
도<sup>Purity</sup> 혹은 자극 순도<sup>Excitation purity</sup>로 간주하며 $p_c$로 표기한다. 주파장과 순도의 단
위는 nm 및 %를 사용하며, 순도가 높을수록 색도도의 가장자리에 가깝다. 예
를 들어, 빨간색 레이저 포인터는 순도 100%에 해당한다. 이와 같이 색 정보를
주파장과 순도의 개념으로 표기한 것을 헬름홀츠<sup>Helmholtz</sup> 좌표라고도 한다.

또한 색도도에 표면 온도에 따른 흑체의 색 좌표를 표시할 수 있다. 약 1,500K부
터 10,000K에 이르기까지, 흑체의 색 좌표가 따라가는 형태의 곡선을 흑체 궤적

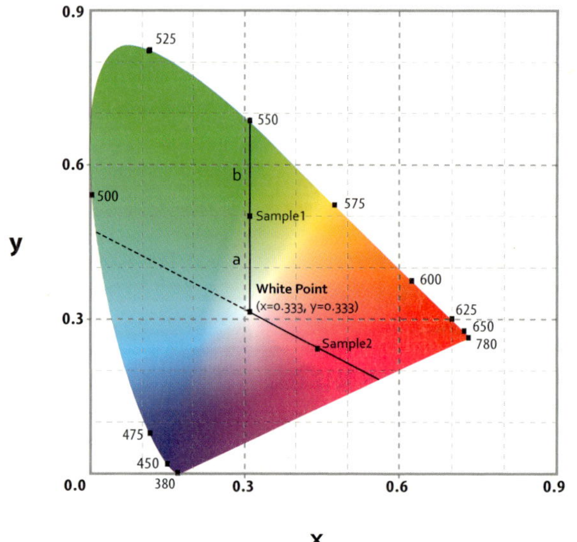



**그림 12.7  주파장과 순도**
색 좌표는 주파장과 순도로 표
기할 수 있으며 이를 헬름홀츠
좌표라고도 한다. 표본1은 주파
장 550nm에 순도 $\left(\frac{b}{a+b}\right)$를 갖
는 색이다.

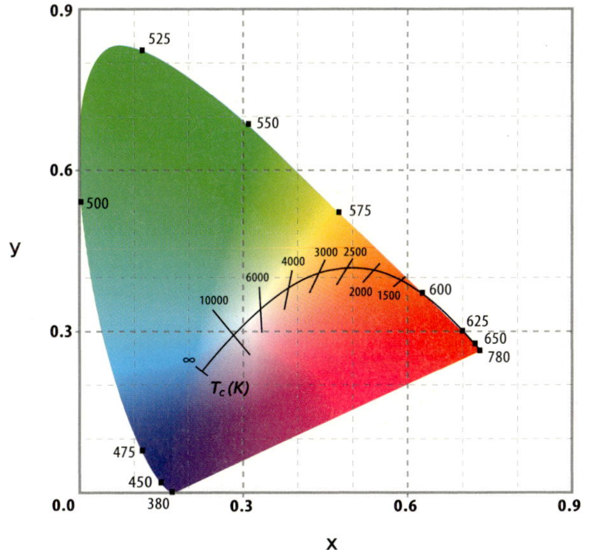


**그림 12.8  흑체 궤적**

흑체의 색 좌표가 곡선을 따라 가는 형태로 나타나는데, 이 곡선을 흑체 궤적 혹은 플랑키안 궤적이라 한다. 어떤 인공 광원이 흑체 궤적과 직교하는 선상에 위치한다면 해당 직교선에 표기되어 있는 온도를 상관 색온도로 갖는다고 볼 수 있다.

Blackbody locus, Planckian locus이라고 한다. 흑체의 경우 색 좌표가 이 선상에 위치하지만, 인공 광원은 이 흑체 궤적으로부터 떨어진 위치에 색 좌푯값을 가질 수 있다. 예를 들어 RGB LED를 이용하여 연둣빛을 띠는 조명을 연출하였을 때, 그 광원의 색 좌표는 흑체 궤적으로부터 상당히 떨어진 지점에 위치할 것이라 예상된다. 색 좌푯값이 흑체 궤적과 얼마나 떨어져 있는가에 대한 편차Deviation를 $\Delta uv$로 표기하며, 일반적으로 $\Delta uv$ 값이 $\pm 0.02$ 미만일 때 해당 인공 광원의 상관 색온도가 흑체 궤적 상의 색온도와 유사하다고 간주할 수 있다. 혹은 백열등이나 태양으로부터 구현되는 자연스러운 상황과 흡사하다고 판단할 수 있다.

색도와는 독립적으로 색 정보의 세기를 나타내는 휘도Luminance 측면이 있다. 휘도 값은 광원이 수직면($m^2$)에 닿는 세기로 산출하므로 단위는 **cd/m²**(혹은 **니트**nit)로 표기한다. 앞서 살펴본 바와 같이 우리가 색의 밝기를 지각하는 데는 시감 함수 $V_\lambda$가 관여한다.

하늘이 파랗게 보이는 현상은 단파장 영역대의 가시광선이 쉽게 산란된 결과라고 알려져 있는데, 보라색 계열의 단파장은 시감 곡선의 끝에 해당하므로 상대적으로 감도가 떨어져 결국 파란색만 지각되는 결과이다.

휘도 값을 산출하는 과정에서 시감 함수에 따른 파장별 가중치가 반영이 되기는 하지만, 휘도 값의 증가와 실제로 우리가 지각하는 밝아진 정도는 1:1의 관계로 대응되지는 않는다. 예를 들어 휘도가 증가할수록 감도가 떨어지는 반응 압축 현상 Response compression 이 관찰되는데, 이에 대해서 심리학자 부루스 골드슈타인 Bruce Goldstein 은 강렬한 태양광을 보아도 우리 눈이 손상을 최소화할 수 있도록 몸의 구조가 진화해 왔다는 해석을 내놓고 있다[3].

더불어, 색의 밝기를 판단할 때 휘도 값의 수치 못지 않게 관측 조건이 직접적으로 관여하기도 한다. 우리는 동일한 휘도 값을 가지는 물체색이나 발광색에 대해서 주변 조도 조건에 따라 너무 어둡다, 혹은 너무 밝다(예: 눈부심 현상 Glare)라는 상이한 판단을 한다. 스마트폰을 한낮의 야외에서 보면 화면이 너무 어두워 화면의 콘텐츠를 식별하기가 힘들지만, 깜깜한 밤에는 너무 밝아 눈이 부시게 느껴지는 현상을 예로 들 수 있다. 동일한 밝기에 대해서도 주변 조명의 밝기에 따라 밝은 정도에 대한 주관적 판단은 상이할 수 있다. 이러한 지각적 특성을 반영하여 최근 출시되고 있는 스마트폰에는 자동 휘도 조절 Auto-Brightness 과 같이 주변 조도를 센서로 감지하여 디스플레이의 휘도를 자동으로 조절하는 기능이 장착되어 있다.

그런데, 색도도 내에서 x와 y 좌푯값의 움직임과 우리 눈으로 식별되는 색의 변화는 매우 불규칙한 관계를 갖고 있다. 1940년대 데이비드 맥아담 David MacAdam 은 우리 눈으로 관측하였을 때 지각적으로 같은 색이라고 간주되는 색의 영역을 색

---

3　　Goldstein, E.B., *Sensation and perception* (CA: Wadsworth, 2009).

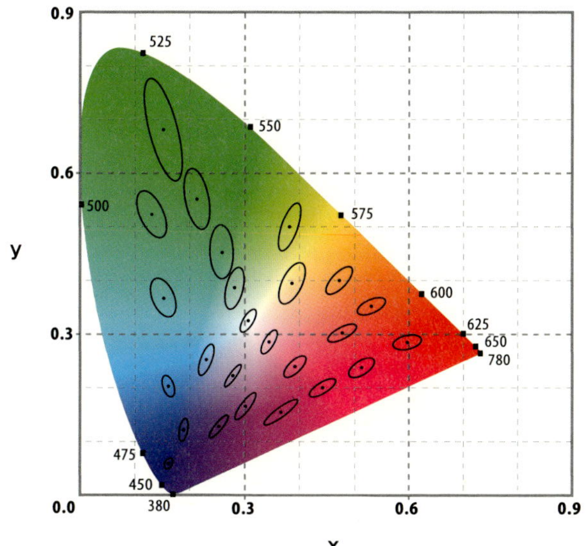



**그림 12. 9  맥아담의 타원**
우리 눈은 타원 안의 색에 대하여 타원 가운데의 점과 같다고 지각한다. 초록 영역의 타원 크기가 파랑이나 빨강에 비하여 상대적으로 크게 자리 잡고 있다.

도도 내에 표시해 보았다. 그 결과 정상 시각을 가진 관측자들이 같은 색이라고 설정한 타원 모양의 등색 영역 크기가 최대 10배까지 차이가 남을 발견하였다[4]. 특히 주파장 550nm 부근의 초록색 영역의 등색 영역은 상대적으로 매우 크다는 점을 지적하였다. 이렇듯 Yxy 정보를 활용한 색의 표시 방식은 물체색 간의 색차를 산출하거나 색채 인지적 관계를 설명하는 데는 적합하지 않다. 이에 물체색을 표시하기 위한 표색계가 필요하게 되었고, 1976년 CIE에서는 Yxy 색 공간을 CIE1976 L*a*b* (혹은 CIELAB) 표색계로 변환하였다. 이는 현재도 물체색을 표시하는 대표적인 방법으로 활용되고 있다.

## CIE1976 L*a*b* 혹은 CIELAB

복사 용지면과 같은 물체색과 전등 불빛과 같은 발광색 간의 가장 큰 개념적 차

---


4    MacAdam, D. L., Visual sensitivities to color differences in daylight, *JOSA* 32(5) (1942), pp. 247~273.

이는 최대 밝기를 어떻게 규정하는가에 있다. 발광체의 밝기인 휘도는 발광체에 전달되는 에너지 증가에 따라 (적어도 이론적으로는) 계속 높아질 수 있다. 그렇지만, 물체색의 밝기<sup>Lightness</sup>는 광원이 주어진 상태에서의 평가이므로, 그 광원 하에서 구현된 제일 밝은 색을 **Lightness** 값 100으로 설정한다.

포토샵<sup>Photoshop</sup> 같은 그래픽 소프트웨어에서 색을 선택할 때 **L** 값을 최대 100까지 설정할 수 있는데, 해당 모니터에서 구현 가능한 최대 밝기, 즉 R,G,B 채널의 입력값을 모두 최대로 설정하여 만들어지는 하얀색이다. 그래서 서로 다른 모니터에서 구현된 L=100에 해당하는 하얀색들은 모니터의 사양 차이에 따라 상이한 휘도 값을 갖는 것이 당연하다.


다음은 색도 측면을 살펴보겠다. 앞서 살펴본 바와 같이 색도도 상에서는 x와 y 좌표로 표기하거나 주파장과 순도의 개념, 즉 헬름홀츠 좌표 표기 방식으로 물체색이나 발광색을 표시할 수 있다. CIE 1976 L*a*b* 혹은 CIELAB 표색계에서는 a와 b가 그 역할을 담당한다. 1976년 국제 조명 위원회에서 Yxy 값, 혹은 더 근간이 되는 X, Y, Z 값을 토대로 CIE 1976 L*a*b* 색 공간을 구성하는 변환 방법을 결정하였다. 여기서 *를 표기하는 이유는, 그전까지 발표된 XYZ 변환 공식들과 구분하기 위함이며, 더 간단히 CIELAB라고도 지칭한다.


CIELAB 색 체계의 구조를 살펴보면 물체의 색은 밝기를 나타내는 L(0~100) 축과 빨강-초록의 정도를 나타내는 a(a>0: 빨간 기운이 나타남, a<0: 초록 기운이 나타남) 축, 그리고 노랑-파랑의 정도를 나타내는 b(b>0: 노랑 기운이 나타남, b<0: 파란 기운이 나타남) 축으로 구성되어 있다. 이와 같이 빨강-초록의 측면은 **a** 값으로, 노랑-파랑의 측면은 **b** 값으로 간주하여 a와 b를 독립적인 색상 정보 차원으로 구분한다. 빨강과 초록을 양 끝으로 하는 한 축과 노랑과 파

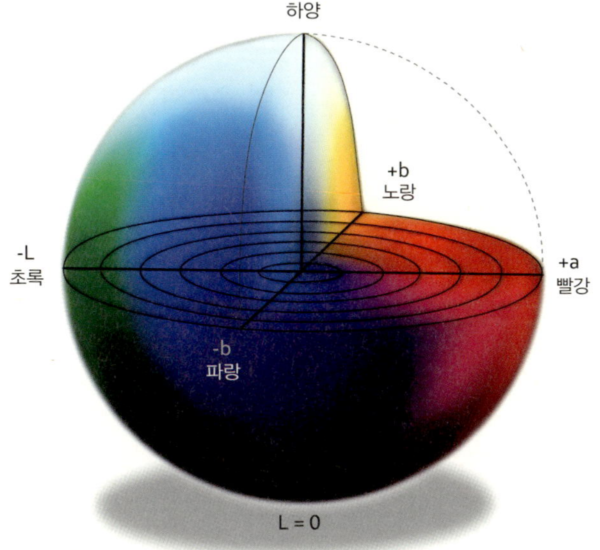




랑을 양 끝으로 하는 다른 한 축이 직교한다는 것은 19세기 독일 심리학자 에발트 헤링Ewald Hering의 반대색설Hering's Opponent color theory 혹은 대응색설과 일치하며, 20세기 들어서 밝혀진 인간의 색 인지 과정의 생리적 측면과도 일치한다.

또한, CIELAB에서는 색도도에서 한계점으로 지적되었던 수치적 색차와 지각적 색차 문제도 해결하고자 하였는데, CIELAB 내에서 임의의 두 색 간의 거리가 우리 눈으로 관찰한 지각적 거리와 상당히 일치Perceptual uniformity하도록 색 공간을 구성한 것도 특징이다.

## CIELAB 색 공간 내에서의 색차

2개의 서로 다른 물체색에 대하여 색 정보를 CIELAB의 L, a, b 값으로 알고 있을 때, 그 두 색 간의 거리를 색차라 하며 $\Delta E$로 표시한다. 즉 $\Delta E$는 다음과 같은 수식을 통해 산출할 수 있다.

(식 12.1)

$$\Delta E = \sqrt{(L_1 - L_2)^2 + (a_1 - a_2)^2 + (b_1 - b_2)^2}$$

$L_1$, $a_1$, $b_1$: 색 1의 CIELAB 좌표, $L_2$, $a_2$, $b_2$: 색 2의 CIELAB 좌표

$\Delta E$가 매우 작으면 우리 눈은 그 차이를 지각 Perceive 하지 못한다. 이러한 현상에 기초한 수치가 색 허용치 Color tolerance 이다. 로이 번즈 Roy Berns 가 정리한 바에 따르면, 색 허용치의 개념을 응용하여 지각된 색차를 허용하는 경향 Acceptability 까지도 포함할 수 있으나 Is this difference in color acceptable?, 일반적으로는 색차가 지각되는가를 Can I see a difference in color? 기본으로 한다[5].

그런데 시각적 등보성에 기초한 CIELAB 색 공간에서도 동일한 색으로 간주되는 색의 영역을 표시하면 각 영역의 모양은 영점(a=0, b=0인 백색 점)을 향하는 축을 가진 타원으로 나타난다. 그리고 색상 영역에 따라 크기가 다르게 나타나는 특징이 관찰되는데, 예를 들어 주황색 영역에서 a와 b의 좌푯값 변화에 따른 인지적 민감도는 초록색 영역에서보다 크다. 또한 채도가 낮아질수록, 즉 영점에 근접할수록 인지적 민감도는 증가한다. 이러한 한계점에도 불구하고 CIELAB를 기반으로 표현된 색 간의 거리는 일반적으로 $\Delta E$ 값을 토대로 비교할 수 있다.

5　Berns, R., *Billmeyer and Saltzman's Principles of Color Technology, 3rd Edition* (NY: John Wiley & Sons, 2000), p. 107.

# 지각적 특성에 따른 색 체계

예술이나 디자인 분야와 같이 다양한 색채의 심미적<sup>Aesthetic</sup> 특징을 다루는 분야에서는 기호로 표기된 정보만으로도 실무자 간에 다양한 색채들에 대한 커뮤니케이션이 가능해야 한다. 색채 지각에 따른 대표적인 표색계들에 대하여 살펴보고자 한다.

## 먼셀 표색계

1915년 알베르트 먼셀<sup>Albert Munsell</sup>은 미술 교육을 목적으로 색채를 3차원 공간 상에 배열하는 시스템인 먼셀 색 도감<sup>Atlas of Munsell Colors</sup>을 완성하였다. 먼셀 색 도감 이후 수차례 수정 및 보완을 거쳐 지금까지도 미술 교육을 비롯한 예술 및 디자인 분야에서 먼셀 표색계<sup>Munsell color system</sup>는 가장 기본적으로 통용되고 있다. 교육부가 지정한 한국어 색이름–색채 간 규정도 먼셀 표색계를 기본으로 한다. 사실 먼셀과 같이 3차원 공간을 이용하여 표색계를 구성하려는 시도는 이미 18세기부터 시도되어 왔으며, 20세기 초 먼셀이 색 도감을 제작할 때 영향을 받은 것으로 알려져 있다.

먼셀 표색계는 색상, 명도<sup>Value</sup>, 채도<sup>Chroma</sup>를 세 축으로 하는 3차원 공간으로 구획되었으므로, 하나의 색은 **색상, 명도, 채도**라는 독립적 요소<sup>Attribute</sup>로 표시된다. 이 세 가지 요소들의 체계를 살펴보면, 첫째, 색상은 빨강<sup>Red, R</sup>, 주황<sup>Yellow-Red, YR</sup>, 노랑<sup>Yellow, Y</sup>, 연두<sup>Green-Yellow, GY</sup>, 초록<sup>Green, G</sup>, 청록<sup>Blue-Green, BG</sup>, 파랑<sup>Blue, B</sup>, 남색<sup>Purple-Blue, PB</sup>, 보라<sup>Purple, P</sup>, 자주<sup>Red-Purple, RP</sup>에 이르는 열 가지 색상을 기본으로 한다. 둘째, 명도는 검정부터 하양까지 11단계로 구성되어 있다. 마지막으로 채도는 무채색(채도: 0)부터 시작하여 최대 채도까지 뻗어 나갈 수 있는 구조이다. 먼셀 색 도감

제작 당시 활용 가능했던 안료 기준으로 최대 채도가 14에 그쳤으나, 안료 기술
의 개발에 따라 채도 단계는 증가가 가능하다. 따라서 먼셀 표색계는 팽창이 가
능한 표색계이다.

또한 열 가지 주요 색상 간에는 다시 10단계의 구분을 적용하였는데, 예를 들어,
주황[YR]을 10단계로 다시 나누어 1YR, 2YR, …… 10YR까지의 세부 색상으로 지
칭한다. 따라서 5YR은 주황의 (인지적인) 중앙에 해당한다. 반면 1YR은 빨강색
에 더 가깝고 10YR은 노랑에 더 가깝다. 먼셀 표색계는 표색계 내에서 색상, 명
도, 채도 차원 어느 방향으로도 1만큼 움직였을 때 우리 눈으로 지각되는 색차
가 일정하도록 제작된 것이 특징이다.

이처럼 먼셀 표색계의 기호 체계는 영문 색이름의 첫글자를 활용한 측면이 있어
직관적으로 이해하기가 쉽다. 먼셀 표색계에 따라 색을 표시하는 방법은 **색상,
명도/채도**의 형식을 따른다. 예를 들어, 선명한 빨강은 5R, 4/14로, 선명한 노
랑은 5Y, 9/14 정도에 해당한다. 그런데 빨강과 노랑의 예와 같이, 먼셀 표색계
내에서 각 색상에서 최고 채도 값을 갖는 명도의 단계는 다를 수 있다. 먼셀 표

색계 내에서는 명도가 선명한 노랑만큼 높으면서 빨간 사과처럼 선명한 빨강이 존재할 수는 없는 것이다. 빨강의 명도가 노랑만큼 높아지면, 분홍색에 해당하여 더 이상 빨간 사과 같은 선명함을 가질 수 없다. 선명한 파랑의 경우는 선명한 빨강만큼 밝을 수는 있겠으나, 빨강만큼의 선명함을 가질 수는 없다고 판단하였으므로, 먼셀 색 도감에 따른 파랑 영역 B의 최대 채도 값은 5에 불과하다. 이와 같이, 먼셀은 색상에 따라 최대 명도 및 최대 채도는 가변적임을 의도하였다. 그래서 먼셀 표색계는 구 Sphere가 아닌 상당히 찌그러진 형태의 입체이다.

## Natural Color System(NCS)

11장에서 살펴보았듯이 우리 눈에서 빛 자극을 색채 자극으로 변환하는 데는 세 가지 원추 세포가 관여를 하며 원추 세포들 간의 상호 작용의 결과에 따라 빨강–초록과 노랑–파랑의 두 축 상에 강도가 결정된다. 이는 19세기 헤링이 제시한 반대색설과 일치하는데, 1930년경 스웨덴의 심리학자 트리브 요한슨 Tryggve Johansson은 헤링의 반대색설에 기초하여 먼셀 표색계와는 차별되는 NCS Natural color system 를 제안하였다. 이후 NCS는 스웨덴 색채 센터 재단 Swedish color center foundation에서 수정 및 보완을 거듭하여, 1979년 스웨덴 표준 연구소 Swedish standards institute에서는 NCS를 표본화한 스웨덴의 표준 색 도감 Swedish standard color atlas을 발표하기에 이르렀다.

NCS의 기본 원리는 빨강–초록이 한 축을, 그리고 노랑–파랑이 한 축을 이루는 2차원 공간의 구성으로부터 시작된다. 빨강–노랑–초록–파랑이 90° 간격으로 교차하고, 중심 원점으로부터는 3차원 방향으로 맨 위에는 하양이, 맨 아래에는 검정이 배치되어 있다. 즉 CIELAB 표색계의 구성 원리와 매우 흡사하다.

NCS에서도 먼셀 표색계에서와 같이 색상, 명도, 채도의 개념을 활용하고 있지만, 먼셀 표색계가 색상별로 가장 선명한 색들의 명도 및 채도 차이를 그대로 반영한 것과는 대조적으로 NCS의 경우에는 색상별로 가장 선명한 색에 대해 동일한 채도 값을 적용한다. 그래서 먼셀 표색계가 찌그러진 공과 같다면 NCS 표색계는 대칭형의 팽이 형상을 하고 있다. 단면이 원이 되도록 팽이 구조체를 바닥과 평행하게 잘랐을 때, 그 단면의 가장자리는 색상환<sup>Color circle</sup>으로 나타나게 된다. 만약 아랫점인 검정(S로 표기한다.)과 가깝게 절단한다면 전반적으로 어두운 색상환이 나타날 것이고 가장 윗점인 하양(W로 표기한다.)과 가깝게 절단한다면 전반적으로 밝은 색상환이 보이게 될 것이다.

NCS 표색계에 따른 기호 체계를 살펴보면 다음과 같다. 우선 해당 색이 빨강(R)-노랑(Y)-초록(G)-파랑(B)(-다시 빨강(R))으로 이어지는 색상환 중 어디에 있는가를 표시한다. 그리고 각 색상 간격은 100단계로 세분화될 수 있다. 예를 들어, 노랑(Y)으로부터 시계 방향으로 Y10R, Y20R, …… Y90R을 거쳐 빨강(R)에 도달하게 된다. 둘째, 채도와 명도의 복합적 개념인 뉘앙스<sup>Nuance</sup>를 표기한다. 팽이 형상의 NCS 표색계를 세로로 절단하면 동일색 내에서 다양한 뉘앙스를 가진 색들로 구성된 삼각형 색 공간<sup>Color triangle</sup>이 나타난다. 삼각형 색 공간 내에서는 NCS 흑색도(Blackness: 0~100)와 NCS 채도(Chromaticness: 0~100)로 표시한다. 검정(S)과 하양(W)을 잇는 삼각형의 세로축을 중심으로 색상을 변화시켜 가면서 360° 돌아가는 모양을 유추해 본다면 팽이 형상의 NCS 색 공간을 떠올릴 수 있다.

오렌지를 연상케 하는 밝은 주황색은 NCS 표색계에서 대략적으로 1070-Y10R에 해당되는데, 10%만큼의 흑색 비율과 70%만큼의 선명한 뉘앙스를 가진 색이라는 뉘앙스 정보, 노랑으로부터 빨강 방향으로 10% 움직인 색상 정보를 의미한다. NCS는 스웨덴을 중심으로 한 북유럽 국가에서 주택 및 건물용 도료, 미술 용품 등 색채와 관련된 산업에 적용되어 왔으나, 최근에는 유럽과 아시아 등

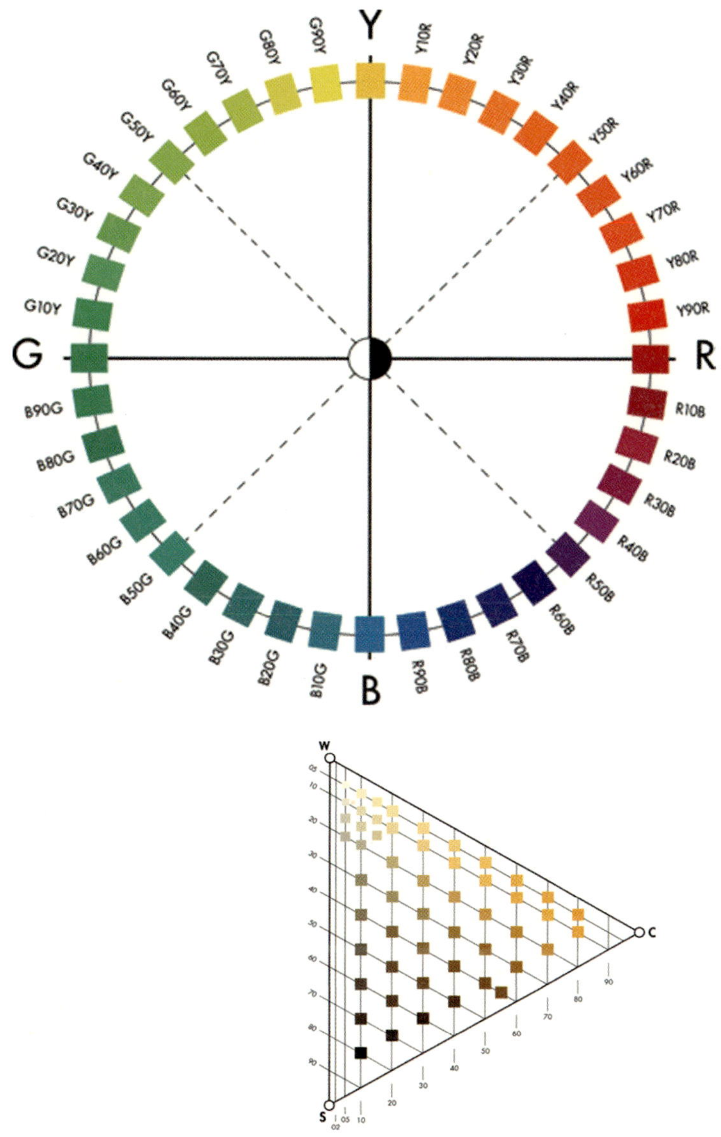




NCS는 빨강–초록이 한 축을, 노랑–파랑이 한 축을 이루는 색상환 구성으로 시작된다. 각 색상 간격은 100
단계로 세분화될 수 있어 노랑(Y)으로부터 오른쪽으로 Y10R, Y20R,…… Y90R을 거쳐 빨강(R)에 도달하게
된다. 그리고 채도와 명도의 복합적 개념인 뉘앙스를 표기한다. NCS 표색계를 세로로 절단하면 동일색 내
에서 다양한 뉘앙스를 가진 색들로 구성된 삼각형 색 공간이 나타난다. 삼각형 색 공간 내에서는 NCS 흑색
도(0∼100)와 NCS 채도(0∼100)로 표시한다. 검정(S)과 하양(W)을 잇는 삼각형의 세로축을 중심으로 색
상을 변화시켜 가면서 360° 돌아가는 모양을 유추해 본다면 팽이 형상의 NCS 색 공간을 떠올릴 수 있다.

지에서도 널리 활용되고 있다.

## 팬톤 표색계

팬톤 표색계는 인쇄나 텍스타일 산업 분야를 중심으로 활용도가 매우 높은 표색계이다. 먼셀이나 NCS와는 달리 팬톤의 경우는 체계적인 색 공간을 설명하는 체계는 존재하지 않는다. 그럼에도 불구하고 폭넓은 저변과 팬톤에서 생산하는 매력적인 색채 안료가 패션과 디자인 산업에 미치는 영향이 매우 크기 때문에 팬톤의 자체 번호 시스템은 산업계에서 통용되고 있다.

팬톤 표색계는 어떤 안료를 어떠한 배합으로 혼색하였을 때 조색되는 색을 데이터베이스로 정리한 것이므로 인쇄나 텍스타일 업계의 훌륭한 지원 도구이다. 예를 들어 인쇄업자는 인쇄를 하기 전 일반적으로 시안Cyan, 마젠타Magenta, 노랑Yellow, 검정Black 안료의 혼색 방법, 즉 CMYK 조합에 따라 광택지 및 무광택지에 어떻게 출력되는지를 미리 확인한 후 출력을 진행한다. 그런데 팬톤 표색계는 기본적으로는 15개의 안료를, 그리고 필요에 따라 훨씬 더 많은 수의 조색 안료를 사용하고 있으므로 일반적으로 인쇄에 사용되는 CMYK를 사용해서 얻을 수 있는 색역보다 훨씬 다양한 색채를 표현할 수 있다. 바꾸어 말하면 팬톤 표색계에서 찾을 수 있는 색 중 대부분은 일반적으로 인쇄에 사용되는 시안, 마젠타, 노랑, 검정 잉크를 혼색해서는 만들기 힘든 색이라고 볼 수 있다. 실무 과정에서 팬톤 표색계의 색을 출력하고자 할 때는 별색Special color으로 지정한다.

팬톤 표색계의 사례와 같이 현존하는 대부분의 도료 산업체는 각자의 고유한 혼색법을 기초로 도색 견본Color guide을 제작하여 소비자들에게 제공하고 있다. 업체가 생산하는 모든 색을 개별 포장하여 판매하는 데는 무리가 있으므로 도색 견본을 통해 소비자와 디자이너, 그리고 도료 업체 간의 소통이 이루어진다. 소비자나 디자이너는 도색 견본을 통해 원하는 색을 찾고, 도료 산업체에서는 해당 색의 혼색 비율에 따라 조색을 할 수 있다. 안료의 혼합 간격과 지각적 간격은 직선적으로 비례하지 않기 때문에 도색 견본의 활용은 더욱 의미가 있다.

팬톤의 도색 견본은 종이류뿐만 아니라 플라스틱(제품 디자인에 활용), 금속(자동차 디자인에 활용), RGB모니터(디지털 콘텐츠 디자인에 활용), 직물(섬유 디자인에 활용) 등 다양한 재질을 대상으로 제작 및 판매되고 있다.

이렇듯 여러 색을 배열하는 방법은 활용하고자 하는 목적에 따라 차이가 있다. 각 체계 내에서 약간의 개선이 있을 수는 있으나, 어느 색 체계가 가장 옳고 그른지 판단하는 것은 의미가 없다. 또한 색채는 다양한 분야의 연구 소재인 만큼


팬톤 표색계는 인쇄나 텍스타일 산업 분야를 중심으로 활용도가 매우 높은 표색계이다. 먼셀 표색계나 NCS와는 달리, 팬톤 표색계는 체계적인 색 공간을 설명하는 체계는 존재하지 않는다.

각 분야에서 통용되어 온 전통성을 존중할 필요가 있다.

# 색이름

우리는 비슷한 정보를 묶어 군집화하고 더 중요한 정보와 덜 중요한 정보로 구별하려는 경향이 있는데, 이는 색채를 인지하는 과정에서도 반영된다. 예를 들어, 게슈탈트 Gestalt 이론에 따르면 서로 다른 모양의 도형이 여러 가지 색으로 제시되었을 때 우리는 유사한 색끼리 군집화하려는 경향을 강하게 나타낸다. 그래서 일상의 언어 생활에서는 앞에서 살펴본 다양한 표색계를 사용해야 할 만큼 색채를 세분화하여 지칭하지는 않는다. 오히려 가급적 군집화하여 의사소통을 쉽고 간편하게 하려는 노력을 하고 있다. 색이름으로부터 연상되는 색채를 조사한 연구는, 색이름은 특정한 한 가지 색채가 아니라 유사한 색들이 군집한 영역을 지칭하기 위함이라는 것을 전제하고 있다. 인류학적 연구에서는 색이름 사용에 대해 문명권 내에서는 범문화적인 요소가 존재함과 동시에, 세부적으로는 고유의 언어 문화적 영향에 기인한 차이점이 있음을 밝혀 왔다.

## 기본 색이름

색이름의 진화 과정에 대해서는 1969년 브렌트 베를린 Brent Berlin 과 파울 케이 Paul Key 가 발표한 연구 결과가 가장 대표적이다[6]. 그들은 세계 여러 지역 98개 종족의 언어를 조사하였는데, 색이름이 분화하는 단계와 분화 수준이 조사 대상에 따라 차이는 있지만 발달 과정에 있어서는 큰 맥락을 같이한다고 주장하였다. 예를 들어, 1개의 색이름을 가진 언어는 존재하지 않으며, 적어도 검정(어두운)과 하양(밝은)의 구분은 가지고 있는 것으로 밝혀졌다. 조사 대상 중 문명권으로

---

6    Berlin, B., and Kay, P., *Basic color terms: Their universality and evolution* (CA: University of California Press, 1969).

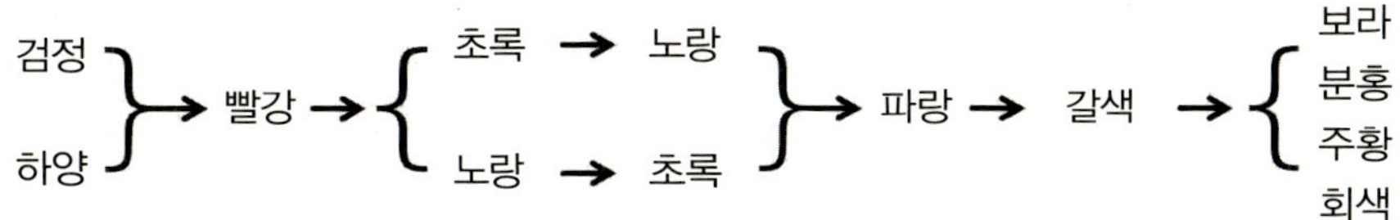


**그림 12.14 기본 색이름 진화 과정**
열한 가지의 기본 색이름들이 형성되는 과정에서 우선순위가 적용될 수 있는데 검정과 하양의 구분을 시작으로 빨강, 초록, 노랑 등의 순서를 따른다.

대상을 좁히면 색이름이 세분화된 결과가 열한 가지로 한계에 달하는 공통적인 현상을 발견할 수 있었다. 이를 토대로 검정과 하양, 즉 명암을 구분하기 위한 색이름에서 시작하여 보라, 분홍, 주황, 회색 등을 포함하는 열한 가지 단어들이 일반적으로 모든 문명권에서 기본 색이름[Basic color terms, Basic color naming]으로 사용되고 있음이 알려졌다. 열한 가지의 기본 색이름이 형성되는 과정에서는 우선 검정과 하양의 구분을 시작으로 빨강, 초록, 노랑 등의 순서를 따른 것으로 밝혀졌다.

그런데 열한 가지 기본 색이름은 어디까지나 보편적인 현상이므로 지역이나 문화권별 차별화를 비교 평가하기 위한 잣대로 활용되는 것이 바람직하다. 예를 들어, 사방이 하얀 눈으로 둘러싸인 북극 지방의 에스키모 인에게는 여러 하얀 색을 구분할 수 있는 색이름이 분화되어 있다. 눈[Snow]을 묘사하는 흰색을 가리키는 색이름이 스물여덟 가지로 세분화되어 있는데, 이들 모두는 기본 색이름의 분류 기준으로 보자면 모두 '흰색' 혹은 '하양'이다. 색이름이 특정 색 영역에서 분화가 집중되었거나 오히려 그 반대로 기본 색이름 간 영역이 모호하거나 하는 등의 차별점은 자연환경이나 사회 문화적 배경과 연계하여 해석이 가능하다.

## 색이름 표시 체계: 계통 색이름

당신은 어떤 색을 좋아하세요? 라는 물음에 대답해 보자.

대부분 기본 색이름 중 하나로 대답을 할 것이다. 일상에서 색을 호칭할 필요가 있을 때 기본 색이름을 사용하는 비중이 매우 높지만, 필요에 따라서는 색이름을 좀 더 세분화할 필요가 있다. 미국과 한국의 경우 색이름의 표시 체계를 계통 색이름 Systematic color names, Universal color names 및 관용 색이름 Individual color names, Traditional color names 으로 구분하여 그 구조적 체계를 규정하고 있다.

계통적 방법은 색상을 지칭하는 색이름에 톤 Tone 을 지칭하는 단어를 수식하거나 혼합하기 때문에 각각의 색이름들 사이의 관계나 위치가 어느 정도 직관적으로 표현된다. 예를 들어 밝은 빨강이라는 색이름은 '밝은'이라는 톤 어휘가 '빨강'이 라는 색이름을 수식하는 구조이다.

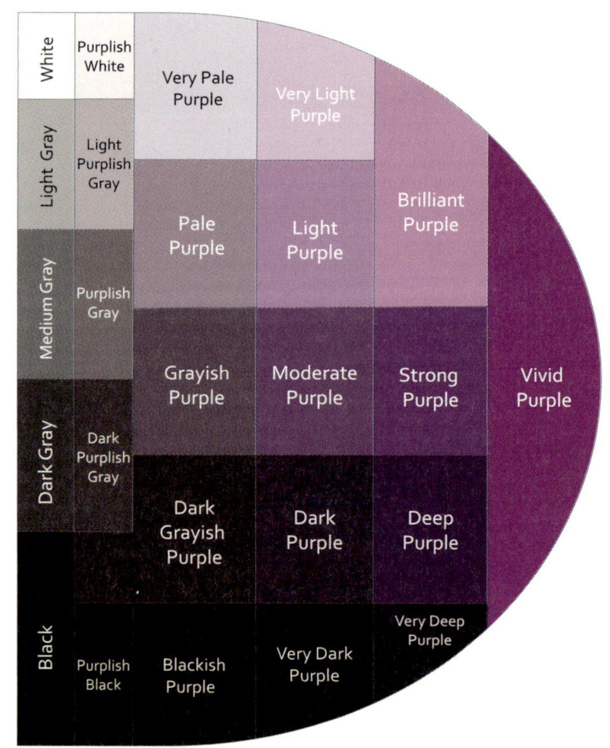



그림 12.15 ISCC-NBS 표시 체계에서 제시하고 있는 보라(Purple)의 톤 구분의 사례. ISCC-NBS는 명도 단계에 따라 밝고 어두움이, 그리고 채도 단계에 따라 탁한, 밝은, 선명한 정도가 비례한다는 사실에 기초하고 있으며 톤의 개념을 색이름에 접목한 색명법이다. 색상별로 톤 구분에 적용되는 구획 비율과 모양은 다를 수 있는데, 이는 색상에 따라 우리가 톤 변화에 대해 지각하는 차이가 다르기 때문이다.

미국 색채 연락 협의회<sup>Inter-Society Color Council, ISCC</sup>와 미국 국립 표준국<sup>National Bereau of Standards, NBS</sup>에서는 1976년 영어를 사용하는 문화권을 위한 계통 색명법인 ISCC−NBS 표시 체계를 제정한 바 있다. 명도 단계에 따라 밝고 어두움이, 그리고 채도 단계에 따라 탁한, 밝은, 선명한 정도가 비례한다는 사실에 기초하고 있으며 톤의 개념을 색이름에 접목한 색명법이다. 먼셀 표색계를 토대로 각 색상마다 특정 톤 영역을 설명하는 명도와 채도 범위를 제시하고 있다. 예를 들어 '어두운'이라는 톤 어휘를 노랑과 파랑 색상에 적용한다면 어두운 노랑과 어두운 파랑의 명도 및 채도 수치는 서로 다를 것이다. 그래서 톤 영역을 설정하는 방식은 각 색상 영역별로 제시되고 있다.

ISCC−NBS 표시 체계는 제작 시 예술, 과학, 산업 부문에서 실제로 활용되고 있는 이름과도 일치하도록 하였으므로, 특정 색채에 적용되는 색채 표현이 일상적인 언어 체계와 부합되어 활용성이 매우 높다. 한국어의 계통 색명법의 경우 일반색이름이라고도 지칭되는데, 미국의 ISCC−NBS에 기초를 두고 있으며 한국 공업 규격의 KS A0011로 표준화되어 있다.


## 계통 색이름을 활용한 휴&톤 시스템

계통 색이름 표기 방식의 핵심인 톤+색이름 구조를 활용하여 실무에서는 휴&톤 시스템<sup>Hue & Tone system</sup>을 빈번히 사용하고 있다. 톤 영역을 설정하는 과정에서 색상마다 명도 기준 및 채도 수치는 서로 다르지만, 결과적으로 각 색상 내에서는 동일한 종류의 톤으로 색채가 세분화될 수 있다는 점에 착안한 시스템이다.

한국 공업 규격 KS A0011에서노 휴&돈 시스템을 제인하고 있는데 기존 시스템들과 차별화되는 점은 톤의 구분에서 기본색과 가장 선명한<sup>vivid, vv</sup> 톤을 구분한 것이다. 기본색 영역은 톤 수식어가 없는 경우에 해당하는 색이다. 한국인들이

**그림 12.16  한국 산업 규격 KS A0011에 따른 톤 구분**

각 색상마다 공통된 톤의 구분을 적용하는 방법이다. 같은 톤에 속한 색들은 색상 차이에도 불구하고 유사한 느낌을 전달하는 특징이 있다. 기본색 영역은 톤 수식어가 없는 경우에 해당하는 색이다. 한국인들이 기본 색이름을 듣고 연상하는 색의 톤이 해당 색상의 제일 선명한 색에 해당하지는 않기 때문이다.

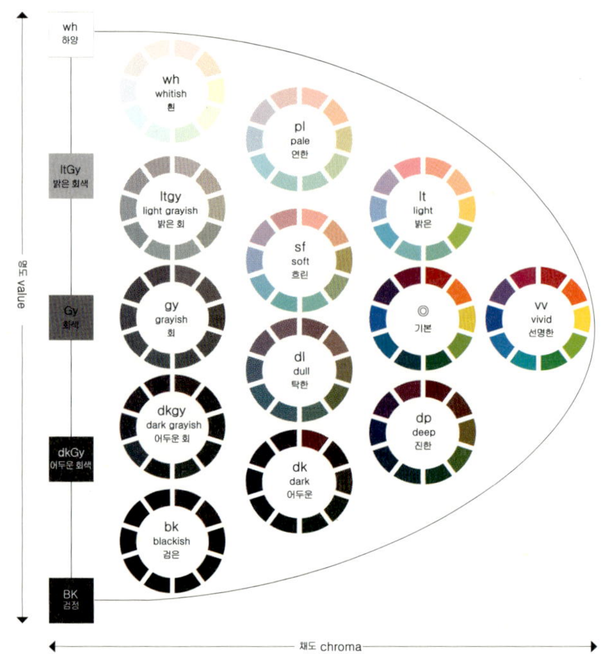

기본 색이름을 듣고 연상하는 색의 톤이 해당 색상의 제일 선명한 색에 해당하지는 않기 때문이다.

휴&톤 시스템의 가장 일반적인 제시 방법은 직사각형 매트릭스 상에 가로 방향으로는 색상 구분을, 세로 방향으로는 톤 구분을 배치하고 무채색은 별도의 열에 나열하는 구조이다. 이렇게 색 공간을 구성하는 색채를 열 가지 색상과 열세 가지 톤 구분으로 구획하여 2차원 평면 상에 제시할 수 있기 때문에 3차원 색 체계를 활용하는 것보다 색채 조사 과정이 수월할 수 있다는 장점이 있다.

## 관용 색이름

관용 색이름은 문화권이나 언어권별로 관습적으로 사용되어 온 색이름의 경우에 해당하며 전통 색이름 혹은 고유 색이름 등으로도 지칭된다. 예를 들어 쥐

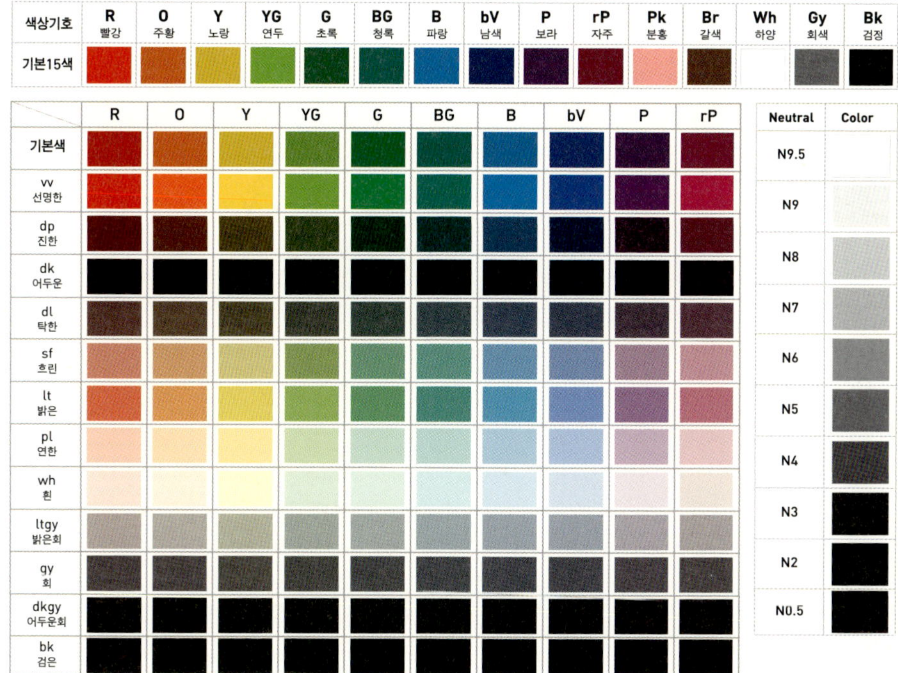



**그림 12.17 계통 색이름을 활용한 한국 산업 규격의 휴&톤 시스템(KS A0011)**

각 색상마다 톤의 구분이 가능하다는 점에 착안하여 평면 상에 제시한 색 체계 방식이다. 색 공간을 구성하는 색채를 열 가지 색상과 열세 가지 톤 구분으로 구획하여 2차원 평면 상에 제시할 수 있어 3차원 색 체계를 활용하는 것보다 색채 조사 과정이 수월할 수 있다는 장점이 있다.

색, 살색, 주황색, 밤색, 코발트색, 금색, 하늘색, 보르도 <sup>Bordeaux</sup> 등으로 일상에서 쉽게 경험할 수 있으나 종류가 다양하고 대부분의 경우 어원을 가지고 있어, 해당 색이름이 어느 집단에서 통용되는 것인가에 따라 전혀 다른 색을 지칭할 수도 있다.

그래서 계통 색이름을 활용해서 지칭하는 색채를 표준화하기 위한 노력이 진행되어 왔는데, 그 대표적인 방법은 ISCC–NBS에서 구획한 색재에 관용 색이름을 대응시키는 것이다. 예를 들어, 의류 소재 색이름으로 빈번히 사용되는 베이지 <sup>Beige</sup>는 ISCC–NBS 색명법에 따르면 Light grayish braun에 해당한다. 한국어의 관용 색이름을 이와 같은 방법으로 표준화하여 공업 규격에서 제시하고 있다. 또한 ISCC-NBS와 한국 공업 규격의 계통 색명법에서는 관용 색이름의 확장에 있어 필요에 따라 계통 색이름에서 활용하는 수식어를 사용할 수 있다고 명시하고 있다. 예를 들어 관용 색이름인 쥐색에 대해 '밝은'이나 '어두운'과 같은 톤 어휘를 수식하는 방법으로, 비교적 간단하면서도 색채 정보를 의사소통하는 데 효과적이기 때문에 일상생활에서 빈번히 활용되고 있다.

### 색이름과 언어

색이름을 사용하여 색을 표시하는 방법의 가장 큰 장점은 쉽고 실용적이라는 것이다. 반면 단점으로는 색이름으로 표시된 색 정보가 객관적이기보다는 해석하는 개인에 따라 각기 다를 수 있다는 데 있다. 동일한 색이름에 대하여 개개인의 사회 문화적 배경의 영향으로 다른 색채로 해석할 가능성을 배제할 수 없기 때문이다.

한국어 색이름의 가장 큰 특징 중 하나는 푸른 산, 푸른 신호등과 같이 초록과 파랑의 구분이 명확하지 않다는 점이다. 그 일부는 일본어를 번역하는 과정에서 발생한 것이지만 순수한 우리말에서도 초록과 파랑 간의 불명확한 구분을 찾아볼 수 있다. 실제로 한국인들을 대상으로 기본 색이름에 따른 색 구분을 실험해 보면 다른 색이름과는 달리 유독 초록과 파랑을 구분하는 방식에서 개인차가 크게 나타난다.

또한 모국어와 외국어를 혼용하는 문화권에서는 사전적으로 동일한 의미를 가진 색이름에 대해서도 서로 다른 색채를 연상하는 결과를 빚기도 한다. 한국어나 일본어의 경우처럼 외국어와 외래어를 일상에서 빈번히 활용하고 있는 언어

문화권에서는 색이름 표시 방법에 따른 뉘앙스의 차이가 발생할 수 있다. 한국인들이 일상에서 초록과 그린Green을 혼용하는 것과 유사하게, 일본인들도 모국어와 외래어를 빈번히 혼용한다. 예를 들어, 초록에 해당하는 색이름으로 일본어인 みどり(발음: 미도리)뿐만 아니라 영어인 Green이 외래어화된 グリーン(발음: 구린)을 매우 빈도 높게 사용하고 있다. 일본인들의 경우 みどり로 소통할 때 グリーン에 비해서 청록색 영역을 포함하는 좀 더 넓은 영역을 연상하는 것으로 알려져 있다.

그런데 뉘앙스의 차이에 따른 색채 인지의 부정확함에도 불구하고 외국어로 표현된 색이름에 대한 모호성Ambiguity은 마케팅적 요소로 활용될 수 있는 측면이 있다. 예를 들어, 빨간 스포츠카라는 표현보다는 레드 스포츠카라고 표현하였을 때 빨강과 레드의 언어적 차이로 인한 색채 인지의 문제가 있음에도 불구하고 레드 스포츠카라는 표현으로부터 더 긍정적인 효과를 기대할 수 있다.

한편 한국어는 다른 언어에 비하여 색채를 표현하는 어휘를 풍부하게 보유하고 있다. 특히 하얀색과 검정색을 표현하는 언어가 다른 언어에 비하여 세분화되어 있다. 한국어는 다양한 뉘앙스의 색채를 적절히 구분하여 표현할 수 있고 상상력을 불러일으킬 수 있는 언어이므로 한국어로 된 색이름은 창의적인 문학 작품에 훌륭한 도구로 활용될 수 있다.

## 문화적 속성에 따른 색의 배열

색채의 물리적 속성이나 지각적 거리와는 상관없이 문화적 근거에 의해 상징적 목적으로 색채를 배열하는 방식이 있다. 음양오행설을 기초로 방향에 색채를 부

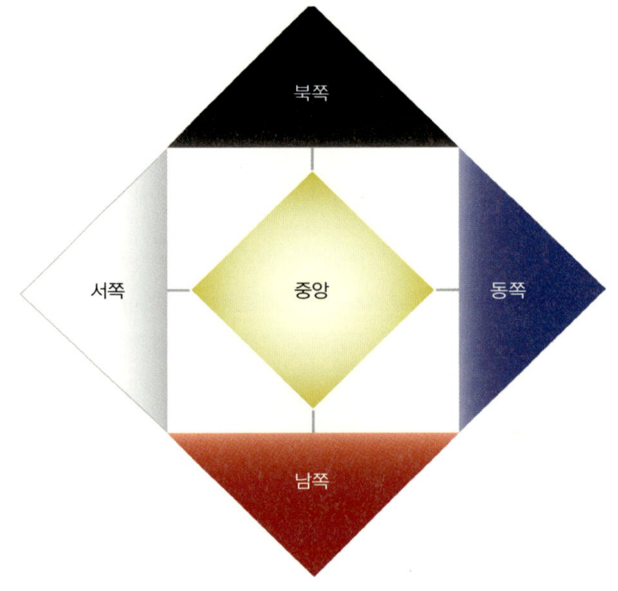


여한 중국의 오방색과 인체 부위에 따라 색 구분을 하고 있는 인도의 차크라<sup>Chakra</sup>가 대표적인 예이다. 오방색은 오행의 각 기운과 직결된 청(靑), 적(赤), 황(黃), 백(白), 흑(黑)의 다섯 가지 기본색으로 구성되어 있다. 이 다섯 가지 색은 음양오행설을 토대로 하며, 혼색의 결과가 아닌 순색으로 간주된다.

중국의 전통 건축물은 공자의 사상에 입각하여 색과 방향성이 연계되어 설계되었다. 동쪽은 초록, 서쪽은 하양, 남쪽은 빨강, 북쪽은 검정, 그리고 노랑은 남서쪽에 대응하고 있는 것이다. 각각의 색은 방향 이외에도 계절, 맛, 인체 기관 등을 상징하기도 한다.

a. 한국과 일본에서 유통되고 있는 복사 용지를 비교해 보면 국내 제품의 경우 파란빛이 감도는 것을 알 수 있다.(혹은 일본 제품의 경우 노란빛이 감도는 듯하다.) 책상 위에 놓인 복사 용지의 하얀색을 모니터에 똑같이 구현하는 방법에 대해 생각해 보자.

b. CIELAB 표색계 내에 위치한 임의의 색 좌표 a, b를 색상 h와 채도 C로 변환해 보자. 이렇게 정의된 표색계를 CIELCh라고 할 때 CIELCh를 이용하여 CIELAB 표색계 내에서의 색 허용치 변화 양상을 설명해 보자.

c. 디스플레이에 따라 색역의 크기와 모양이 다르며 대체적으로 색역이 넓은 경우 자연계에 존재하는 선명한 색을 풍부하게 표현할 수 있어 화질이 우수한 것으로 인정받고 있다. 색역이 넓은 디스플레이를 기준으로 제작한 사진 이미지를 색역이 좁은 디스플레이에서 보는 경우 색역 간 차이에 존재하는 색 정보들은 어떻게 조정될 수 있을까?

# 13장

# 색채 심리

뇌에서 파악된 색 정보에 대하여 우리는 각자의 경험과 관련된 기억을 떠올릴 수 있고, 이때 연상된 대상과 관련된 정서적 반응이 유도되기도 한다. 다양한 심리적 현상을 거친 후 인지된 색채는 단지 시각 정보의 한 유형에 그치는 것이 아니라 정서적 의사소통으로 이어지게 되는 것이다. 색채에 대한 감성적인 반응은 즉각적인 것일 수도 있으며 색채로부터 연상된 매개체를 통한 연상 과정의 결과로서 나타날 수도 있다. 그리고 색채를 통한 정서적인 경험은 다른 감각을 자극하여 공감각적 현상을 유도할 수 있다. 이러한 현상의 일체는 색채 심리의 영역으로 분류되기도 한다. 어쨌든 다채로운 색채를 경험하는 것은 큰 즐거움이다. 13장에서는 우리가 지각한 색채에 대해서 어떠한 주관적 해석을 하는가를 중심으로 인지적인 측면과 감성적인 측면으로 구분하여 살펴보고자 한다.

우선 색채를 인지하는 과정에서 왜곡의 현상을 관찰할 수 있다. 이는 심리적인 영향뿐만 아니라 일종의 생물학적 보상 시스템이 작용한 결과이다. 그 대표적 결과로 기억색Color memory, 색채 항상성Color constancy, 그리고 색채 대비Color contrast와 색채 동화 현상을 살펴볼 수 있다. 이들 현상을 기억에 의한 영향과 여러 색 간의 상호 작용에 의한 영향으로 구분할 수 있다.

## 기억에 의한 영향

### 기억색

게슈탈트 이론에서와 같이 우리는 물체색에 대한 누적된 정보를 활용하여 색채 인지의 오차를 최소화하려는 경향이 있다. 그 대표적 현상이 기억색과 색채 항상성이다. 우선 기억색의 경우를 살펴보자면, 예를 들어 우리는 바나나를 노란색으로 기억하고 있다. 그리고 기억의 강도는 매우 강하다. 11장에서 살펴본 바와 같이 물체색을 제대로 관찰하기 위해서는 어느 수준 이상으로 밝아야 하고 조명 광원의 연색 지수가 높아야 한다. 그렇지만 어두운 조명 환경이나 연색성이 매우 낮은 조명 환경에서 우리는 혹시 이 바나나가 연두색이 아닐까? 라는 호기심보다는 여기 노란 바나나가 있네! 라고 단정 짓는 경향이 있다. 이러한 심리적 현상은 기억색의 효과 때문이다.

이렇듯 특정 물체에 부여된 기억 속의 특정 색채를 기억색이라고 하며 과거의 반복적 경험을 통해 형성된다. 기억색은 실제 보았던 색보다 채도가 높은 경향이 있다. 예를 들어, 우리 기억 속 삼성 로고의 파랑과 LG 로고의 마젠타는 실제 보았던 파랑과 마젠타보다 더 선명한 색채로 기록되어 있다.


## 색채 항상성

색채 항상성은 광원의 속성이 변해도 우리가 물체색의 변화를 그만큼 지각하지 못하는 현상을 일컫는다. 예를 들어 태양광과 LED의 가시광선대 분광 분포는 현저히 다르기 때문에, 물체 표면에서 반사되어 우리 망막에 비치는 빛 자극의 물리적 특성도 다를 수밖에 없다. 그러나 우리는 물체색의 실제 물리적 차이를 최소화하여 지각하려는 경향이 있다. 색채 항상성의 원인으로는 기억색에 의한 영향과 순응 Adaptation 을 들 수 있다. 그리고 순응 현상은 다시 색순응 Chroma adaptation 과 명순응 Light adaptation 으로 구분된다.


색순응은 주어진 광원의 분광 분포가 특정 파장 영역대에 치우쳐 있는 경우, 색상을 감지하는 시신경 체계가 이를 보상 Compensation 하기 위하여 실제 지각한 색 정보를 왜곡하여 해석하려는 현상이다. 왜곡의 목적은 해당 광원의 복사 에너지가 가시광선처럼 골고루 분포되어 있는 상황, 즉 백색광의 상황과 유사하다고 보려는 데 있다. 즉 결과적으로는 한낮의 자연광과 같은 백색광 아래에서 물체색을 관찰하는 경우와 최대한 유사하게 물체색을 인지하게끔 유도하는 것이 색순응 현상의 목적이다. 예를 들어, 백열등 아래에서 촬영한 사진을 보면 촬영 당시보다 주황색 뉘앙스가 훨씬 더 강하게 나타난다. 우리 눈과는 달리 촬영된 사진 속의 물체색은 빛의 조건에 의해 결정되기 때문이다. 형광등 하에서 촬영한 사진의 경우도 청록색 기운이 도는 어색함이 느껴지는데, 실제 촬영 당시에는 색순응이라는 왜곡된 인지 현상 덕분에 우리는 그 어색함을 거의 감지하지 못한 것이다.

### 사진 13.1 색채 항상성에 기인한 색 변별력의 왜곡 현상

주변 광원을 반사하여 지각되는 물체색과는 달리 발광색은 주변 광원과는 상관없이 일정한 빛 정보를 제공한다. 따라서 주변 조명 환경이 변화하면 물체색의 물리 값도 변화하고 우리 눈은 색채 항상성에 기인하여 물체색을 판별하는 기준을 상대적으로 변화시킨다. 이렇게 변화된 색 변별 기준으로 스마트폰의 화면을 관찰하면 동일한 화면에 대해서도 다소 누렇다 혹은 파랗다(왼쪽 이미지)라고 왜곡된 판단을 하게 된다.

같은 맥락에서 명순응의 경우는 주어진 광원의 밝기 영역의 최대-최소에 맞추어 시신경 체계가 최대 밝기-최소 밝기를 재조정한다고 볼 수 있다. 긴 터널을 빠져나올 때 처음에는 눈이 부시지만, 금방 명순응의 결과로 최대-최소 밝기에 맞추어 사물을 식별하는 시지각 체계가 재조정된다. 마찬가지로 갑자기 어두운 곳으로 이동하면 처음에는 거의 아무것도 볼 수가 없지만, 이내 그 공간 내에서 최대-최소 밝기에 우리 눈이 암순응<sup>Dark adaptation</sup>을 하여 상대적인 밝기를 지각하려고 한다. 명순응을 할 때는 원추 세포가 활성화하기까지, 반대로 암순응을 할 때는 간상 세포가 활성화하기까지 시간이 소요된다.

그런데 터널에 들어가서 빠져나오던 상황을 생각해 보면 터널을 빠져나올 때는 금방 명순응을 할 수 있었지만 터널에 들어갈 때는 상당한 시간이 소요되었던 기억이 날 것이다. 원추 세포는 수 분이면 활성화가 되지만 간상 세포가 완전히 활성화되는 데는 20분 정도가 걸리기 때문이다. 암순응과 명순응은 각각 어두운 곳에서의 순응과 밝은 곳에서의 순응으로 구분하기 위한 목적으로 사용되기도 하지만, 주어진 광원의 밝기에 우리 눈이 최대-최소 밝기 수준을 재조정하여 물체색을 지각하려고 하는 공통적인 현상을 통칭하여 명순응이라 지칭한다.


## 상호 작용에 의한 영향

2개 이상의 색을 가까이 배열하여 보거나 연속해서 보는 경우, 한 색이 다른 색의 영향을 받아서 본래의 색과는 다른 색으로 보인다. 이러한 현상은 색채의 대비 효과와 동화 효과에 따른 결과이다. 대비 효과는 색채들 사이에 차이가 더 큰 것으로 보이는 효과이며, 동화 효과는 그 차이가 더 작게 보이는 효과이다. 두 색을 쉽게 구분 가능한 크기로 볼 때는 대비 현상으로, 그리고 구분하기 힘들 정도로 작은 크기로 볼 때는 동화 현상으로 설명할 수 있다. 대표적인 색채

색상 대비는 색상이 서로 다른 두 색을 동시에 보았을 때, 인접한 색의 영향을 받아 색상 거리를 더 크게 인지하는 효과이다. 예를 들어, 주황은 노랑과 빨강의 가운데에 위치하는데, 주황을 노랑과 함께 보는 경우와 빨강과 함께 보는 경우를 비교해 보면 노랑과 함께 배열되어 있을 때 더 붉게 보인다. 같은 원리로 주황이 빨강과 함께 배열되어 있으면 주황이 노랗게 보인다.

대비 효과로서 물체색의 세 가지 속성에 기초한 색상 대비, 명도 대비, 채도 대비를 꼽을 수 있다.

## 색상 대비

색상이 서로 다른 두 색을 동시에 보았을 때, 인접한 색의 영향을 받아 색상 거리를 더 크게 인지하는 효과이다. NCS 색상환을 토대로 예를 들자면 주황(Y50R)은 노랑(Y)과 빨강(R)의 가운데에 위치하고 있는데, 실제의 색상 간 거리보다 그 차이를 더 과장되게 인지하려는 경향이 있다. 주황을 노랑과 함께 보는 경우와 주황을 빨강과 함께 보는 경우를 비교해 보면 노랑과 함께 배열되어 있을 때 더 붉게 보인다. 같은 원리로 주황이 빨강과 함께 배열되어 있으면 주황이 노랗게 보인다. 이러한 경향은 두 색이 색상환에서 180°에 가까워질수록 사라진다.

색상환에서 반대 방향에 위치한 색상은 보색 관계에 가깝다고 볼 수 있다. 보색 Complemantary color은 그 이름에서 의미하듯이 어떤 색에 보충적인 역할을 할 수 있는 색이다. 단 보충적인 역할은 빛의 혼색과 같이 가법 혼색 Additive mixture인지, 안료의 혼색과 같이 감법 혼색 Subtractive mixture인지에 따라 다르다. 가법 혼색에서는 주어진 색과 혼색을 하여 하양을 만들 수 있는 색이 보색이며, 감법 혼색의 측면에서는 주어진 색과 혼색을 해서 검정을 만들 수 있는 색이 보색이다.

두 색이 서로 보색 관계에 있을 때는 보색 대비 Complementary constrast 현상이 나타나는데, 이는 두 색이 모두 선명해 보이는 현상이다. 보색 관계의 두 색이 배색되었을 경우 그 배색의 존재감은 두드러진다. 여러 가지 색을 보색 관계로 배색하게 되면 전체적으로 매우 화려한 느낌을 구현할 수 있으며, 보색 관계의 두 색이 동일한 제3의 색과 혼색이 되어 있는 경우에는 그 두 색이 혼합된 양이 미미한 경우라도 쉽게 인지할 수 있다. 예를 들어, 붉은 뉘앙스가 살짝 도는 파란 상의에 초록 뉘앙스가 살짝 도는 파란 하의를 착용하였다면, 빨강과 초록이 형성하는 보색 대비가 쉽게 느껴진다.

## 명도 대비

명도 대비는 밝기가 서로 다른 두 색을 동시에 보았을 때, 인접한 색의 영향을 받아 밝기의 차이를 실제보다 더 크게 인지하는 효과이다. 중간 정도 밝기의 회색이 검정에 인접되어 있을 때와 밝은 회색에 인접되어 있을 때를 비교해 보면 전자의 경우에 더 밝아 보이는 현상을 경험할 수 있다.

밝은 회색이나 어두운 회색의 경우 흰색과 검정색이 함께 있지 않는 한 회색임을 판단하는 데 어려움이 발생할 수 있다. 다시 말하면 회색은 상대적인 개념이지 절대적이지는 않다는 것을 암시한다.

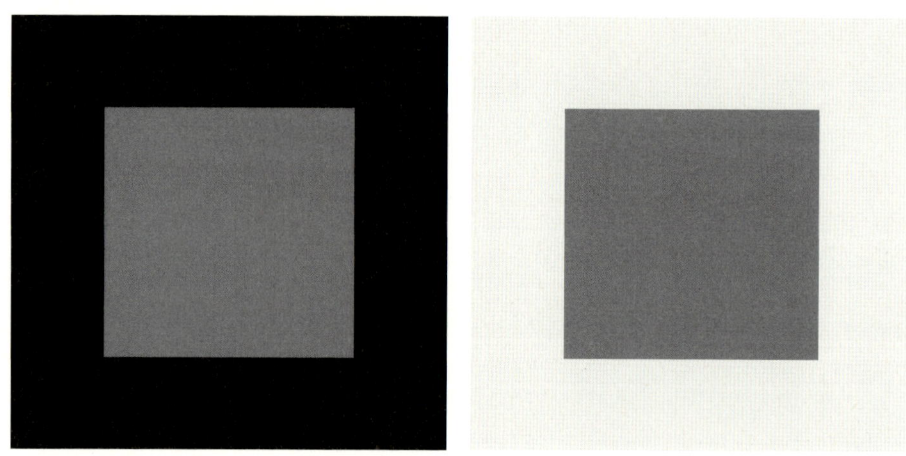



명도 대비는 밝기가 서로 다른 두 색을 동시에 보았을 때, 인접한 색의 영향을 받아 밝기의 차이를 실제보다 더 크게 인지하는 효과이다. 중간 정도 밝기의 회색이 밝은 회색에 인접되어 있을 때 더 어두워 보인다. 회색이라는 기준이 모호할 수 있음을 시사한다.

## 채도 대비

채도 대비는 채도가 서로 다른 두 색을 동시에 보았을 때, 인접한 색의 영향을 받아 채도의 차이를 실제보다 더 크게 인지하는 효과이다.

## 동화 효과

두 색이 배색되어 있을 때 두 색의 차이를 색상, 명도, 채도의 차원에서 극대화하여 구분하려는 인지적 현상을 대비라고 한다면, 동화 효과는 두 색을 제3의 한가지 색으로 지각하는 현상이다. 색채 대비와 동화 효과가 어떻게 선택적으로 발현되는가는 관찰하는 색자극의 크기에 달려 있다. 즉 동화 효과는 두 색이 충분히 구분되지 않을 정도로 크기가 작으면 발생하게 된다.

색채 동화 현상은 색들끼리 서로 영향을 주어 인접색에 가까운 제3의 색으로 보

채도 대비는 채도가 서로 다른 두 색을 동시에 보았을 때, 인접한 색의 영향을 받아 채도의 차이를 실제보다 더 크게 인지하는 효과이다. 좌측과 같이 선명한 색에 인접해 있을 때는 가운데 사각형의 색이 회색에 가깝게 보이지만, 무채색에 인접하면 좌측 이미지에서는 지각하기 힘들었던 갈색 뉘앙스가 확실히 지각된다.

이는 경우인데, 그 제3의 색은 전체 면적에서 각 색이 차지하는 비율에 가중치를 둔 가산 혼합의 결과에 해당한다. 이를 병치 혼색 Juxtapositional mixture 이라고도 하며, 벽지나 직물 디자인과 같이 서로 다른 색의 작은 면적이 모여 전체적으로는 새로운 색을 표현하는 방법으로 활용된다. RGB 모니터에 구현된 색을 지각하는 원리도 병치 혼색에 기반한다.

회화에서도 색채 동화를 이용한 신인상파 Neoimpressionism 작가들의 점묘화 기법 Poitillism 은 잘 알려져 있다. 점묘법은 그림을 그릴 때 붓의 끝을 이용하여 작은 점을 찍어 가며 채색을 하는 기법이다. 다양한 색의 작은 점을 불규칙적으로 채색해 나감으로써 시각적 혼색을 만드는 것이다. 점묘법으로 표현된 그림을 감상할 때는 작은 점들 각각의 색을 독립적으로 인지하는 것이 아니라 동화 효과를 일으

**그림 13.5  조르주 피에르 쇠라의 「그랑 자트 섬의 일요일 오후」**
18세기 신인상파 화가들은 색채 동화 현상을 이용하여 회화 기법으로 승화시켰다. 쇠
라는 신인상파의 대표적인 화가로서 그의 그림에서는 색채 동화 현상에 기인한 독특
한 느낌을 경험할 수 있다.

킨 결과를 보게 된다. 점묘화 기법의 대표적인 작품인 조르주 피에르 쇠라<sup>Georges</sup> <sup>Pierre Seurat</sup>의 「그랑 자트 섬의 일요일 오후<sup>Sunday Afternoon on the Island of La Grande Jatte</sup>」에서는 색채 동화 현상에 따른 독특한 색채를 경험할 수 있다.

## 연속 효과

두 색을 연속해서 보는 경우에 시간적 차이에 따라 연속 효과 혹은 계시대비<sup>Successive contrast</sup>가 나타날 수 있다. 빨간색을 몇 초 이상 응시한 후 흰 벽면을 보면 초록색 잔상이 나타나는 현상을 경험할 수 있는데, 이러한 잔상 효과<sup>After image</sup>는 원추 세포의 순응<sup>Neural adaptation</sup>에 기인한다.

태양과 같이 눈이 부실 정도의 광원을 응시하다가 그늘의 흰 벽을 바라보면 태양을 보던 시야각 내에 한동안 시커먼 점이 나타나게 된다. 태양을 응시하는 동안 밝기 감지에 관여하는 광 수용체의 원추 세포 민감도는 급격히 감소하게 된다. 그 상태에서 휘도 차이가 많이 나는 그늘의 흰 벽을 바라본다면 당분간은 감광 세포의 민감도가 저하된 채로 벽면의 밝기를 지각하게 되는 것이다. 결과적으로는 태양을 보던 시야각 자리에는 시커먼 점이 있는 것처럼 보이는 현상을 경험하게 된다.

빨강과 시안 간에 서로 연속 효과가 발생하며 노랑과 파랑 간에도 연속 효과가 발생한다. 가시광선 영역대에 세기가 골고루 분포된 백색에서 빨강으로 보이는 색의 분광 분포만큼을 뺀다면 그 나머지 분광 분포에 대해서는 우리가 시안으로 지각하는 것이다. 노랑과 파랑 또한 그러한 원리에 의해 서로 연속 효과를 발생시킨다. 즉 가법 혼색에서 보색 관계에 있는 색 간에 연속 효과가 발생한다.

**그림 13.6  연속 대비**

두 색을 연속해서 보는 경우에 시간적 차이에 따라 연속 효과를 경험할 수 있다. 위 그림 한가운데의 십자 표시를 20초간 응시한 후 다음 페이지로 넘겨 보라. 그때 지각되는 네 가지 색 각각은 위 그림 속 네 가지 색의 보색에 해당한다.

# 색채에 대한 감성적 반응

인간의 감성은 즉각적이고 본능적인 반응뿐만 아니라 고차원적인 사고 과정을 거친 결과, 즉 주관적 해석까지 포함하는 개념이다. 기본적으로는 그 반응이나 해석이 좋고 싫음의 형태로 구분될 때 이를 감성적 반응이라고 할 수 있다. 예를 들어, 우리는 빨간 과일을 보면 식욕을 느끼고 파란 과일을 보면 식욕이 저하되는 느낌을 경험한다. 학자들에 따르면 특정 색상과 식욕 증감의 현상은 인류의 진화 과정에 근거하므로 모든 사람에게서 나타나는 보편화된 결과라고 한다. 이 경우 식욕으로 발현되는 감성적 반응은 본능에 기초한다고 볼 수 있다. 이와는 대조적인 사례로, 프랑스의 국기를 연상케 하는 배색을 보면서 이국적 정취를 느끼고 호감을 나타낸다면 이때의 감성 반응은 고차원적인 인지 과정의 결과이다. 감성 반응이 고차원적일수록 개인의 생활 양식과 문화적인 배경, 그리고 지역과 풍토 등과 같은 개인의 특성도 직접적인 영향을 끼친다. 그래서 회고적 단계Reflective level에서 색채에 대한 정서적 반응은 개인의 상황에 따라 다르게 나타날 수 있다.

색채에 대한 감성적 반응이 중요한 이유는 색채만으로도 특정 감성이 유발되거나 심상적 이미지 표현이 가능하기 때문이다. 색채는 인간의 감성을 소통하기 위한 훌륭한 매개체로써 활용될 수 있다. 그리고 어떤 색채가 어떤 감성을 유발하는가에 대한 측면뿐만 아니라 색채를 통해 특정 심상 이미지를 구현할 수 있는가라는 측면 또한 중요하다.

**그림 13.7 연속 대비 (2)**

앞 장의 그림을 20초간 응시한 후 위 그림의 회색 사각형을 응시하면 앞 장 그림 속 네 가지 색의 보색들이 나타난다.

## 색채 감성 연구를 위한 방법

색채에 대한 감성적 반응을 연구하는 것은 기본 색이름과 감성 어휘를 연결하여 설명하는 데서부터 시작할 수 있다. 무슨 색을 좋아하느냐는 질문에 우리는 빨강, 파랑과 같이 주로 색이름으로 답한다. 색채의 세 가지 속성인 색상, 명도, 채도의 측면을 사용해서 낮은 채도, 즉 탁한 색을 좋아한다고 응답하는 경우는 거의 없다.

감성을 표현하는 데 있어서도 마찬가지이다. 지금 기분이 어떠냐는 질문에 대해서 기쁘다, 우울하다와 같이 정서 상태를 설명할 수 있는 감성 어휘로 대답을 한다. 예를 들어 빨강은 사랑 혹은 공포의 느낌을, 노랑은 질투의 느낌을, OO색은 OO느낌과 같은 매칭 방식이다. 색이름과 감성 어휘 간의 대응 방법은 설문 조사에서도 빈번히 사용된다. 방식이 간단하고 일반적 어휘로 표현되므로, 일상의 커뮤니케이션 수준으로 연구가 가능하기 때문이다. 독일의 색채 심리학자 막스 루셔[Max Lüscher]가 제안한 색이름과 감성 어휘 간의 상호 대응 관계가 대표적 사례이다[1].

### 표 13.1 루셔의 색이름을 활용한 색채와 감성의 대응

독일의 색채 심리학자 루셔는 기본 색이름과 주요 감성 어휘 간의 상호 대응을 시도하였다.

| 색이름 | 감성 어휘 |
| --- | --- |
| 빨강 | 흥분되는, 화가 나는 |
| 갈색 | 불안하지 않은, 수동적인 |
| 노랑 | 불안한 |
| 초록 | 긍정적인 |
| 파랑 | 긴장되지 않은 |
| 보라 | 신비한 |
| 회색 | 차분한 |
| 검정 | 슬픈, 공포스러운 |

---

1    Luescher, M., *Der Luescher–Test: Persoenlichkeitsbeurteilung durch Farbwahl* (Reinbek: Rowohlt, 1972).

더 분석적으로는 색채와 감성을 각각의 속성[Attribute]에 따라 구분한 후, 속성들 간의 상호 관계를 정량적으로 파악해 볼 수도 있다. 우리가 눈으로 보는 모든 색은 측정 과정을 통해 숫자로 나타낼 수 있으므로 색채에 대한 반응을 정량화할 수 있다면 색채 값과 반응 값 간의 관계를 수치로 산출할 수 있다. 다만 물체색의 세 가지 속성인 색상, 명도, 채도의 측면 중 명도와 채도는 증가와 감소의 경향성을 가지는 반면, 다양한 색상들에 대해서는 증가와 감소의 개념으로 배열하는데 한계가 있다. 예를 들면 색채의 색상적 요소는 앞 장에서 설명한 CIELAB 표색계 좌푯값인 a와 b 값을 토대로 정량화할 수 있다.

통계적 기법을 활용한 색채 감성에 대한 연구에 따르면 채도가 낮아질수록 차분한 느낌을 가지는 것으로 나타났는데, 색상보다는 명도와 채도의 변화에 따라 감성의 변화가 더 크게 나타날 수 있는 것이다. 이는 명도와 채도의 조절, 혹은 톤이 색채를 통한 감성적 표현에 더 결정적임을 시사한다[2]. 이와 같이 통계적 기법을 활용하여 색채와 감성 두 변수의 속성에 대한 관계를 정량화된 방법으로 도출할 수 있다.


## 색채를 활용한 감성 이미지 표현


심리학적 관점에서 보면 힘세 보인다던가 세련되어 보인다는 등과 같은 심상 이미지는 감성으로 간주되지 않을 것이다. 그러나 흥분된다[Excited]는 정서 어휘와 가장 밀접한 관련이 있을 법한 선명한 빨강을 활용해서 힘세 보이는 유니폼 디자인을 한다면 상당한 설득력이 있다. 감성적 측면을 기초로 하되, 색채를 통해 기질적 특성이나 심상적 특성과 같은 이미지나 스타일을 표현하는 것이 가능하다.

2　　　Suk, H. J., and Irtel, H., Emotional response to color across media, *Color Research & Application* 35(1) (2010), pp. 64~77.

특히 2개 이상의 색이 배색을 이룰 때, 나타내고자 하는 이미지나 스타일은 더욱 구체적일 수 있다. 일본의 물리학자 시게노부 고바야시 <sup>Shigenobu Kobayashi</sup>는 특정 색 혹은 배색으로 이미지 표현이 가능하다는 것을 전제로, 1980년대 초 색채 이미지 데이터베이스, 컬러 이미지 스케일 <sup>Color image scale</sup>을 발표하였다[3]. 설문이나 거리 이미지 촬영과 같은 사례를 토대로 색채와 이미지 간의 연관성을 객관화하고자 하였는데, 색채와 이미지의 매개 역할로서 스타일을 지칭하는 형용사 어휘를 활용하였다.

## 컬러 이미지 스케일

컬러 이미지 스케일은 따뜻함 <sup>Warm</sup>−차가움 <sup>Cool</sup>을 한 축으로, 부드러운 <sup>Soft</sup>−딱딱한 <sup>Hard</sup>을 두 번째 축으로, 맑은 <sup>Clear</sup>−탁한 <sup>Grayish</sup>을 세 번째 축으로 하는 3차원 공간 내에 유채색 120개와 무채색 10개로 구성된 총 130개의 색을 배치한 데이터베이스이다. 동일한 공간 내에는 우아한, 댄디한 <sup>Dandy</sup>, 귀여운 등 스타일 형용사들을 함께 배치하여 색과 스타일 형용사가 3차원 공간에서 서로 가까이 혹은 멀리 있는가를 통해 상호 군집화가 가능하다. 컬러 이미지 스케일을 활용하는 대표적인 사용자는 색을 활용해서 시각 이미지를 창작하는 디자이너이므로 실무적 측면을 고려한 우수한 사용성이 특징이다.

책으로 발간된 고바야시의 컬러 이미지 스케일은 배색과 형용사를 연계한 배색 이미지 데이터베이스로서 다수 발표되어 현재까지 디자인 실무에 참고 자료로 적극 활용되고 있다. 디자이너는 컬러 이미지 스케일과 같은 색채 데이터베이스를 활용해서 창작의 영감을 얻고, 대중의 보편적인 의견을 참고할 수 있다.

---

3 Kobayashi, S., *Color image scale* (Kodansha international, 1991).

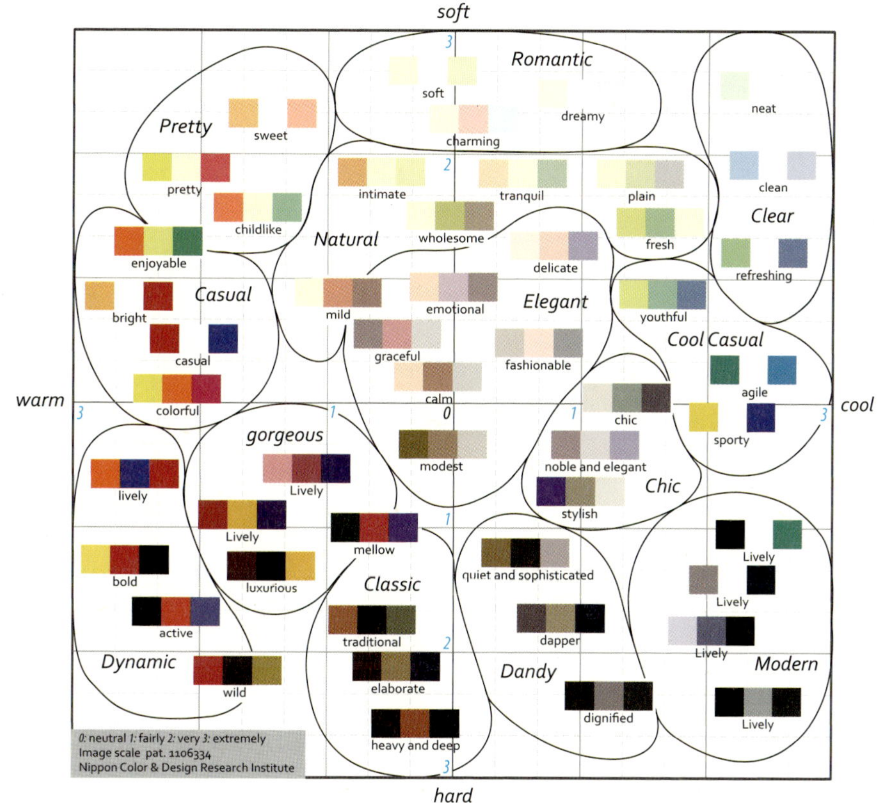



**그림 13.8 컬러 이미지 스케일**

따뜻함–차가움, 부드러운–딱딱한, 맑은–탁한을 세 축으로 하는 3차원 공간 내에 단일색 혹은 배색(좌측 사례)을 형용사 어휘들과 함께 배치한 데이터베이스이다. 디자이너는 이 같은 색채 데이터베이스를 활용해서 창작의 영감을 얻고, 대중의 보편적인 의견을 참고할 수 있다.

## 색채를 매개로 한 공감각적 현상

색채는 시각적 자극이지만 청각, 미각, 촉각, 후각과 같은 다른 감각들 또한 자극하는 특성이 있다. 이러한 감각 채널 간의 교류 현상은 공감각<sup>Synaesthesia</sup> 현상과도 유사하다. 공감각은 자극을 받은 하나의 감각이 다른 감각에 적용되어 지각되는 현상으로, 문자를 볼 때 각 문자에 따라 색이 지각되는 현상이 대표적이다. 그런데, 색채를 보면서도 음악의 느낌을 극대화하거나 식욕을 느끼는 등 다른 감각 차원에서의 효과를 기대할 수 있다. 따라서 색채가 지닌 공감각적 특성을 잘 활용한다면 다른 감각 차원의 정보를 보다 강도 높게 전달할 수 있는 것이다. 다만 색채를 통한 공감각적 현상은 우리 몸의 반응 체계에 근거하는 것이 아니라 개인적 경험의 축적에 의해 발생하는 것이다. 예를 들어 빨간 고추에서 매운맛을 주로 경험한 한국인과 노란 겨자를 맛보면서 매운맛을 경험한 프랑스인은 서로 다른 색으로부터 매운맛을 연상하게 될 것이다.

시각과 청각 간의 관계를 연계하려는 시도는 뉴턴 시절로 거슬러 올라간다. 그는 일곱 음계에 일곱 색이름을 연계하여 색채와 소리의 조화론을 설명한 바 있다. 도, 레, 미, 파, 솔, 라, 시를 빨강, 주황, 노랑, 초록, 파랑, 남색 그리고 보라에 대응한 것이다. 1940년대 뉴욕 맨해튼 Manhattan 에서 활동한 화가 피에트 몬드리안 Piet Mondrian 은 당시 유행하던 음악인 부기우기 Boogie woogie 스타일과 맨해튼 지역의 도시 계획 형상을 본인의 화법에 적용시켜 회화 작품에 반영하기도 하였다. 그의 그림 「브로드웨이 부기우기 Broadway Boogie Woogie 」에 표현된 작은 빨강, 노랑, 파랑 사각형들의 배열은 부기 음악의 경쾌함을 연상케 한다.

이렇듯 색채와 음악 간의 관계에 대한 중요성과 흥미성은 인정을 받고 있으나, 색채와 음악을 일치시키기 위한 여러 시도에서 일관된 통일성을 찾아보기는 힘들다. 현재까지 색채와 소리 간 연관성을 설명하는 공통의 이론이 부족하여 학술적 신뢰성은 낮은 편이다.

## 색채의 연상 및 상징 효과

색채가 우리의 정서를 자극하는 이유에 대해서 빨간색이 피를 연상하게 하고 두려움을 느끼게 만드는 경우처럼 색채를 통한 연상 과정에 의한 결과로 볼 수도 있다. 그러나 빨간색으로부터 붉은 장미를 연상하고 뜨거운 사랑의 감정을 느끼는 사람도 존재하듯이 색채에 대한 감성 반응은 개인의 경험과 문화적 환경에 의존적이다.

또한 각 나라의 국기를 살펴보면 색채를 통한 연상 작용이 나라나 문화권별로 어떻게 다르게 나타나는가를 쉽게 알 수 있다. 이슬람 문화권에서는 초록을 오아시스로 연상하며 이는 신성한 땅이라는 상징으로 이어진다. 그래서 이슬람 문화권의 국기에서 초록색이 공통적으로 활용되고 있는 것이다. 이렇듯 특정 개념이나 문화적 요소를 연상하는 것을 기억해야 할 정보로 간주한다면, 색채는 아주 효율적인 매개체이다.

배색을 통한 메시지 전달은 단일색인 경우보다 더 구체적일 수 있는데 상당수의 유럽 국가들의 국기가 대표적인 사례이다. 이 밖에 스포츠 분야에서도 선수가 소속된 팀을 상징하는 색채 전략에 활용되고 있다. 이는 관람자가 쉽게 경기를 관전할 수 있을 뿐만 아니라 각 팀의 지역 또는 소속된 기업의 이미지를 연상할 수 있도록 도와준다. 예를 들어 프로 축구와 야구팀의 색채는 팀원뿐 아니라 응원단과의 유대감을 형성시킴으로써 지역 사회, 문화의 정체성을 발전시키는 중요한 역할을 한다.

**표 13.2 색채의 연상 효과**
개인의 경험과 문화적 환경에 따라 다양한 물체와 이미지가 연상된다. 아래 표는 빨강의 사례이다.

| 사랑 | 성적 흥분 | 분노 | 격앙 | 에너지 | 피 |
|---|---|---|---|---|---|
| 위험 | 불 | 열 | 따뜻함 | 입술 | 열정 |
| 장미 | 양귀비 | 꽃 | 체리 | 와인 | 입 |
| 심장 | 공산주의 | 금지 | 소방차 | 신호등 | 유혹 |
| 해파리 | 화성 | 오리온 | 토마토 | | |

a. 무채색으로 보이는 양복 옷감을 자세히 들여다보면 여러 가지 색실로 직조되어 있는 경우가 많다. 여러 가지 색실을 사용할 경우 어떠한 이점이 있는 것일까?

b. 임의의 정서 어휘나 심상 어휘를 떠올린 후, 그 어휘와 관련이 있는 정도에 따라 색들을 배열한다고 가정해 보자. 어떠한 규칙성이 존재하는가? 색의 속성을 색상, 명도, 채도 정보로 구분하여 규칙성을 정량화해 보자.

c. 회색을 정의해 보자.

# 14장

# 색채 디자인과 색채 마케팅

색채는 모양이나 문자로 표현되지 않더라도 그 자체로서 인간의 감성적인 반응을 유발할 수 있다. 그리고 우리에게는 비슷한 색채들을 그룹화하려는 인지적 경향이 있고, 본능적으로 특정 색채를 특정한 사물이나 상황과 연관지으려고 하는 심리적인 태도를 보인다. 특별한 의미를 부여한 색을 우리는 기억 속에 오래 남겨 두려고 한다. 이러한 색채의 고유한 특징으로 인하여 색채는 디자인과 마케팅의 중요한 도구가 될 수 있다.

## 색채와 디자인 경쟁력

과거 디자인은 패턴이나 모양을 다루는 포장 Package의 역할로 한정되기도 했으나 창의성이 경쟁력인 21세기에 디자인은 모든 유형의 제품과 서비스 개발을 위한 시작이자 중심이다. 디자인의 장식적 기능이 사라진 것이 아니라, 디자인의 범주가 다양한 산업의 영역으로 확장되고 디자인을 하기 위한 역량이 심화되었음을 뜻한다. 대신 디자인 분야에서도 산업의 세분화와 함께 전문성이 요구되고 있다. 새로운 산업의 등장은 곧 새로운 역할을 담당하게 될 디자이너의 수요 창출과 맥락을 같이하기 때문이다. 따라서 색채 디자이너의 역할과 업무도 디자인 산업의 변화를 토대로 파악할 수 있다.

디자인의 역할이 장식적 기술에 한정되었던 과거 시대에 색채 디자인은 동일한 패턴이나 형상에 서로 다른 색채를 적용하였을 때 스타일이 어떻게 다르게 나타나는지를 탐색했다고 볼 수 있다. 그러나 디자인이 신제품 개발에 동기를 부여하고 전략적 도구로 활용되는 현재는 무슨 색채를 어떻게 적용할 것인가에 대해서도 전략적 접근이 필요하다.

최근 디자인의 분야가 제품과의 상호 작용이나 사람의 행위를 기반으로 한 서비스와 같은 비시각적인 Invisible 분야에까지 확산되고 있기는 하지만 이는 디자인을 경험하는 감각의 경로가 바뀌는 것은 아니다. 오히려 시각을 중심으로 다양한 감각 기관을 통한 총체적 경험이 풍부해지는 것이라 할 수 있다. 따라서 시각 자극의 대표적인 형태인 색채는 성공적인 디자인을 위한 중요한 도구이며 디자인 전 분야에 걸쳐 그 역할이 늘 강조되고 있다.

자연스러운 현상이겠으나, 디자인과 관련된 업무들이 확대되고 디자이너의 역할도 세분화되고 다각화되는 이면에는 디자인 혹은 디자이너라는 행위 및 직업이 전문 활동이나 직업으로서가 아니라, 예쁘게 꾸미는 작업이나 직업을 미화하기 위한 접미사로 유행처럼 사용되는 현실이 있다. 그래서 디자인 분야별로 색채의 역할과 특징을 살펴봄에 있어, 전문적인 활동으로서의 디자인으로 그 범위를 명확히 하고자 한다. 이러한 맥락에서 디자인의 범위는 각 분야에서 다루는 대상의 특성에 따라 산업 디자인 Industrial design, 시각 디자인 Visual communication design, 환경 디자인 Environmental design 등과 같이 대표적인 세 분야로 구분하는 것이 일반적이다.

## 산업 디자인과 색채

산업 디자인은 일상생활에서 사용하는 가정용품, 상업·서비스 용품, 기계류, 자동차 운송 설비 등 다양한 제품을 디자인하는 분야로, 제품 디자인이나 공업 디자인이라고도 한다[1]. 산업 제품의 색채는 제품 고유의 특징을 부각할 수 있으

---

[1]  정경원, 『정경원의 디자인경영 이야기』(브랜드아큐맨, 2010), p. 38.

**사진 14.1  현대자동차에서 출시되는 다양한 자동차 모델**

2012년 하반기 기준 현대자동차 홈페이지에 소개된 다양한 자동차 모델들의 색채 팔레트 구성을 살펴보면 젊은 라이프스타일을 겨냥한 경우 발랄하고 활동적인 이미지를 부각할 수 있는 채도가 높은 색채들이 주로 사용되고 있는 반면, 안정적이고 성숙한 라이프스타일을 겨냥한 경우에는 채도가 낮은 색채들이 적용되고 있음을 관찰할 수 있다.

며 제품에 대한 소비자의 기호를 충족시키는 데 결정적인 역할을 할 수 있다. 그래서 제품이 가지는 이미지와 제품에 적용된 색 혹은 배색이 표현하는 이미지가 일관될 수 있도록 전략을 수립하는 것이 일반적이다. 예를 들어, 스포츠카의 경우 선명한 빨강이나 노랑과 같은 채도가 높은 색이 적용된 경우가 많은데 스포츠카의 힘찬 이미지를 고채도 색을 통해 더욱 강조할 수 있기 때문이다. 개성 강한 페라리Ferrari 스포츠카 하면 선명한 빨강이 쉽게 떠오른다. 현대자동차의 최고급 모델인 에쿠스Equus 자동차는 중량감과 보수적 성향이 느껴지는 검정이 대표적이다. 하나의 자동차 제조업체에서 자동차 모델별 색채 팔레트Color palette를 구성할 때 각 모델별 조형적 특성 및 예상 소비자들의 라이프스타일과의 조화로운 매치를 염두에 두는 것은 너무나도 당연한 것이다. 제품 디자인에 있어서 색채의 역할은 해당 제품이 추구하는 이미지를 더욱 부각시키는 것이 최우선이다. 13장에서 살펴보았던 고바야시의 컬러 이미지 스케일과 같이 특정 색 혹은 특정 배색이 전달하는 심상적 이미지에 대한 데이터베이스가 디자인 실무에 중요한 이유가 바로 여기에 있다.

한편 색채가 주는 매력으로 인하여 제품을 선택하게 되는 경우도 발생할 수 있다. 여성 소비자들이 분홍-자주 계열 제품에 보이는 선호도가 대표적 현상이

**사진 14.2 핑크 마티즈 승용차**
GM 대우가 성공을 거둔 색채 전략 사례로 분홍 계열에 대한 여성 소비자들의 선호를 반영한 과감한 시도였다.

다. 색 표본을 대상으로 분홍이나 자주색 영역의 색을 선호색으로 응답하는 여성 소비자들의 경우 색이 적용된 대상에 관계없이 이 계열 색상의 제품을 일관되게 선호하는 경향이 있다. 그러나 일반적으로는 단순히 선호색이 무엇인가에 대한 결과가 그 선호색이 적용된 대상에 대한 선호도로 이어지지는 않는다. 즉 선명한 파란색을 선호한다고 해서 선명한 파란색의 자동차를 구매하지는 않는다는 주장이다. 이 같은 주장을 근거로 2010년 GM 대우에서 분홍 계열의 마티즈 Matiz를 계획할 당시 상당한 우려가 있었다. 그러나 분홍색 마티즈는 모나코 핑크 Monaco pink라는 색이름으로 출시되었고, 계약률이 약 20%에 달하며 가장 인기 높은 색으로 인정받았다. 핑크 마티즈가 성공을 거둔 지 수년이 지난 지금 국내 판매되고 있는 대부분의 소형차 모델들의 색채 팔레트 구성을 살펴보면 분홍 계열이 다수 포함되어 있다. 분홍, 자주 계열을 선호하는 여성 소비자들의 제품색 선호 사례에서 살펴보았듯이 제품의 색채는 제품의 구매를 자극하는 직접적인 동기가 되기도 한다.

## 시각 디자인과 색채

시각 디자인은 기업의 활동과 신제품 개발 소식 등을 대중에게 널리 알리려는 분야이다. 포스터나 전단 등 인쇄된 광고물, 텔레비전 광고, 포장, 책, 잡지 등과 같은 매체를 통한 시각적 정보의 소통은 물론 심벌마크<sup>Symbol mark</sup>나 캐릭터<sup>Character</sup> 등 아이덴티티<sup>Identity</sup> 형성을 위한 요소들을 만드는 작업 등을 포함한다[2]. 인터넷 웹 사이트, 스마트폰 인터페이스 등에 이르기까지 미디어의 발전과 함께 시각 디자인의 영역은 빠른 속도로 팽창하고 있다.

광범위한 시각 디자인의 분야에서 색채 디자인은 유채색들 간의 컬러풀한 배색만을 지칭하는 것은 아니다. 하얀 바탕에 검정 글자로 편집된 화면과 같이 색을 선택하고 적용하는 모든 경우를 총칭한다. 색채는 시지각 자극의 대표적 요소로서 시각물의 색채를 디자인한 그 결과가 그대로 시각 디자인이라고도 간주할 수 있다.

색채의 역할은 때로는 빠른 주목을 유도하기 위한 것일 수도 있으며(예: 광고 포스터) 또 때로는 읽기에 편한 표현을 도와주기 위한 것일 수도 있는 것이다(예: 신문 편집 디자인). 유사한 색끼리 군집화하는 지각적 특성을 이용한다면 색채는 정보 디자인<sup>Information design</sup>의 핵심적 요소이자 정보를 효과적으로 전달하기 위한 전략이 될 수 있다. 복잡하게 얽힌 서울의 지하철 노선도를 흑백 이미지로 만들어 보면 가독성<sup>Readability</sup>이 매우 떨어진다. 노선을 바꾸어 승차하는 과정에서도 해당 노선의 색을 활용해서 승객들을 안내하는 것이 문자나 도형에 비해서 가시성<sup>Ledgibility</sup>이 뛰어나고 사용자 측면에서도 문자에 대한 지식이 없이도 직관적으로 인지할 수 있다. 그래서 버스 노선을 설명하거나 공항 내 목표지를 안내하기 위한 길찾기<sup>Way finding</sup> 디자인에서 색을 어떻게 계획하는가는 매우 중요하다. 또한 색각 이상자의 관점에서도 정보 구분에 적용한 색들 간의 차이가 충분한지를 반드시 검토해야 할 것이다.

---

2        정경원. (2010). p. 40.

한편 디스플레이 기술이 발전하고 스마트폰과 같은 미디어 제품이 보편화됨에 따라 디지털 콘텐츠의 색에 대한 지식도 중요성을 더해 가고 있다. 그래픽 소프트웨어를 사용하면서부터 모니터에 구현되는 색과 출력된 색 간의 차이를 최소화하고자 하는 노력이 가속화되었다. 디자이너는 소프트웨어를 사용하는 디자인 과정에서 이미 출력될 색을 염두에 두고 모니터 상에서 R, G, B 값을 지정할 수 있다. 디지털 카메라, 컴퓨터 모니터, 프린터, 프로젝터 등 미디어의 종류가 더욱 다양해지면서 미디어Media에 따른 색의 변화를 이해하고 이를 최소화하기 위해 디자이너는 색채 관리Color management를 위한 기술을 학습할 필요가 있다.

디스플레이 기술도 과거에 RGB 빔을 사용했던 CRT 방식의 모니터에서 백 라이트 유닛을 사용하는 평판 모니터로 발전하게 되었다. 5장에서 살펴보았듯이 평판 디스플레이 기술도 PDP, LCD, LED, OLED 등으로 발전을 거듭해 오면서 디스플레이에서 구현되는 색역은 더 넓어지고 그에 따라 더 선명한 색채를 보고, 또 구현하는 것이 가능해졌다. 이러한 기술 환경의 변화와 특징을 이해하는 시각 디자이너는 더 많은 창작의 기회를 가지게 될 것이며 더 매력적인 디자인 결과물을 만들어 낼 수 있다.

## 환경 디자인과 색채

환경 디자인은 주생활의 질적 수준을 좌우한다. 집은 물론 도시나 지역 사회 등과 같이 열린 공간과 시설물을 디자인하는 분야이다[3]. 산업 디자인과 시각 디자인이 단품에 초점을 맞춘다면 환경 디자인은 환경 색채 계획과 같은 거시적인 관점에서 신행되는 깃이 특징이다. 만야 복잡한 도심을 구성하는 모든 공공시설물이 저마다의 스타일을 추구한다면 우리는 불필요한 시각적 피로감을 느낄 것

---

3        정경원. (2010). p. 42.

이다. 반면 공공시설물들이 일관성 있게 디자인되었을 경우 불필요한 시각 스트레스를 최소화하면서 중요한 정보를 차별화하여 지각할 수 있으므로 환경 디자인의 관점에서 보자면 매우 바람직하다.

환경 디자인의 일관성을 효율적으로 유지하기 위해서는 색채에 대한 관리가 필수적이다. 색채 관리만으로도 환경 디자인의 상당 부분은 완성되었다고도 볼 수 있다. 그래서 인공 조형물 속에서 일상을 보내는 현대인들을 위해서는 시각적으로는 편안하고 쾌적한 느낌을 조성할 수 있는 환경 색채 계획이 필요하다. 동시에 도시 나름대로의 개성과 의미를 부여할 수 있는 측면도 강조되어야 한다. 특정 지역의 환경 디자인을 위한 색채 팔레트를 구성하는 과정에서 지역색<sup>Endemic color</sup>의 개념이 적용될 수 있다.

지역색은 일조량과 기후, 습도, 흙과 같이 한 지역의 자연환경적 요소에 의해 특징적으로 형성된 풍토색뿐만 아니라 그 지역의 정체성을 대변하는 색채를 의미한다. 지역의 인공 구조물, 전통, 생활 습관, 그리고 선호색과 같은 무형적 문화까지도 반영할 수 있어야 한다. 그래서 지역색은 도시, 지방, 국가의 특성과 이미지를 부각시키는 중요한 역할을 할 수 있다. 프랑스의 색채 디자이너인 장 필립 랑클로<sup>Jean Philippe Lenclos</sup>는 아내와 함께 수십 년간 세계 곳곳을 여행하며 각 지역마다 건축물에 사용되는 지역색에 대한 방대한 연구를 진행한 것으로 잘 알려져 있다. 랑클로 부부는 그들의 저서를 통해 모든 도시와 마을 각각이 갖고 있는 그 지역만의 개성을 소개한 바 있다[4].

2008년 서울시에서 발표한 서울색<sup>Seoul colors</sup>은 환경 디자인을 위한 지역색 추출과

---

4     Lenclos, D., Lenclos, J. P., and Bruhn, G., *Colors of the World: A Geography of Color* (NY: Norton & Company, 2004).

활용의 매우 성공적인 사례로 평가받고 있다. 서울시는 도시 고유의 독특한 매력과 브랜드 가치를 높여 가기 위해 서울의 정체성이 담긴 색채 팔레트를 개발하였다. 서울색 선정 과정에 대한 자료에 따르면 자연환경과 인공 환경, 그리고 시민의 색채 선호도나 식품, 전통문화 아이템, 오방색 등과 같은 인문 환경적 측면이 모두 고려되었다. 예를 들어 꽃담황토색의 경우 경복궁 꽃담을 연상케 하는 색채로 500년 전통의 수도 서울이 갖고 있는 단아함과 온화함, 그리고 비옥함 등을 상징하고 있다.

서울시는 2009년부터 꽃담황토색을 서울 시내에서 운행 중인 해치 택시에 적용함으로써 색채 계획을 환경 디자인에 접목시켜 왔다. 미국 뉴욕이라 하면 옐로 캡 Yellow cap을 떠올리듯이 꽃담황토색이 적용된 서울의 해치 택시도 대한민국 서울을 상징하는 이미지로 자리를 잡고 있다. 서울색의 성공에 이어 부산과 대전


2008년 서울시에서 발표한 서울색의 사례. 서울시는 도시 고유의 독특한 매력과 브랜드 가치를 높여 가기 위하여 서울의 정체성이 담긴 색채 팔레트를 개발하였다.

등 지방의 각 도시에서도 환경 색채 계획을 위한 색채 팔레트를 구성하고 공공 시설물에 활용할 수 있는 가이드를 제시함으로써 환경 디자인의 효율성과 완성도를 높이고 있다.

## 색채 표본 추출과 응용

살펴본 바와 같이 디자인 산업도 분야가 세분화되어 작업 과정의 단계는 분야별로 차이가 있을 수 있다. 그러나 디자인에 활용할 색채를 전략적으로 선정하는 과정은 디자인 전 분야에 걸쳐 공통적으로 활용된다. 소비자의 라이프스타일을 시각적으로 관찰하고 상대적으로 더 중요한 역할을 담당하는 색들을 구분해 내고 추출하여 팔레트를 구성하는 작업은 모든 디자인 분야에서 중요한 과정으로 간주된다. 이는 현재의 트렌드를 파악하고, 미래의 트렌드를 예측하는 한 방법이기 때문이다.

이미지 자료에서 중요한 역할을 하는 색들을 추출하는 과정에서 디자이너의 주관적 해석이 반드시 필요하다. 포토샵의 모자이크 Mosaic 기능과 같은 그래픽 소프트웨어를 활용하면 관찰하고자 하는 디지털 이미지 영역 내 R, G, B 값의 산술 평균값 <sup>Arithmetic mean value</sup>을 계산하여, 그에 해당하는 색을 산출할 수 있다. 문제는 이미지 자료에서 중요한 역할을 하는 색은 그 양적 비중에 비례한다기보다는 관찰자의 주관적 판단에 따른 선택이라는 점이다. 실제 색채 디자인 실무에서는 방대한 양의 이미지 자료를 대상으로 색을 추출하므로 소프트웨어를 이용한 정량적 표본 추출과 주관적 해석에 기반한 정성적 표본 추출을 병행한다.

색채 팔레트를 구성한 후, 이를 디자인 대상에 적용하는 과정에서도 비율적 전략이 필요하다. 이는 주조색, 보조색, 강조색 등의 규칙으로 설명될 수 있는데, 주조색은 전체 색채의 70% 이상을 차지하여 전체의 느낌을 전달할 수 있는 색으로서 전체 색채 효과를 만들어 낸다. 보조색은 주조색 다음으로 넓은 면적에 할당되는 색이며 색채 면적의 20% 정도를 차지하는 색이다. 마지막으로 강조색은 색채 디자인을 하는 대상에 포인트를 주어 주목성을 유도하고 전체 이미지에 리듬감을 줄 수 있다. 전체 색채 면적의 10% 이하를 차지하도록 응용하는


가운데 사진을 왼쪽 이미지와 같이 모자이크 형태로 구성할 수 있다. 그러나 R, G, B 값의 산술 평균값에 의한 모자이크에서는 원래 이미지가 표현하였던 탐스럽고 고상한 목련꽃과 나무의 느낌을 찾아보기 힘들다. 오히려 오른쪽과 같이 주관적인 해석을 통한 색의 추출이 본래의 취지, 즉 주어진 이미지를 대변하는 색 구성이라는 의도를 더 성공적으로 달성했다고 볼 수 있다.

**사진 14.6  기와진회색을 주조색으로 활용한 서울시 버스 정류장과 구두 수선집**
서울색 10 중 '기와진회색'은 서울시 도로변의 버스 정류장, 구두 수선집, 길 안내 표지판, 가로 판매대의 주조색으로 활용되고 있다. 환경 디자인의 경우, 주조색으로서 저채도의 색을 사용함으로써 전체적으로 차분한 이미지를 형성할 수 있다.

것이 바람직하다. 앞서 소개한 서울색 10 중 '기와진회색'은 서울시 도로변의 버스 정류장, 길 안내 표지판, 가로 판매대의 주조색으로 활용되고 있다. 환경 디자인의 경우, 주조색으로서 저채도의 색을 사용함으로써 전체적으로 차분한 이미지를 형성할 수 있다.

## 색채 디자인의 기능적 측면

베이커–밀러 핑크 Baker-Miller Pink 혹은 샤우스 핑크 Schauss Pink 라 불리우는 분홍색이 있다. 이 분홍색을 보면 행동이 차분해진다는 알렉산더 샤우스 Alexander Schauss 의 임상 실험 결과를 토대로 범죄자 수용소의 내부벽을 새롭게 도색한 후, 수용소 생활자들의 변화를 관찰한 결과 대체로 차분해지는 양상이 나타났다는 연구 결과가 있다[5]. 이 특수한 분홍색에 대한 효과는 비록 단기간에 그친다는 한계점은 있으나, 색의 기능성을 검증한 대표적인 사례이다. 베이커-밀러의 사례와 같은 단편적 근거 이외에도 색채 전반에 걸쳐 기능적 측면을 관찰할 수 있으며, 색의 기능적 역할에 대해서는 20세기 초 파버 비렌Faber Birren의 색채 심리에 대한 연구 결과가 그 시초이다[6]. 비렌의 연구를 시작으로 지금까지도 색채의 기능적 역할은 일상과 산업 현장에 적극 활용되고 있다.

우선 색채 전반에 걸쳐 살펴보면, 빨강, 주황, 노랑과 같은 따뜻한 느낌을 주는 색은 파랑과 같이 차가운 느낌을 주는 색에 비해서 앞으로 진출한 것과 같은 착시를 일으킨다. 그리고 채도가 높은 색은 채도가 낮은 색에 비해서 눈에도 잘 띄며 기억에도 오래 남는다. 또한 명도가 높은 색은 명도가 낮은 색에 비해서 가벼워 보이거나 확대되어 보인다. 배색에 의한 대비 효과에서도 살펴보았듯이 보색 간의 대비는 강한 주목의 효과를 유도할 수 있다. 이렇듯 색의 세 가지 속성이나 색의 대비에 따른 심리적 효과를 이용하여 정보 디자인의 기능적 측면을 향상시킬 수 있다.

전 세계적으로 경고의 메세지를 전달하는 데는 선명한 빨간색이 사용되는데, 이는 빨간색이 멀리서도 잘 보이는 효과를 이용한 것이며 빨간색으로 표기된 경고 문구를 반복적으로 경험함으로써 우리는 빨강으로 표기된 정보에 대한 경각심을 더욱 굳건히 가지게 된다.

한국 산업 규격(KS A ISO 3864-1, 3864-2, 3864-3)에는 안선을 위하여 특정

---

5    Schauss, A.G. Tranquilizing effect of color reduces aggressive behavior and potential violence. *Journal of Orthomolecular Psychiatry*, 8(4) (1979), pp. 218~221.

6    Birren, F., *Selling with color* (NY: McGraw-Hill book company, 1945).

색을 지정하고 있는데, 빨강은 방화 · 정지 · 금지에 대해 표시하고 빨간색을 돋보이게 하는 색으로서 하양을 사용하도록 권장하고 있다. 실제로 금지 사항을 표시하는 교통 표지판은 빨강과 하양의 조합으로 구성되어 있다. 주황은 위험을 경고하는 목적으로, 노랑은 주의, 초록은 안전 · 진행 · 구급 · 구호, 파랑은 조심, 보라는 방사능, 하양은 통로 · 정리, 또한 검정은 보라 · 노랑 · 하양을 돋보이게 하기 위한 보조로 사용하는 것을 제안하고 있다. 한편, 노랑과 검정 배색은 독극물을 표현할 때 사용되는데, 뉴욕의 옐로 캡 택시에 적용된 패턴으로도 연상될 수 있다. 이처럼 색채의 기능성은 단순히 시지각적 특징에만 의존하는 것이 아니며 사회 문화적으로 반복될 때 비로소 통용될 수 있다.

이와 더불어 색이 특정 기능을 담당하는 경우 시각적 약자에 대한 배려가 반드시 고려되어야 한다. 신체 및 정신적 약자의 상황을 고려하여 모든 사람이 이해하고 사용할 수 있도록 디자인되어야 한다는 취지로서 유니버설 디자인 Universal design 분야가 대두되었고, 이는 색채를 선정하고 적용함에 있어서도 예외일 수 없다. 유니버설 디자인은 인클루시브 디자인 Inclusive design 이라고도 하며 신체적 장애가 있는 사용자의 한계치를 고려한 디자인을 지칭한다. 이는 색채 디자인에서도 간과되어서는 안 되는 측면으로 컬러 유니버설 디자인 Color universal design, CUD 개념으로 자리 잡아 가고 있다. 컬러 유니버설 디자인의 궁극적인 지향점은 시지각 장애가 있는 사용자를 배려하여 색채를 디자인하자는 데 있다.

일본에서는 2003년 일본 컬러 유니버설 디자인 협회를 설립하여 공공시설물, 간행물, 웹 사이트 등 디자인 분야 전반에 걸쳐 색각 이상자나 녹내장, 백내장 등의 질환으로 색 구분이 힘든 사람들의 한계치를 고려하였는가를 평가한 후, 개선점을 제안하는 등 사회의 의식 개혁을 위한 활동을 꾸준히 하고 있다. 또한 다양한 조명 조건에서 어떠한 색각 이상자라도 구분하기 쉬운 배색을 선택하라는 원칙, 그리고 색상의 명칭을 사용한 커뮤니케이션이 가능하도록 한 원칙 등 시지각 약자뿐만 아니라 정상 시각자들도 색채 정보를 쉽고 정확하게 인지할 수 있도록 원칙을 설정하고 있다.


## 마케팅 요소로서 색채


우리는 시각 정보를 단순화해 중요한 정보에만 집중하여 인지 과정의 효율을 극대화하려는 경향이 있다. 그래서 기업의 이미지를 일관성 있게 전달하기 위해서는 특정 색채를 반복적으로 사용하는 것이 효과적이다.


코카 콜라Coca-Cola의 빨강-하양 배색은 성공적인 색채 전략의 대표적인 사례이다. 지금은 전 세계 모든 이들에게 친숙한 산타클로스 할아버지의 빨강 외투와 하양 털 장식은 1931년 코카 콜라의 광고를 위해 제작된 특별 의상에서 시작되었다. 약 100년이 지난 지금 빨강-하양 의상을 입고 한 손에 코카 콜라를 들고 있는 산타클로스의 모습에 우리는 매우 친숙하다. 그런데 콜라를 생산하는 경쟁 브랜드 입장에서는 코카 콜라가 만들어 온 **콜라=빨강**이라는 등식이 부담스럽지 않을 수 없다.

지난 중국 베이징 올림픽의 공식 후원 업체였던 펩시 콜라Pepsi cola가 그들의 아이덴티티 색인 파랑을 의도적으로 배제하고, 오히려 빨강을 위주로 패키지를 디자인하여 중국 시장을 겨냥한 바 있다. 이는 콜라 브랜드에 아직 익숙하지 않았던 중국의 지방 소비자들을 대상으로 빨강=(어떤 유명 브랜드의)콜라라는 관념을 이용한 사례이다.

색채 컨셉트를 일관성 있게 사용하여 인지도 향상에 활용해 온 사례는 비단 기업의 상업적 목적에만 한정되지 않는다. 우리 주변을 둘러보면 빨간 우체통과 같은 공공시설이나 정당과 같은 사회 집단의 정체성을 대표하는 목적으로도 적극적으로 활용되고 있다.

그렇다면 성공적인 마케팅을 위한 색채는 어떻게 선택해야 하는 것일까? 어떤 색을 보거나 떠올릴 때 이미 즉각적으로 특정 감성이 유발된다. 색채에 대한 좋고 싫음, 즉 기호색과 기피색에 대해 살펴보도록 하자.

## 선호색과 기피색

### 선호색

연령에 따른 색채 선호 현상도 주목할 만한 측면이다. 생후 6개월이 지난 유아는 원색<sup>Primary color</sup>을 구별할 수 있으며, 대체적으로 빨강과 노랑 같은 난색 계열을 좋아한다. 그러나 성장함에 따라 파랑과 같은 한색 계열에 선호도가 높게 나타나는 경향이 있으며, 점차 나이가 들면 다시 난색 계열을 선호하게 된다. 이는 노안의 대표적인 문제점인 단파장 영역의 색채를 인지하기 힘든 현상과 무관하지 않다.

문화적 요인 또한 선호색에 영향을 크게 미칠 수 있다. 예를 들어 이슬람 문화권에서는 초록을 오아시스로 연상하며, 이는 신성한 땅이라는 상징으로 이어진다. 이슬람 문화권의 국기에서 초록색이 공통적으로 활용된 이유에 해당한다. 이렇듯 선호색 연구는 문화권, 성별, 연령 등 개인적 특성에 따른 차이에 주의해야 한다.

또한 하얀색에 대한 한국인 소비자들의 선호도는 눈여겨볼 만하다. 특히, 최근

**그림 14.7  이슬람 문화권 국가의 국기색**

이슬람 문화권에서는 초록을 오아시스로 연상하며, 이는 신성한 땅이라는 상징으로 이어진다. 이런 이유로 이슬람 문화권의 국기에서는 초록색이 공통적으로 활용되고 있다.

판매된 자동차들의 색채 분포를 살펴보면 한국의 경우 약 40%를 하얀색이 차지하고 있다. 일본 자동차 시장에서도 하얀색에 대한 높은 충성도를 관찰할 수 있다. 일본에서는 승용차나 미니밴, 혹은 스포츠 실용차<sup>Sports utility vehicle, SUV</sup>나 트럭 등 일반 판매용 차량에서 하얀색의 비중이 절반 이상을 차지하고 있다. 자동차 제조사들이 국제 자동차 박람회에서 컨셉트카<sup>Concept car</sup>나 슈퍼카<sup>Super car</sup>를 소개할 때 선명한 색상을 적용하는 것이 일반적인 데 반하여 일본의 자동차 제조사들은 이 역시 하얀색을 빈번히 적용하고 있다. 영국의 경우 빨간색 자동차의 비율이 가장 높다는 현상과 비교하면 흥미로운 현상이다. 하얀색 제품에 대한 한국인의 선호도는 비단 자동차뿐만이 아니라 전자 제품, 의류, 인테리어 등 거의 대부분의 디자인 영역에 걸쳐 관찰된다.

## 기피색

선호색과 기피색은 개인의 기호와 밀접한 관련이 있다. 그렇지만 선호색의 경우와 마찬가지로, 한 개인이 기피하는 색을 결정하는 과정에서도 문화적인 영향을 크게 받는다. 예를 들어 서유럽 문화권에서 성인 남자들을 대상으로 선호색에 대한 조사를 진행해 보면 분홍이나 보라 계열에 대한 응답을 찾기는 매우 힘들다. 무지개 색이나 분홍색, 그리고 보라색 등은 동성애자(특히 남성 동성애자)를 상징하는 배색과 색상이라고 사회적으로 각인되어 있기 때문이다. 남이 나를 어떻게 판단할까에 대한 심리적 작용인 사회적 기대치Social desirability에 의한 영향이 색에 대한 기호를 표현하는 데도 반영이 된다는 것을 알 수 있다.

심리학자들에 따르면 인간은 긍정보다는 부정에 대해 더 정확하고 신뢰성 있게 반응한다고 한다. 이는 공포와 위험, 경계 등으로부터 육체적으로나 심리적으로 도피를 해야만 건강히 살아남을 수 있기 때문이라고 알려져 있다. 긍정보다는 부정적인 반응을 더욱 정확하게 표현하도록 진화되어 왔기 때문에 즐거워해야 할 순간은 간과해도 생존에 문제가 없지만, 화를 내거나 무서워해야 할 일은 놓치지 않는다는 것이다. 이러한 진화론적인 관점에서 색채에 대한 반응에 적용해 보면, 기피색을 사용함으로써 야기될 수 있는 부정적인 효과는 비켜 가기가 더욱 힘드리라 예상된다.

특히 생존과 밀접한 음식의 색에 있어서 기피 현상은 매우 두드러지게 나타난다. 우리가 파란색 계열의 음식에 식욕을 덜 느끼거나 역겹게 느끼는 이유는 파란색이 도드라진 음식은 주로 상한 것이라는 경험이 축적된 결과이다. 그렇다면 성인에 비해서 축적된 경험의 양이 상대적으로 적은 어린아이들의 반응은 어떨까?

### 역발상적인 색

보라색 케첩, 검정색 치약, 검정색 휴지…… 어떤가? 신선하다고 혹은 어색하다고 느낄 수도 있다. 이렇듯 기존에 전혀 상상조차 하지 않았던 새로운 색을 적용하여 소비자로 하여금 신기함과 재미를 유발한 사례들이 적지 않다. 특정 제품

에 전형적으로 사용되어 온 색과 과감하게 차별이 되는 색을 적용함으로써 일부 보수적인 태도를 보이는 소비자들로부터는 상당한 외면을 받을 수 있지만, 일부 호기심 많은 소비자들로부터는 관심의 대상이 될 수도 있다.

10여 년 전 식품 제조사인 하인즈 Heinz 는 보라색 케첩을 한정된 양으로 출시하여 큰 성공을 거둔 바 있다. 보라색 케첩은 엄마 손을 잡고 장보기에 따라나선 아이들의 관심을 끌기에 충분했고, 엄마 입장에서는 2~3달러 정도라면 아이의 간곡한 소원을 들어 주는 데 그리 망설이지 않아도 되는 금액이었다. 간단하지만 완벽한 마케팅이다. 같은 맥락에서 파란색 감자튀김에 대한 성인과 어린아이들의 반응은 상이했다. 실제로 어린이들과 어른을 대상으로 음식의 색에 대한 반응을 조사해 본 결과, 어른들은 익숙치 않은 음식색에 대하여 역겨움을 나타낸 반면, 어린이들로부터는 호기심에 기인한 긍정적인 해석을 관찰할 수 있었다. 다만 역발상적인 색을 이용한 마케팅 전략은 자칫 완벽한 마케팅 실패로 이어질 확률도 높다. 공략하고자 하는 소비자들이 새로움에 민감한지, 그리고 독특함에 높은 가치를 부여하는지를 먼저 검토할 필요가 있다.

# 소비자의 색 선택권

20세기 초 자동차는 부유층의 소유물이었다. 1908년 미국 포드 <sup>Ford motor company</sup> 사에서는 자동차 생산 과정을 체계화하고 효율성을 높여 중산층도 감당할 수 있는 가격의 자동차를 출시했는데, 바로 유명한 포드 모델 T <sup>Ford Model T</sup>이다. 수많은 개수의 부품을 조립해야 하는 생산 과정에 컨베이어 벨트 <sup>Conveyor belt</sup>를 이용해서 업무를 분업화한 것이 당시에는 매우 획기적인 아이디어였다. 이러한 방법을 통해 생산 단가를 낮출 수 있었고, 중산층 가정도 자동차를 소유할 수 있는 새로운 생활 방식으로 이어지게 되었다. 검정 자동차 모델 T는 한동안 미국 전역에서 기록적인 판매 매출의 실적을 올렸다. 그런데 1929년 월스트리트 <sup>Wall street</sup> 파산을 계기로 기업들이 차별화를 자구책으로 강구하면서 자동차의 색이 꼭 검정일 필요가 없다는 사고의 전환을 이루기 시작했는데, 이는 시종일관 검정 차량만을 생산하던 포드 사에게는 치명적인 타격을 주기도 했다. 색을 선택하는 결정권을 소비자에게 주는 것은 굉장한 판매 전략이었던 것이다.

사진 14.9  미국 포드 사가 1910년에 출시한 모델 T
1908년 미국 포드 사에서는 자동차 생산 과정을 체계화하고 효율성을 높여 중산층도 감당할 수 있는 가격의 자동차, 포드 모델 T를 출시하였다. 검정 자동차 모델 T는 한동안 미국 전역에서 기록적인 판매 매출의 실적을 올렸다.

최근 네덜란드 필립스 <sup>Philips</sup> 사에서는 LED를 이용한 감성 조명 시스템을 개발 중에 있다. 그중 병원의 자기 공명 진단실에 설치된 RGB LED의 사례를 보면, 환자가 진단실 내부 조명의 색상을 결정할 수 있다. 자기 공명 영상 진단을 기다리는 환자는 대개 두려움으로 인해 심리적으로 위축되어 있다는 상황을 감안하여 환자로 하여금 자신이 좋아하는 색의 색상을 구현하게끔 함으로써, 진단실이라는 공간의 통제권을 갖고 있는 것과 같은 자신감을 유발할 수 있다고 한다. 자동차의 색을 고르는 것이 도료의 발전으로 일반화된 것처럼, RGB LED의 상용화로 조명의 색을 고르는 것도 소비자의 색 선택권의 영역에 포함될 수 있게 되었다. 그런데 선택의 여지가 너무 많으면 오히려 결정을 내리기가 힘들고 이는 부정적 감정으로 이어질 수 있다. 색을 선택할 수 있되, 선택의 과정이 즐거울 수 있도록 쉽고 직관적이어야 한다.

소비자에게 색 선택권을 준다는 것은 반드시 전략적으로 계획되어야 한다. 무조건 많은 색을 제시하는 것만이 능사는 아닌 것이다. 마케팅 관점에서 보자면 색을 선택할 수 있는 기회는 제공하되, 소비자가 쉽고 즐겁게 색을 선택할 수 있도록 하여 해당 제품에 대한 만족도를 최고로 유도하는 것이 궁극적인 목표일 것이다.

### 컬러리스트

살펴본 바와 같이 색채 전략의 중요성은 나날이 강조되고 있다. 기업에서는 색채를 다루는 전문 인력에 대한 수요가 증가하고 있고, 색채에 대한 기본 지식을 함양하기 위한 제도적 기준에 대한 필요성이 제기되었다. 이에 한국 산업 인력 공단에서는 2002년부터 **컬러리스트 산업기사** <sup>Industrial engineer colorist</sup> 국가 자격 제도를 실시하고 있다. 색채를 통해 산업의 인력 전문화와 업종의 다각화, 고용의

확대가 요구됨에 따라 현장에서 필요한 전문 기술 인력을 양성하는 것이 목적
이다. 자격증을 취득하기 위해서는 필기와 실기 시험에 합격해야 하며 시험 일
정은 연간 3회이다.

**생각해 보기**

**a.** 제품의 경쟁력을 강화하기 위해서 색채를 사용한 사례를 탐색해 보고 어떠한 차별화 전략이 적용되었는가에 대하여 분석해 보자.

**b.** 색각 이상자도 일상의 정보를 습득하는 데 어려움이 없는 것이 바람직할 것이다. 이러한 유니버설 색채 디자인 관점에서 신호등과 스마트폰 아이콘의 디자인을 개선해 보자.

**c.** 성별과 색상 계열을 연관짓곤 한다. 성별에 따라 선호색에 차이가 있는 데 기인한 것인지, 혹은 마케팅의 영향으로 반복적인 학습 효과에 따른 결과인지 논의해 보자.

**d.** 마케팅적으로 가장 이상적인 색 선택 가짓수는 몇 개일까? 이를 파악하기 위한 심리 실험을 설계해 보자.

# 참고 문헌


- 박종재, 오칠환, 정희일, 「라만 분광학의 이해」, 대한소화기내시경학회지 28(Suppl. 1) (2004), pp. 120~125.
- 정경원, 『정경원의 디자인경영 이야기』(브랜드아큐맨, 2010).
- 최철희, 『비전공자를 위한 세포생물학』(창의와 소통, 2013).
- 최철희, 『핏빛 생명공학 레드 바이오텍』(창의와 소통, 2013).
- Axelsson, J., Ragnarsdottir S., Pind, J., and Sigbjornsson R., Chromaticity of daylight: is the spectral composition of daylight an aetiological element in winter depression. *International Journal of Circumpolar Health* 63(2) (2004), pp. 145~156.
- Barer, R., Determination of dry mass, thickness, solid and water concentration in living cells, *Nature* 172 (1953), pp. 1097~1098.
- Berlin, B., and Kay, P., *Basic color terms: Their universality and evolution* (CA: University of California Press, 1969).
- Berns, R., *Billmeyer and Saltzman's Principles of Color Technology: 3rd Edition* (NY: John Wiley & Sons, 2000).
- Birren, F., *Selling with color* (NY: McGraw-Hill book company, 1945).
- DiLaura, D. L., Houser, K. W., Mistrick, R. G., and Steffy, G. R., *The Lighting Handbook* (NY: Illuminating Engineering Society, 2011).
- Fain G. L., Hardie R., and Laughlin S. B., Phototransduction and the evolution of photoreceptors, *Current Biology* 20 (2010), R114~R124. doi: 10.1016/j.cub.2009.12.006.
- Figueiro, M. G., Bullough, J. D., Parsons, R. H., and Rea, M. S., Preliminary evidence for a change in spectral sensitivity of the circadian system at night. *Journal of circadian Rhythms* 3 (2005), p. 14.
- Gibson, K. S., and Tyndall, E. P. T., Visibility of radiant energy (Vol. 19), *Govt. Print. Off.* (1923).
- Goldstein, E.B., *Sensation and perception* (CA: Wadsworth, 2009).
- Katz, O., Small, E., and Silberberg, Y., Looking around corners and through thin turbid layers in real time with scattered incoherent light. *Nature photonics* 6 (2012), pp. 549~553.

doi:10.1038/nphoton.2012.150.

- Kefalov V. J., Rod and Cone visual pigments and phototransduction through pharmacological, genetic and physiological approaches, *J. Biol. Chem* 287(3) (2012), pp. 1635~1641. doi: 10.1074/jbc.R111.303008.

- Kobayashi, S., *Color image scale* (Kodansha international, 1991).

- Lenclos, D., Lenclos, J. P., and Bruhn, G., *Colors of the World: A Geography of Color* (NY: Norton & Company, 2004).

- Luescher, M., *Der Luescher-Test: Persoenlichkeitsbeurteilung durch Farbwahl* (Reinbek: Rowohlt, 1972).

- MacAdam, D. L., Visual sensitivities to color differences in daylight, *JOSA* 32(5) (1942), pp. 247~273.

- Mir, M., Wang, Z., Shen, Z., Bednarz, M., Bashir, R., Golding, I., Prasanth, S. G., and Popescu, G., Optical measurement of cycle-dependent cell growth. *Proceedings of the National Academy of Sciences* 108(32) (2011), pp. 13124~13129.

- Palczewski K., Chemistry and biology of vision. *J. Biol. Chem* 287(3) (2012), pp. 1612~1619. doi: 10.1074/jbc.R111.301150.

- Park, Y.-K., Diez-Silva, M., Popescu, G., Lykotrafitis, G., Choi, W., Feld, M. S., and Suresh, S., Refractive index maps and membrane dynamics of human red blood cells parasitized by Plasmodium falciparum, *Proc. Natl. Acad. Sci. U.S.A.* 105(37) (2008), pp. 13730~13735.

- Popescu, G., Park, Y., Lue, N., Best-Popescu, C., Deflores, L., Dasari, R. R., Feld, M. S., and Badizadegan, K., Optical imaging of cell mass and growth dynamics, *American Journal of Physiology-Cell Physiology* 295(2) (2008), C538~C544. doi: DOI 10.1152/ajpcell.00121.2008.

- Schauss, A. G., Tranquilizing effect of color reduces aggressive behavior and potential violence, *Journal of Orthomolecular Psychiatry* 8(4) (1979), pp. 218~221.

- Shichida Y., and Matsuyama T., Evolution of opsins and phototransduction, *Phil. Trans. R. Soc. B* 364 (2009), pp. 2881~2895. doi: 10.1098/rstb.2009.0051.

- Suk, H. J., and Irtel, H., Emotional response to color across media. *Color Research & Application* 35(1) (2010), pp. 64~77.

- Tyndall, J., On some phenomena connected with the motion of liquids, *Proc. R. Inst. Great Britain* 1 (1854), pp. 446~448.

- Velten, A., Willwacher, T., Gupta, O., Veeraraghavan, A., Bawendi, M. G., and Raskar, R., Recovering three-dimensional shape around a corner using ultrafast time-of-flight imaging, *Nature Communications* 3 (2012), p. 745. doi: 10.1038/ncomms1747.

- Vigh B., Manzano M. J., Zadori, A., Frank, C. L., Lukats, A., Rohlich, P., Szel, A., and David C., Nonvisual photoreceptors of the deep brain, pineal organs and retina. *Histol*

*Histopathol* 17(2) (2002), pp. 555~590.

- 보건복지부, 국가 건강 포털(health.mw.go.kr)

- http://www.qualcomm.com/mirasol

# 사진 및 그림 저작권

1.1 ⓒ지호준 / 1.3 ⓒ①◎Spigget / 1.5 왼쪽 위 ⓒ①◎BOY / 1.5 왼쪽 가운데 ⓒ①◎PiccoloNamek / 1.5 왼쪽 아래 ⓒChristopher Down / 1.5 오른쪽 아래 ⓒ①◎BetacommandBot / 2.1 ⓒ지호준 / 2.4 ⓒ지호준 / 2.6 ⓒ이민경, 주다흰, 맹진우 / 2.7 ⓔ / 2.9 ⓒ김규현 / 2.11 ⓒ①◎mocvdleung / 2.16 ⓒ①◎Geni / 2.19 ⓒ①◎JWCreations / 2.20 ⓒBui Le Minh / 3.8 ⓒ①◎Justin Lebar / 3.13 ⓒ김익준 / 3.17 ⓔ / 3.19 ⓒ지호준 / 3.20 ⓒ①◎Didier Descouens / 4.1 ⓒ지호준 / 4.9 ⓔ / 4.11 왼쪽 ⓒ①◎Jagokogo / 4.11 오른쪽 www.sonel.pl / 4.13 위 ⓔ / 4.13 아래 ⓒ①◎Chris Chen / 5.1 ⓔ / 5.2 왼쪽 ⓒ①◎Blue tooth7 / 5.2 오른쪽 ⓒ①◎Søren Peo Pedersen / 5.3 왼쪽 ⓔ / 5.3 오른쪽 ⓒ①◎JJ Harrison / 5.4 ▣LICENCE art libre / 5.7 ⓔ / 5.8 중앙 www.seeds-gallery.com/ 5.10 ⓒ지호준 / 5.11 ⓔ / 5.12 ⓒ①◎Epzcaw / 5.13 ⓒ박용근 / 6.1 ⓒ지호준 / 6.7 ⓒ①◎SkywalkerPL / 6.8 ⓒ①◎Prolineserver / 6.10 ⓒ①◎Filya1 / 6.11 ⓒ①◎Genetichazzard / 6.17 ⓒ김규현 / 7.6 ⓒ지호준 / 7.8 ⓒ①◎Mnolf / 11.3 ⓒ지호준 / 11.4 lightingmatters.com.au / 11.5 lightingmatters.com.au / 11.7 배경 사진 ⓒ지호준 / 12.1 ⓒ①◎Jean-Etienne Minh-Duy Poirrier / 12.12 References to NCS®ⓒ in this publication are used with permission from the NCS Colour AB (www.ncscolour.com). NCS − Natural Colour System®ⓒ property of and used on licence from NCS Colour AB, Stockholm 2013. / 13.1 ⓒ최경아 / 13.5 ⓔ / 13.8 ⓒNippon Color & Design Research Institute / 13.9 ⓔ / 14.1 www.hyundaimotors.com / 14.2 chevrolet.co.kr / 14.3 design.seoul.go.kr / 14.4 ⓒ나누리 / 14.6 ⓒ나누리 / 14.7 ⓔ / 14.9 ⓔ

■별도 표시가 없는 모든 사진과 이미지에 대한 저작권은 저자들이 소유함.

# 빛의 공학

## 색채 공학으로 밝히는 빛의 비밀

1판 1쇄 펴냄  2013년 12월 23일
1판 3쇄 펴냄  2018년 3월 30일

지은이 석현정, 최철희, 박용근
펴낸이 박상준
펴낸곳 (주)사이언스북스

출판등록 1997. 3. 24.(제16-1444호)
(06027) 서울특별시 강남구 도산대로1길 62
대표전화 515-2000    팩시밀리 515-2007
편집부 517-4263    팩시밀리 514-2329
www.sciencebooks.co.kr

ⓒ 석현정, 최철희, 박용근, 2013. Printed in Seoul, Korea.

ISBN 978-89-8371-637-8 93500